实用食品 加工技术丛书

U0268039

豆腐制品
加工技术

于 新　吴少辉　叶伟娟　主编

DOUFU ZHIPIN
JIAGONG JISHU

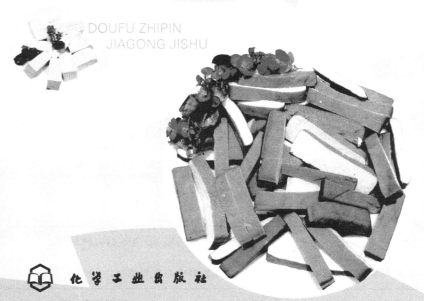

化学工业出版社

·北京·

本书共分七章，介绍了豆腐制品的发展现状、原料性质、加工原理、常见质量问题、卫生管理、加工厂的选址与设计等。重点介绍常见豆腐、腐竹、豆腐干、豆腐皮等豆腐制品的原料配方、工艺流程、操作要点及质量标准。具体品种涉及中国各地区、各民族具有代表性的传统豆腐制品。本书内容全面，条理清晰，阅读方便，易于理解，理论联系实际，具有较好的实用性。

本书可供豆腐制品加工企业、豆制品加工作坊、食品、餐饮、商业等部门从业人员以及城乡居民家庭使用，也可供农产品加工生产、教学、检验和管理人员参考。

图书在版编目（CIP）数据

豆腐制品加工技术/于新，吴少辉，叶伟娟主编.
北京：化学工业出版社，2012.4（2023.11重印）
（实用食品加工技术丛书）
ISBN 978-7-122-13618-3

Ⅰ.豆… Ⅱ.①于…②吴…③叶… Ⅲ.豆腐-豆
制品加工 Ⅳ.TS214.2

中国版本图书馆 CIP 数据核字（2012）第 028416 号

责任编辑：张　彦　　　　　　　文字编辑：何　芳
责任校对：宋　玮　　　　　　　装帧设计：刘丽华

出版发行：化学工业出版社（北京市东城区青年湖南街 13 号　邮政编码 100011）
印　　装：北京科印技术咨询服务有限公司数码印刷分部
850mm×1168mm　1/32　印张 10　字数 275 千字
2023 年 11 月北京第 1 版第 17 次印刷

购书咨询：010-64518888　　　　售后服务：010-64518899
网　　址：http://www.cip.com.cn
凡购买本书，如有缺损质量问题，本社销售中心负责调换。

定　　价：49.00 元　　　　　　　　　　　版权所有　违者必究

编写人员

主　编　于　新　吴少辉　叶伟娟

参编人员　（以姓氏笔画为序）

于　新　吴少辉　叶伟娟　王少杰

刘文朵　刘　丽　刘淑宇　杨　静

杨鹏斌　赵春苏　赵美美　黄晓敏

前　言

豆腐制品是中华民族的宝贵遗产，是一类优质的植物蛋白食品，营养价值高，易被人体吸收，且有较好的风味，所以，越来越被世界各国消费者接受。豆腐及其制品主要包括豆腐、豆腐干、豆腐皮、腐竹和素制品等。传统豆腐食品是营养与保健成分最集中、最合理、最丰富的食品，也是中华民族最普遍、最亲近的营养源。这些传统豆腐食品的加工技术多为祖传技艺，其中包含了不少可贵的科学技术，是几千年来劳动人民智慧的结晶。近年来，大豆营养价值和保健功能的新发现不但赋予大豆食品特别的重要性，更为传统的大豆食品注入新的活力。

由于各地自然条件、地理条件和人民饮食习惯的不同，我国的豆腐制品花色繁多，形成了许许多多各具特色的地方产品。虽然豆腐生产基本工艺相同，但各地水质、大豆品质、凝固剂种类、点浆方法不同，因此形成各地各具特色的产品，如靖西姜黄豆腐、宁式小嫩豆腐、内酯豆腐等，此外还有山西广灵五香豆腐干、陕南红香血干、河南汝南鸡汁豆腐干、福建长汀豆腐干、宁波香豆腐干等。随着人民对食品营养要求的提高，出现了一批新型大豆豆腐，如强化膳食纤维北豆腐、果蔬复合营养方便豆腐、姜汁保健豆腐、鸡蛋豆腐、高铁血豆腐等，使豆腐制品向更加健康、方便、多元化的方向发展。

目前，我国豆腐制品乃至农产品加工尚处于初级阶段，还未能向深层次推进，技术与装备落后是最主要的原因。我们的规模小、技术水平低、综合利用差、能耗高、加工出的成品品种少、质量差。特别是自动化水平和机电一体化水平较低，生产线的联结和设备的布局等需要改进，生产工艺有待改进，产品包装化程度有待提高，豆制品生产的技术队伍薄弱，基础性研究不够深入。另外，我国大约 90％的传统豆腐制品由个体作坊生产，简陋的豆腐作坊和原始的手工操作很难保证豆腐产品的卫生。豆制品行业存在着诸如豆腐制品的保质期短、卫生条件差、加工质量差、加工辅料存在安全隐患、在食品中违规使用食品添加剂、加工过程中卫生条件差、二次污染严重等一系列安全质量问题。豆腐制品生产企业必须对生产过程中存在的传统或者落后的操作方式进行改进和提高，实现豆腐制品的工业化、自动化、大规模生产。与此同时，采用科学的卫生质量管理体系。

近几年，随着人民生活水平的提高和生活节奏的加快，人们对传统豆腐制品的需求量不断增加，豆腐制品加工中小企业迫切需要有关豆腐制品加工方面的实用技术，以便生产出优质的豆腐制品加工产品，满足消费者需求，获得更大的经济效益。为此，我们在科研与教学实践基础上，参阅了大量相关的文献和书籍，编写了此书。

本书共分七章，第一章主要介绍了豆腐制品的发展现状和原料性质，第二章重点介绍了豆腐制品的加工原理和一般生产工艺，第三至五章重点介绍了豆腐、豆腐干、豆腐皮和素制品的原料配方、工艺流程、操作要点和质量标准等内容，第六至七章介绍了豆腐制品加工的卫生管理和加工厂的选址、设计等。为便于学习和应用实践，本书在内容方面力求理论与应用并重，以理论指导实践，对我国迅速发展的豆制品的科研、开发、生产和加工有一定指导作用。

本书由仲恺农业工程学院于新、吴少辉、叶伟娟主编，参加编写的人员还有刘丽、刘文朵、王少杰、黄晓敏、刘淑宇、赵春苏、杨鹏斌、杨静、赵美美。本书的编撰参考了许多相关文献，在此向原作者深表谢意。虽然我们在编写过程中尽了很大努力，但是我们自觉水平有限、条件有限，可能还存在诸多遗缺。对于本书的疏漏和不妥之处，恳请广大读者批评指正。

编者

2012 年 3 月

目　录

第一章 绪论

一、我国豆腐制品历史与现状

豆腐是我国的一大发明，之后逐步传入世界各国。至今，许多国家豆腐的名称仍为"豆腐"二字的谐音，它的发明给人类带来不少口福。

豆腐及其制品是指以大豆或其他豆类为原料，生产基本都经过筛选、清洗、浸泡、磨浆、除渣、煮浆及成型工序，产品的物态都属于蛋白质凝胶，或蛋白质凝胶再经卤制、炸卤、熏制、干燥等工艺制成，主要包括以下各类。①豆腐：是以大豆、黑豆等为原料，经除杂、浸泡、磨浆、过滤、煮浆、点脑、蹲缸、加压成型等工序制成的厚度在 3cm 以上的蛋白质凝胶。豆腐的含水量在 80%～90%，特点是持水性强，质地细嫩，有一定弹性和韧性，风味独特。②半脱水豆制品：有百叶、千张、干豆腐、白干等。③卤制品：有五香干、兰花干、菜干、茶干、豆腐丝、豆腐片等。④炸卤制品：有素什锦、素鸡、素肚、素火腿、素卷、素虾等。⑤熏制品：有熏干、熏豆腐、熏素鸡、熏素肚、熏素肠等。⑥干制品：有腐竹、豆棒、豆腐衣、豆腐皮、豆笋等。

豆腐制品的主要原料大豆富含营养物质，大约含有 40%的蛋白质、20%的脂肪、10%的水分、5%的纤维素和 5%的灰分。其各种成分的含量与大豆的品种、产地、收获时间等有密切关系。另外，含有较多的生理活性成分，如大豆多肽、大豆异黄酮、大豆低聚糖、大豆皂苷、大豆磷脂和大豆膳食纤维等，具有降血压、降低胆固醇、减轻动脉粥样硬化、增强免疫功能、抗癌、抗恶性细胞增殖的作用。

中国是大豆的故乡，也是大豆制品的发源地，我国大豆制品的生产、经营和消费历史非常悠久。豆腐的制作可追溯到汉朝，相传是由淮南王刘安所创。明朝李时珍在《本草纲目》中就有豆腐及豆腐皮的制作记载："豆腐之法……凡黑豆、黄豆及白豆、泥豆、豌豆、绿豆之类，皆可以为之"。造法为"水浸、粉碎、滤去渣、煎成。以盐卤汁或山矾汁或醋浆、醋淀，就釜收之；又有人缸内以石膏末收者。大抵得咸、苦、酸、辛之物，皆可收敛尔。其上面凝结者，揭取晾干，名曰豆腐皮，食甚佳也，气味甘咸寒。"

迄今为止，中国的豆制品已有了 2000 多年的生产史。在这漫长的岁月里，随着我国与世界各国在政治、经济、文化、科学、宗教等各方面的交流发展，我国的豆腐与豆腐制品生产技术逐渐地传到了亚洲、欧洲、北美洲以及非洲等国家和地区。豆腐的制作技术在唐朝时传入日本。1963 年，日本奈良举行鉴真和尚逝世 1200 年活动，中国佛教协会派代表团参加，当时有很多日本朋友带了各种袋装豆制品参加纪念活动，所带豆制品袋上几乎都写有"唐传豆腐干，淮南堂制"。其大意是说汉朝淮南王发明了豆腐制作技术，唐代的鉴真大师把它传到了日本。

日本豆腐业生产技术的发展非常迅速。20 世纪 70 年代，有豆腐生产加工厂 40000 多家。1984 年，日本厚生省许可加工豆腐的工厂有 26032 家。日本生产的豆腐加工机械设备在世界上属于先进水平。生产操作基本上机械化、自动化，也有一部分小加工点是半机械化生产。

由于豆腐具有物美价廉、营养丰富、风味清淡、容易消化、加工方便等优点，因此豆腐及豆腐制品在日本深受欢迎。日本豆腐制品的产量，1965 年为 87.6 万吨，1975 年增长到 106.8 万吨，1980 年增长到 111.4 万吨，1983 年增长到 117.4 万吨。18 年间，豆腐的产量增长 34％。1984 年，日本消费食用大豆 83.1 万吨，其中 49.1 万吨（59％）用于豆腐生产。日本的豆腐种类有木棉豆腐（普通豆腐）、绢豆腐（细嫩豆腐）、软木棉豆腐（软豆腐）、盒装豆腐、袋装豆腐、油豆腐和冻豆腐等。从消费情况看，70％为普通豆腐，30％为细嫩豆腐。目前，日本约有 70％的豆腐要进行包装。

据《李朝实录》记载，豆腐在我国宋朝末期已经传入朝鲜。豆腐传入欧美的史料几乎无处可查，唯一查到的记载豆腐传入欧洲的史料表明，1873 年，在奥地利维也纳万国博览会上，我国的豆腐制品同欧洲人民见了面。20 世纪初，中国留学生和华侨大量流入欧美，真正使欧美人认识了中国的豆腐。在美国的纽约、旧金山的唐人街，很早就有了生产豆腐的华人商店。豆腐传入非洲的时间较晚。据报道，1981 年 7 月 16 日，在刚果布拉柴维尔郊区的"贡贝农业技术推广站"举办了一个"豆腐宴"。据刚果官员说，这是他们第一次在自己的国土上吃到豆腐。

近些年来，国外豆腐制品行业得到迅速发展。日本加工豆腐制品的生产操作除一小部分小加工点外，基本上实现了机械化和自动化，整个生产过程完全由电脑控制、荧光屏监视，既安全又卫生。日本制造的豆腐生产设备和豆腐罐头、即食豆腐行销世界各地。进入 20 世纪 80 年代以来，美国也出现了"豆腐热"。美国应用先进的技术手段，对豆腐凝固机理的研究、对豆浆和豆腐营养价值的研究已经达到相当的深度。除美国、日本两国外，英国、加拿大、德国、巴西、澳大利亚等国近年都在生产和消费大量的大豆蛋白食品，在世界范围内，大豆蛋白工业的年增长率为 25％。

在国际上豆制品行业飞速发展的同时，我国近几年来豆制品的生产和消费一直停滞不前，甚至出现了下滑的趋势。传统的豆制品仍然是消费的主要产品，从中国居民消费看，目前城乡人均豆类和豆制品消费量仅 6kg 左右，城镇居民家庭人均购买大豆为 0.22kg、豆腐 6.67kg。距离中国营养学会推荐的 18kg 相差甚远。2001 年中国农业大学食品学院就大豆食品的消费情况进行了调查，结果显示，与日本、美国相比，我国家庭和个人的豆制品消费量明显偏低。调查结果显示了如下几个特点：第一，豆制品的消费量明显偏低，调查中近64％的家庭和个人在一周内消费各类豆制品总量不到 500g，每周消费量在 500～1000g 的占 24％，在 1000g 以上的只占 12％。第二，豆腐仍是消费的主要豆制品，日常生活中传统的豆腐仍占总消费量的61％，豆干占 22％，其他特色品种十分单调。第三，消费者普遍认为豆制品口感好、营养价值高，在有关消费理由的调查中，选择口感好者占 42％，有营养者占 35％，而根据广告选择豆制品的为 0。通过这次调查，发现总体上豆制品在人们日常意识中有很重要的地位，但豆腐等传统豆制品的营养卫生和风味改良有待改进。

传统豆腐制品按加工生产方式可分为手工作坊式、单机组合式与配套生产线式三种。手工作坊式加工企业仍分布在广大乡、镇、村，数量之多、分布之广无法统计；单机组合式加工企业基本上分布在县、镇；配套生产线式加工企业基本分布在全国大中城市。目前全国有大、中型豆制品加工企业 2000 多个。全国使用的豆腐制品自动、半自动生产流水线达 1000 多条，分布在全国 30 个大、中城市。这些成套的豆腐生产线，从原料清洗、输送、磨浆、煮浆、浆渣分离、豆渣输送、凝固、压榨到豆腐的装屉等工序，全部实现了机械化；豆腐的凝固剂由传统的盐卤水、石膏发展到复合凝固剂、新型凝固剂葡萄糖酸-δ-内酯；发酵制品生产也采用了纯种发酵代替自然发酵。随着食品质量与安全的日益重视，豆制品的生产目标朝着生产机械自动化、工艺科学化、管理标准化、品种多样化和产品包装化的方向发展，使生产水平上了一个新的台阶。

目前，中国豆腐制品产量稳定增长，产品品种不断增多，产品质量逐步提高，传统豆腐制品已成为中国城乡居民的必需消费品。

随着对大豆食品的营养认识不断增加，国外消费者也越来越多。据不完全统计，世界上含有大豆蛋白的食品达 1.2 万种以上。特别是近年美国 FDA 认定大豆蛋白的保健作用后，大豆食品发展更加迅速。有专家预言，到 2020 年世界大豆产量的一半将用于制作大豆食品，代表东方饮食文化的豆腐和豆制品将风靡全球。

传统大豆食品是营养与保健成分最集中、最合理、最丰富的食品；传统大豆制品也是中华民族最普遍、最亲近的营养源；传统豆制品的兴衰直接关系到中国豆农的经营和发展。

二、大豆的营养成分

大豆富含营养物质，大约含有 40％的蛋白质、20％的脂肪、10％的水分、5％的纤维素和 5％的灰分。大豆中的蛋白质含量是小麦、大米等谷类作物的 2 倍以上，而且组成蛋白质的氨基酸比例较接近人体所需的理想比例，尤其是赖氨酸的含量特别高，接近鸡蛋的水平，因此大豆蛋白的质量优越。大豆中两种人体必需脂肪酸——亚油酸和亚麻酸的含量比较高，对治疗老年人心血管疾病有一定效果。大豆中还含有能促进人体激素分泌的维生素 E 和大豆磷脂，对延迟衰老和增强记忆力有一定作用。此外，大豆中铁、磷等多种元素的含量也比较丰富，而这些元素对维持人体健康有重要作用。其各种成分的含量与大豆的品种、产地、收获时间等有密切关系。

1. 蛋白质

大豆中的蛋白质是指存在于大豆中的诸多蛋白质的总称，它不是单指某一种蛋白质。大豆中的蛋白质含量位居植物性食品原料的含量之首，一般情况下，大豆中蛋白质含量高达 40％左右，其中有80％～88％是可溶的，在豆制品的加工中主要利用的就是这一类蛋白质。根据蛋白质的溶解特性，大豆蛋白可分为两类，即白蛋白和球蛋白，二者的比例因品种及栽培条件不同而略有差异。白蛋白一般占大豆蛋白的 5％左右（以粗蛋白计），球蛋白占 90％左右。

大部分蛋白质在 pH4～5 范围内从溶液中沉淀出来，称这部分蛋白质为大豆酸沉淀蛋白，占全部大豆蛋白的 80％以上（主要是大豆球蛋白）。这些蛋白质真正的等电点在 pH4.5 左右，但由于大豆含有植酸钙镁，其在酸性条件下与蛋白质结合，所以表面看来蛋白质的等电点是在 pH4.3 左右。在等电点不沉淀的蛋白质称为大豆乳清蛋白，占大豆蛋白质全量的 6％～7％，这些蛋白的主要成分是白蛋白。大豆蛋白大部分在偏离 pH4.3 时可溶于水，但受热，特别是当蒸煮等高温处理时，其溶解度急剧减小。

另外，组成大豆蛋白的氨基酸有 18 种之多，表 1-1 所示为大豆蛋白质中氨基酸的组成。除蛋氨酸和半胱氨酸含量较少外，其余必需氨基酸含量均达到或超过了世界卫生组织推荐的必需氨基酸需要量水平，特别是赖氨酸含量可以与动物蛋白相媲美。由此可见，大豆蛋白质是一种优质的完全蛋白质。

表 1-1 大豆蛋白质氨基酸的组成

氨基酸	FAO/WTO 推荐值	大豆全蛋白质/%	大豆球蛋白质/%	酸沉淀蛋白质/(g/16g)（以 N 计）	酸不沉淀蛋白质/(g/16g)（以 N 计）	碱不沉淀蛋白质/(g/16g)（以 N 计）
酪氨酸	6.0	4.0	1.9	4.64	4.67	3.30
苯丙氨酸	5.0	5.3	3.9	5.94	4.46	5.24
胱氨酸	3.5	1.9	1.1	1.00	1.82	0.71
蛋氨酸	3.5	1.7	1.8	1.33	1.92	1.63
苏氨酸	4.0	3.9	—	3.76	6.18	4.63
亮氨酸	7.0	8.0	8.5	7.91	7.74	8.91
异亮氨酸	4.0	6.0	—	5.03	5.06	6.02
缬氨酸	1.0	5.3	0.7	5.18	6.19	6.37
甘氨酸	6.0	0.2	0.9	4.56	5.74	5.21
赖氨酸	5.5	6.8	2.7	5.72	8.66	6.14
丝氨酸	—	4.2	—	5.77	7.62	5.97
谷氨酸	—	18.4	19.5	23.40	15.64	17.76
天冬氨酸	—	5.2	3.9	12.87	14.08	12.39
丙氨酸	—	3.3	—	4.48	6.61	5.73
脯氨酸	—	5.0	2.8	6.55	6.66	5.35
精氨酸	—	7.3	5.1	9.00	6.64	7.44
组氨酸	—	2.9	1.4	2.83	3.25	2.70
色氨酸	—	1.4	2.4	1.01	1.28	—

2. 碳水化合物

大豆中约含有 25% 的碳水化合物，其组成比较复杂，主要成分为蔗糖、棉子糖、水苏糖、毛蕊花糖等低糖类和阿拉伯半乳聚糖等多糖类。可分为不溶性碳水化合物和可溶性碳水化合物两类。

不溶性碳水化合物即食物纤维素，一般每 100g 大豆中含 5g 左右，主要存在于种皮中。可溶性碳水化合物主要由低聚糖（包括蔗糖、棉子糖、水苏糖）和多糖（包括阿拉伯半乳糖和半乳糖类）构成。低聚糖又名寡糖，是由 2～10 个单糖分子以糖苷键连接而成的低度聚合物，它的相对分子质量介于 200～2000 之间。大豆中的低聚糖含量因品种、栽培条件的不同而异，其中水苏糖为 4％左右，棉子糖为 1％左右，蔗糖为 5％左右。低聚糖由于单糖种类和糖苷键的不同，种类繁多，功能各异。目前已知的达 1000 种以上，主要有功能性低聚糖和普通低聚糖两大类。功能性低聚糖主要是指低聚果糖、低聚异麦芽糖、低聚半乳糖、低聚甘露糖、棉子糖等众多人体难以消化的糖，而其最重要的作用是能够作为与人体的生长、机体的新陈代谢息息相关的双歧杆菌的最好增殖物质。

3. 脂类

大豆的脂类主要贮藏在大豆细胞内的脂肪球中，脂肪球分布在大豆细胞中蛋白体的空隙间，其直径为 $0.2～0.5\mu m$。大豆中脂类总含量为 21.3％，主要包括脂肪（甘油酯）、磷脂类、固醇、糖脂和脂蛋白。其中中性脂肪（豆油）是主要成分，占脂类总量的 89％左右。磷脂和糖脂分别占脂类总量的 10％和 2％左右。此外还有少量的游离脂肪酸、固醇和固醇脂。

大豆含有 16％～24％的脂肪，在常温下为黄色液体，是半干性油，其凝固点在 −15℃，相对密度为 0.922～0.934，酸价为 0.2～1.9，皂化价为 191～196，碘价为 127～139，不皂化物为 0.6～1.2，折光率为 1.472～1.475。

表 1-2 所示的是大豆油脂中脂肪酸的组成。从此可以看出，大豆脂肪中含有丰富的不饱和脂肪酸（约占全部脂肪酸的 80％）。由于不饱和脂肪酸具有防止胆固醇在血管中沉积及溶解沉积在血管中胆固醇的功能，因此，大量食用大豆制品或大豆油对人体是有益的。但从大豆制品加工与贮藏方面来看，由于不饱和脂肪酸稳定性较差，易被氧化，因此，认为不饱和脂肪酸含量高对大豆制品加工与贮藏又是不利的，必须加以注意。

表1-2 大豆油脂中脂肪酸的组成

脂肪酸种类		含量/%	平均值/%	脂肪酸种类		含量/%	平均值/%
饱和脂肪酸	月桂酸(12：0)	0.1	0.1	不饱和脂肪酸	棕榈油酸(16：1)	<0.5	0.3
	豆蔻酸(14：0)	<0.5	0.2		油酸(18：1)	20~50	22.8
	棕榈酸(16：0)	7~12	10.7		亚油酸(18：2)	35~60	50.8
	硬脂酸(18：0)	2~5.5	3.9		亚麻酸(18：3)	2~13	6.8
	花生酸(20：0)	<1.0	0.2		花生四烯酸(20：4)	<1.0	—
	山芋酸(22：0)	<0.5	—		合计	—	80.7
	合计	10~19	15.0				

4. 维生素

大豆中含有多种维生素（表1-3），特别是B族维生素含量较多，包括维生素B_1、维生素B_2、维生素B_6、维生素B_{12}、烟酸、泛酸、叶酸等。这些B族维生素是推动体内代谢，把碳水化合物、脂肪、蛋白质等转化为热量时不可缺少的物质。如果缺少维生素B，则细胞功能马上降低，引起代谢障碍，会导致食欲不振。维生素E又名生育酚，具有特殊的结构和特征，决定了其具有很多的特殊生理功能，如抗自由基、保护膜稳定性的作用，抗衰老、抗肿瘤作用，抗心血管病作用，影响肝脏脂类代谢，增强血小板凝集作用，保护视网膜、保护神经系统和骨骼肌免受氧化损伤等作用。

表1-3 每100g大豆中的维生素含量　　　mg

维生素	含量	维生素	含量
维生素B_1	0.9~1.6	胡萝卜素	未成熟大豆 0.2~0.9
维生素B_2	0.2~0.3		成熟大豆<0.08
维生素B_6	0.6~1.2		其中80%是β-胡萝卜素
泛酸	0.2~2.1	维生素E	20
烟酸	0.2~2	δ-生育酚	6(30%)
肌醇	229	γ-生育酚	12(60%)
维生素C	2.1	α-生育酚	2(10%)

5. 无机盐

大豆中无机盐（也称大豆矿物质）总量为5%~6%，其种类及含量较多，其中的钙含量是大米的40倍（2.4mg/g），铁含量是大米的 10 倍，钾含量也很高。钙含量不但较高，而且其生物利用率与牛奶中的钙相近。

大豆中的无机盐大约有十余种（表 1-4），多为钾、钠、钙、镁、磷、硫、氯、铁、铜、锌、铝等，由于大豆中存在植酸，某些金属元素如钙、锌、铁与植酸形成不溶性植酸盐，妨碍这些元素的消化利用。

表 1-4　大豆中的无机盐含量　　　　　　　　　　　　　　%

元素	含量	元素	含量	元素	含量
钾	1.67	磷	0.659	铜	0.0012
钠	0.343	硫	0.406	锰	0.0028
钙	0.275	氯	0.024	锌	0.0022
镁	0.223	铁	0.0097	铝	0.0007

大豆的无机成分中，钙的含量差异最大，目前测得的最低值为 100g 大豆中含钙 163mg，最高值为 100g 大豆中含钙 470mg，大豆的含钙量与蒸煮大豆（整粒）的硬度有关，即钙的含量越高，蒸煮大豆越硬。此外，除钾以外大豆的无机物中磷的含量最高，其在大豆中的存在形式为 75% 植酸钙镁态、13% 磷脂态，其余 12% 是有机物和无机物。大豆在发芽过程中植酸酶被激活，植酸被分解成无机磷酸和肌醇，被整合的金属游离出来，使其生物利用率明显升高。

6. 有机酸

大豆中含有多种有机酸（表 1-5），其中柠檬酸含量最高，其次是焦性麸氨酸（在分析试样调制中生成的）、苹果酸和醋酸等。目前，在大豆综合加工中，已利用这些有机酸制成了清凉饮料。

表 1-5　大豆中的有机酸含量　　　　　　　mg/100g

种类	醋酸	延胡索酸	α-酮戊二酸	琥珀酸	焦性麸氨酸	乙醇酸	苹果酸	柠檬酸
大豆	65.5	32.7	6.3	26.9	176.4	41.6	68.1	841.8
脱脂大豆	87.3	27.8	7.5	12.0	240.3	11.6	83.3	1081.6

三、大豆中的生理活性成分

1. 大豆多肽

大豆多肽是由大豆蛋白经酶解、精制而制得的相对分子质量低于1000的低分子肽。其氨基酸的组成几乎与大豆蛋白完全一样。但大豆多肽具有诸多不同于大豆蛋白的功能特性。大豆多肽通常由3～6个氨基酸组成的，为相对分子质量低于1000的低肽混合物，相对分子质量主要分布在300～700范围内。另外，水解产物中还含有少量游离氨基酸、糖类和无机盐等成分。

大豆蛋白质在水解过程中，由于肽键的降解，使大豆多肽的链长与相对分子质量降低，NH_4^+、COO^-等亲水性基团增多，静电荷数增加，包埋于内部的疏水性基团暴露于水相中，从而使大豆多肽的溶解性、吸水性、黏度、胶凝性、起泡性及风味等不同于蛋白质。

大豆多肽具有如下独特的生理机理。

① 易消化吸收性和低抗原性：现代生物代谢研究表明，人类摄食蛋白质经消化酶作用后主要是以低分子肽的形式吸收，并且比氨基酸更易、更快为机体吸收利用，同时大豆肽的低抗原性使得食后不会引起过敏反应。

② 降血压作用：大豆多肽通过抑制血管紧张素转换酶的作用从而起到降低血压的效果。另外大豆多肽有很强的促进脂肪代谢的作用，从而促使肥胖患者的皮下脂肪减少以达到减肥的效果。

③ 降低血清胆固醇水平的作用：大豆多肽能够阻碍肠道内胆固醇的再吸收，使之随粪便排出体外，从而起到降低胆固醇水平的功效。

另外，国内研究表明，选择合适的蛋白酶和分离精制方法生产高支低芳氨基酸组成的肽对肝性脑病有较高的疗效，所以大豆多肽可以作为婴幼儿、老年人及运动员食品，以及某些食疗患者的食品。

2. 大豆异黄酮

大豆异黄酮是大豆生长过程中形成的次级代谢产物，大豆子粒中异黄酮含量为0.05％～0.7％。目前已经发现的大豆异黄酮共有15种，分为游离型的苷元和结合型的糖苷两类。苷元占总量的2％～3％，糖苷占总量的97％～98％。目前已分离鉴定出三种大豆异黄酮，即染料木黄酮、黄豆苦元和大豆黄素。

大豆异黄酮是一类具有弱雌性激素活性的化合物，呈淡黄色，具有生育酚的性质，难溶于水，对湿热稳定。其中苷元比糖苷的不愉快风味更强，尤其是染料木黄酮和黄豆苷元。苷元一般难溶或不溶于水，可溶于甲醇、乙醇、乙酸乙酯、乙醚等有机溶剂及稀碱中，无旋光性。糖苷则可溶于热水，易溶于甲醇、乙醇、吡啶、乙酸乙酯及稀碱中，难溶于苯、乙醚、氯仿、石油醚等有机溶剂，具有旋光性。

大豆异黄酮能抑制脂质的吸收，降低血液中胆固醇的水平。异黄酮还是一种抗氧化剂，通过抑制低密度脂蛋白的氧化，能减轻动脉粥样硬化。异黄酮具有雌性激素的活性，可以帮助绝经后的妇女预防骨质疏松。另外，大豆异黄酮也具有抗癌、抗恶性细胞增殖的作用，能诱导恶性细胞的分化、抑制细胞的恶性转化、抑制恶性细胞侵袭，并对肿瘤转移有明显的治疗作用。因此，大豆异黄酮在预防心脏病、心血管病、糖尿病方面有着良好效果。

3. 大豆低聚糖

大豆低聚糖是存在于大豆中的可溶性糖分的总称，主要成分为水苏糖、棉子糖和蔗糖。在大豆中干基含量分别为 3.8%、1.3%、5.2%。甜度为蔗糖的 70%，能量为蔗糖的 50%，热酸稳定性好。大豆低聚糖的有效成分为水苏糖和棉子糖，二者分子中蔗糖部位连接了 1～2 个半乳糖，人体的消化道内不存在 α-半乳糖苷酶，故二者不能为人体消化吸收，但它们具有独特的生理功能。

① 具有双歧杆菌增殖作用，促进肠道内有益菌——双歧杆菌的增长、繁殖并产生大量的醋酸、乳酸，降低肠道内的 pH 值，从而有效抑制有害菌的繁殖，达到改善肠道菌群结构的效果。

② 大豆低聚糖在体内还与 B 族维生素合成有关；促进肠道的蠕动，防止便秘；有一定的预防和治疗细菌性痢疾的作用，提高人体的免疫力；分解致癌物质等。

③ 棉子糖等低聚半乳糖具有本身特有的作用，能促进肠道内钙、镁等无机盐的吸收，并抑制肠内菌群产生亚硝基化合物，从而降低致癌性。

4. 大豆磷脂

大豆油中含有 1.1%～3.5% 的磷脂，是一种含磷类脂物，其中以含卵磷脂、脑磷脂及磷脂酸肌醇为主。大豆卵磷脂是一种强乳化剂、抗氧化剂和营养添加剂。磷脂有如下生理机能。

① 降低胆固醇、调节血脂的作用：卵磷脂良好的乳化性能阻止胆固醇在血管内壁面积并有清除部分沉积物的作用，同时具有改善脂肪的吸收与利用，达到预防心血管疾病的作用。

② 强化大脑功能、增强记忆力的作用：食物中的磷脂被机体消化吸收后释放出胆碱，并随血液循环送至大脑，与醋酸结合生成乙酰胆碱，可促进大脑活力提高，记忆力增强。

③ 维持细胞膜结构和功能完整性的作用：磷脂是构成生物膜的重要组分，而生物膜是细胞表面的屏障，是细胞内外环境进行物质交换的通道。生物膜的完整性受到破坏时，细胞将出现功能上的紊乱，年龄越大，生物膜受到自由基的攻击而损伤的概率增加。磷脂可对生物膜进行重新修复，显示出其对机体衰老的延缓作用，所以大豆磷脂尤其是卵磷脂是大豆中主要的健脑益智、延缓衰老、预防心血管病的活性成分。

④ 增强免疫功能的作用：有人以大豆磷脂脂质体进行巨噬细胞功能试验，结果发现巨噬细胞的应激性明显增加。另有研究发现，喂食大豆磷脂的大鼠，其淋巴细胞转化率提高，E 花结形成率明显增加，说明大豆磷脂具有增强机体免疫功能的作用。

5. 大豆皂苷

大豆皂苷是类固醇或三萜类化合物的低聚配糖体的总称，大豆中的含量约为 2%。纯的大豆皂苷是一种白色粉末，味微苦，余味甜，易溶于热水和 80% 乙醇，但不溶于有机溶剂乙烷。日本学者对大豆皂苷进行了深入研究，结果表明，大豆皂苷不仅对人体生理无阻碍作用，而且具有较多有益的生理功能。

① 可促进人体内胆固醇和脂肪代谢，降低过氧化脂质的生成，抑制甲状腺病理性肿大以及抗炎症、抗过敏、增强免疫力等功效。

② 抑制由血小板减少和凝血酶引起的血栓纤维蛋白形成。可抑

制纤维蛋白原向纤维蛋白的转化，并可激活血纤维蛋白溶解酶系统的活性。

③ 大豆皂苷对机体保护肝脏，改善代谢质量，维持生命活力具有重要意义。

④ 大豆皂苷对艾滋病亦有一定的疗效。大豆皂苷除具有上述重要生理功能外，亦是重要的发泡剂和乳化剂，在食品、医药、化妆品中应用广泛。

6. 大豆膳食纤维

大豆膳食纤维主要是指大豆中那些不能为人体消化酶所消化吸收的高分子碳水化合物的总称，其含量约为 25％，主要包括纤维素、果胶质、木聚糖等，膳食纤维尽管不能为人体提供任何营养成分，但对人体具有重要的生理功能，主要表现在以下几方面。

① 膳食纤维化学结构中包括一些氨基和羟基类侧链基团，呈现出一个弱酸性阳离子交换树脂的作用，可吸附结合阳离子如 Na^+，使之在肠道内的吸收受阻，从而起到降血压的作用。

② 膳食纤维表面带有许多活性基团，可以整合吸附胆固醇和胆汁酸类的有机分子，从而抑制人体对它们的吸收，显著降低血液中胆固醇水平，同时膳食纤维能吸附肠道内的有毒物质并促使它们排出体外。

③ 膳食纤维化学结构中含有很多亲水基团，因此具有很强的持水性，这种持水性可以增加人体排便速度和体积，减轻直肠压力，可预防便秘和结肠癌。膳食纤维的持水性还能够增强饱腹感，延缓并降低机体对可利用碳水化合物的消化吸收，能有效预防肥胖症。

④ 增加膳食纤维的摄入量，可以改善末梢神经组织对胰岛素的敏感性，降低对胰岛素的要求。大豆膳食纤维还可吸附葡萄糖，阻止葡萄糖在血液中的吸收，从而达到有效调节糖尿病患者的血糖水平。因此膳食纤维被医学界和营养学界公认为"第七大营养素"，是预防高血压、冠心病、肥胖症、糖尿病等的重要食物成分。

大豆中也含有多种抗营养因子，若不加以认识和采取有效的加工措施，这些有害物质会引起大豆食品的营养价值下降及风味品质劣变。

1. 胰蛋白酶抑制剂

胰蛋白酶抑制剂是大豆、菜豆等多数豆类中含有的能够抑制小肠胰蛋白酶活性的抗营养因子。生食豆类食物，由于胰蛋白酶抑制剂没有遭到破坏，会反射性地引起胰腺肿大，妨碍食物中蛋白质的消化、吸收和利用，因此食用前必须使之钝化。胰蛋白酶抑制剂在湿热条件下较容易失活，对于大多数豆类食品及其生产工艺来说不是难以克服的因素。钝化胰蛋白酶抑制剂的有效方法是常压蒸汽加热 30min；或 98kPa 蒸汽加热 15～20min；或大豆用水浸泡至含水量 60%时，水蒸5min 即可。

2. 凝集素

大豆、豌豆、蚕豆、绿豆、菜豆、扁豆等豆类还含有一种抗营养因子，能使红细胞凝集的蛋白质，称为植物红细胞凝集素（PHA），简称凝集素，这是一种糖蛋白。含有凝集素的豆类，在未经加热破坏之前食用，会引起进食者恶心、呕吐等症状，严重者甚至会引起死亡。胃蛋白酶很容易使凝集素失去活性。与胰蛋白酶抑制剂一样，湿热处理可使其完全失活。方法有在常压下蒸汽处理 1h 或高压蒸汽（98kPa）处理 15min。

3. 致甲状腺肿胀因子

豆类中的致甲状腺肿胀因子虽然不影响人体的成长，但研究表明它能使人体甲状腺素的合成受到阻碍。在大豆制品中加入微量碘化钾可消除这种影响。湿热处理也能使这种物质消失一部分。

4. 肠胃胀气因子

肠胃胀气因子是由于大豆含有的棉子糖和水苏糖所造成的。由于人体消化道不产生 α-半乳糖苷酶和 β-果糖苷酶，所以这些糖不能被人体肠胃消化吸收，当它们到达下部肠道后，经大肠细菌的发酵作用，产生二氧化碳、氢气及少量甲烷，引起肠胃胀气现象，表现为恶心、腹泻、肚子咕咕作响及排气等。

5. 植酸

在大豆中也像在谷类中一样含有植酸。植酸能与铜、锌、铁、镁等元素结合，在食用大豆时这些营养成分因为被植酸所结合而无法利用。处理方法是把大豆适当发芽，例如在 $19\sim25℃$ 用水浸湿，促使其发芽，豆芽中植酸酶活性大大升高，植酸被分解，游离氨基酸、维生素 C 则有所增加，这些变化使原来被植酸螯合的元素释放出来，变成可被人体利用的状态。此外把大豆制成豆浆或豆腐过程中，由于磨浆前要经过长时间的浸泡，据测定，经 6h 浸泡就能使大豆里的植酸酶活性上升，植酸被分解，提高了钙、锌、铁、镁等无机盐元素的利用率。利用大豆浸泡、发芽这一生化现象和生物学原理去除植酸。

综上所述，大豆中的抗营养因子如胰蛋白酶抑制剂、凝血素、甲状腺肿素等都是热不稳定的，通过加热处理可消除。另一类物质如棉子糖、水苏糖、皂苷、植物激素等对热稳定，只有在大豆制品的生产过程中通过水洗、醇溶液处理等方法来去除。中国传统的豆制品加工方法都不自觉地消除了抗营养因子的影响。随着新型大豆食品的不断出现，可采用远红外加热处理、湿热处理的方法来消除抗营养因子。

五、大豆蛋白的功能特性

1. 溶解性

大豆蛋白的溶解性受多种因素的影响，从豆制品加工方面来看，溶液的酸碱度、中性盐、温度等均是影响大豆蛋白溶解性的重要因素。

① 酸碱度的影响：在酸性范围内，大豆蛋白的溶解性随 pH 值的升降会发生较复杂的变化，即当 pH 值在 4.3 附近时，溶解性最小，而在 pH 2 左右时，溶解性最大，即当 pH 值在 $2\sim4.3$ 范围内逐渐增大时，大豆蛋白的溶解性表现出下降趋势，当 pH 值达到 2 左右

后，再进一步降低，则大豆蛋白的溶解性会急剧下降，当 pH 值达到 4.3 后，再进一步增大时，大豆蛋白的溶解性又会逐渐增大，这一增长趋势一直延续到整个碱性范围，即当 pH 值达到 12 时，大豆蛋白的溶解性又达最大值，其溶解度可达到 90％以上。

② 中性盐的影响：食盐、硫酸钾、氯化钙等中性盐对大豆蛋白的溶解性有重要的影响。一般情况下，不论盐的种类，当浓度达到某种程度时，溶解度逐渐下降；浓度再增高，溶解度则接近于对水的溶解度。大豆蛋白的溶解度也因盐的种类不同而异，如食盐浓度在 0.01mol/L 时，对溶解度影响较小，而在 0.5mol/L、pH4.5 左右时，氮溶出最佳；但在 0.10mol/L 时，溶解度最小；而氯化钙浓度在 0.001mol/L 时，对溶解度几乎无影响，而在 0.5mol/L 时，在整个 pH 范围内，溶出程度都非常好，但在 0.175mol/L 时，溶解度最低。

在豆腐及其制品等传统豆制品的传统加工工艺中，人们就是利用这一特性，在大豆浆中加入一定量的钙盐（或镁盐），最终浓度在 0.02mol/L 左右，使大豆蛋白沉淀析出来制取的。

③ 温度的影响：大豆蛋白是一种热敏性很强的物质，因此，温度过高或过低均会导致蛋白质变性，致使溶解度大幅度降低。但在蛋白质变性温度范围界限以外，大豆蛋白质溶解度则随温度的升高而增大。

2. 蛋白质变性

从豆制品加工方面来看，引起大豆蛋白质变性的因素主要有加热、冻结和溶剂等。

① 大豆蛋白质的热变性：大豆蛋白质是热敏性很强的物质，而豆制品的加工，几乎都需要进行加热处理，因此，在豆制品加工时，大豆蛋白质的热变性是难免的。大豆蛋白质的主要变性现象是溶解度的变化。如前所述，大豆蛋白质在水或碱性溶液中的溶出量为 80％～90％（以氮换算）。但如果预先将大豆加热，则蛋白质的溶解度即行下降，可以认为，这是由于蛋白质发生了热变性所致。

大豆蛋白质的热变性程度，首先与加热温度高低和加热时间长短有关（表1-6），一般来说，加热温度越高，时间越长，蛋白质变性程度越大。同时也与蒸汽的存在与否有关，特别是用蒸汽加热时，随着时间的延长，变性程度也加大。

表1-6　加热处理对大豆粉水溶性的影响

处理条件	温度/℃	时间/min	水溶性/%	处理条件	温度/℃	时间/min	水溶性/%
未处理	121	—	75.6	高压加热	121	30	6.4
煮熟	100	60	15.2	高压加热	121	60	7.5
干热处理	121	60	64.4	高压加热	121	120	8.6
高压加热	121	5	49.6	高压加热	110	60	6.1
高压加热	121	10	8.8				

注：水溶性为水溶性氮/总氮×100%。

大豆蛋白热变性的另一种现象是蛋白质溶液黏度的变化。将粉末大豆加充分的水进行加热时，虽然大部分蛋白质仍可溶出，但其溶液的黏度却增大了，这便说明蛋白质已发生了热变性。

② 大豆蛋白的冻结变性：将大豆蛋白质的加热溶液或大豆的加热萃取液进行冻结，并在-3～-1℃条件下进行冷藏，解冻后，有一部分蛋白质变成不溶性，这便是大豆蛋白质冻结变性的现象。大豆蛋白质冻结变性的程度因蛋白质的浓度、加热条件、冷藏期等的不同而异。一般来说，蛋白质浓度越高、加热条件越激烈、冷藏期越长，其变性程度越显著，溶解度越小。

3. 乳化性

大豆蛋白具有乳化性，乳化性是指大豆蛋白能帮助油滴在水中形成乳化液，并保持稳定的特性。蛋白质具有乳化剂的特征结构，即两亲结构，在蛋白质分子中同时含有亲水基团和亲油基团，能够降低水和油的表面张力。因此，大豆蛋白质用于食品加工时，聚集于油-水界面，使其表面张力降低，促进油-水乳化液形成。形成乳化液后，乳化的油滴被聚集在其表面的蛋白质所稳定，形成一种保护层，这个保护层可以防止油滴聚积和乳化状态的破坏。同时，蛋白质还能降低水和空气的表面张力，这就是通常所说的大豆蛋白质的乳化稳定性，使蛋白质、水和脂肪乳胶体稳定。

4. 吸水性

吸水性一般指蛋白质对水分的吸附能力。还有一种观点认为：蛋白质对水的吸附作用是指在相对湿度下，干蛋白质达到水分平衡后再吸收水分的能力。大豆蛋白质的吸水能力与水分活度（A_w）有关，当 A_w 小于 0.3 时吸水较快，当 A_w 在 0.3～0.7 吸水较慢，当 A_w 达到 0.8 以后又有较高的吸水能力，最后每克干物质吸水达 0.4～0.6g。大豆蛋白质的吸水能力随 pH 的升高而增强。蛋白质的吸水能力受温度的影响不大，但与蛋白质的浓度密切相关，浓度越大吸水能力越强。此外，大豆蛋白质的吸水性与蛋白质的颗粒大小、颗粒结构和颗粒表面活性有关。

5. 凝胶性

大豆蛋白通过形成凝胶胶体结构来保持水分、风味和糖分。影响大豆蛋白凝胶形成的主要因素有固体物浓度、速度、温度和加热时间、制冷情况以及有无盐类、巯基化合物、亚硫酸盐或脂类。用大豆分离蛋白可制成强韧性、弹性的硬质凝胶，而蛋白质含量小于 7％的大豆制品只能是软凝胶，如豆腐。蛋白质分散体至少应有 8％蛋白质才有胶凝作用。蛋白质浓度增加后，需要提高温度才能达到最大黏度，浓度从 8％～16％，温度就需要从 75℃提高到 100℃以达到最高凝胶性能。凝胶的硬度随着蛋白质浓度增加而提高。加热是胶凝的必备条件。大豆制品加工中，如传统的豆腐及再制品、香肠、午餐肉等碎肉制品就是利用了大豆蛋白的凝胶性。

6. 起泡性

未变性的大豆蛋白具有一定的起泡性和泡沫稳定性。若将大豆蛋白适当水解，还可以大大地提高其起泡性，尤其是胃蛋白酶的水解产物很容易起泡，且泡沫稳定性很好，但若水解过度，则会使起泡性降低。酰化作用也有助于提高其起泡性和泡沫稳定性。大豆蛋白起泡的稳定性还与其脱脂程度有关，如由乙醇萃取的蛋白质起泡性稳定。利用大豆蛋白的这一特性，可在蛋糕、冰淇淋等食品加工时添加，以改善其品质。

7. 吸油性

大豆蛋白的吸油性表现在促进脂肪吸收，促进脂肪结合，从而减少蒸煮时脂肪的损失。大豆蛋白制品的吸油性与蛋白含量有密切关系，大豆粉、浓缩蛋白和分离蛋白的吸油率分别为 84%、133%、154%，组织大豆粉的吸油率在 60%～130%，并在 15～20min 达到吸收最大值，而且粉越细吸油率越高。大豆蛋白制品的吸油率主要受到 pH 值的影响，吸油率随 pH 值的增大而减少。

第二章　豆腐加工原理及工艺总论

第一节　豆腐形成的基本原理

一、豆腐坯制作过程中大豆蛋白质的变化机理

以大豆为原料制作豆腐坯，主要表现在大豆蛋白质的变化。除了生物化学之外，还涉及胶体化学、高分子物理等方面的变化。

大豆蛋白的主要成分是大豆球蛋白、芸豆球蛋白、白蛋白以及豆白蛋白等，其中水溶性大豆蛋白约占总量的 84%。大豆蛋白质的相对分子质量依其成分的不同而有很大差异，一般在 $1.5 \times 10^4 \sim 6 \times 10^5$ 之间。一般认为大豆蛋白质主要由 2S、7S、11S 和 15S 等 4 种成分构成。2S 组分约占水溶性大豆蛋白总量的 22%，相对分子质量为 $1.5 \times 10^4 \sim 3 \times 10^4$；7S 组分约占 37%，相对分子质量为 $1 \times 10^5 \sim 2 \times 10^5$；11S 组分约占 31%，相对分子质量在 $3.5 \times 10^5 \sim 6 \times 10^5$ 之间；15S 组分约占 11%，相对分子质量是 6×10^5。大豆蛋白质分子的直径在 $2 \times 10^{-2} \sim 6 \times 10^{-2} \mu m$ 之间。大豆中的大部分蛋白质以凝胶液态存在于大豆种子细胞中的蛋白体内。蛋白体的直径约为 $1 \sim 5 \mu m$。

1. 泡豆阶段

蛋白质分子发生有限溶胀作用，成倍地吸收水分，导致大豆体积

增大，部分蛋白体因膨胀而破裂。

2. 磨豆过程

蛋白体进一步受到摩擦、剪切等机械力的破坏，蛋白质被释放溶解在水里。按我国目前的生产方式，大豆蛋白质提取率在 85% 左右，其余 15% 左右的含氮高分子化合物残留在豆渣里。

3. 生豆浆

生豆浆（大豆蛋白溶胶体）是一个相对稳定的胶体分散体系。豆浆的 pH 值一般在 6.5～8.5 之间，高于大豆蛋白质 pH 值 4.3 左右的等电点。由于蛋白质是两性电解质，大豆蛋白质分子解离后以负离子态存在，与水中存在的 Na^+、K^+、Ca^{2+}、Mg^{2+} 等离子形成双电层胶团。这样大豆蛋白分子与周围电性相反的离子构成稳定的双电层而结成胶团。另外水溶性的蛋白质分子表面有许多亲水性的极性基团，如氨基（—NH_2）、羧基（—COOH）、羟基（—OH）等。它们与水分子有很强的亲和能力，借助氢键把极性的水分子吸附到蛋白质分子周围，使蛋白质分子表面形成一层水化膜。

4. 熟豆浆

豆浆在加热过程中，有小部分蛋白质发生水解反应，肽链断裂开来，转化成小肽或氨基酸。因此生豆浆煮沸后常常出现 pH 值的下降。氨基酸的相对分子质量在 75～150 之间，远小于大豆蛋白质的相对分子质量；氨基酸的生成，使胶凝作用减弱或者不发生胶凝作用，将降低豆浆中蛋白质的凝固率。如果在制浆阶段，适当加一点小苏打，将豆浆的 pH 值调整到 7.5 左右，有助于大豆蛋白质的溶出和胶体溶液的稳定，抑制蛋白质水解反应，提高豆浆中蛋白质的凝固率，增加豆腐产量。另外，小苏打中的钠离子（Na^+）与蛋白质分子的极性 R 基团相互作用，形成稳定双电层和蛋白质的钠盐，增加了热变性后的大豆蛋白质的溶解度，使蛋白质以较小的粒子均匀地分布在熟豆浆的胶体溶液里。点浆过程，通过 Na^+ 对 Ca^{2+}、Mg^{2+} 的阻抗作用，使钙或镁与蛋白质的桥联作用得以充分地、有条不紊地进行，从而提高蛋白质的凝固率和利用率。

大豆蛋白质的充分热变性，是制作豆腐的必要条件，蛋白质肽链未变性的卷曲状态，不可能在凝固剂的作用下生成蛋白质的凝胶。有人制作豆腐，把豆浆的假沸现象视为沸腾而停止加热。经研究测定，豆浆出现假沸时的温度一定在94℃左右。此时的大豆蛋白质热变性很不充分，虽然也能制成豆腐，但产量和口味都受到影响。有的人控制不好加热温度，豆浆出现假沸时手忙脚乱，慌忙添加冷水降温，加胶凝剂点浆时，形不成豆腐脑，于是便大量地添加胶凝剂，结果出现蛋白质粒子的盐析现象，即出现所谓"白浆"。其原因在于降低了蛋白质分子的内能，破坏了蛋白质胶体溶液，蛋白质未能充分热变性，不能通过胶凝作用转变成凝胶。

一般情况下，热处理和热变性是大豆蛋白质发生胶凝作用的前提。但长时间处于沸腾状态或其他过热情况，会使蛋白质过度热变性而失去或部分丧失持水性。这可能是由于肽链内部的疏水性基团过多地暴露到蛋白质分子表面，肽链发生变形和收缩，水化作用下降的缘故。豆浆加热温度应控制在96～100℃，保持5min。

5. 闷浆

豆浆煮沸后是闷浆的过程，即熟豆浆静置、冷却过程，豆浆温度由100℃下降到85℃左右。闷浆过程中有助于蛋白质多肽链的舒展，使球蛋白疏水性基团（如巯基等）充分暴露在分子表面，疏水性基团倾向于建立牢固的网状组织（如促进巯基形成二硫键）。1个分子的大豆球蛋白所含的巯基和二硫键约有25个，巯基和二硫键能强化蛋白质分子间的网状结构，有利于形成热不可逆凝胶。

网状组织的形态与豆浆浓度有关。豆浆浓度大，蛋白质粒子之间接触的概率高，能形成比较均匀细密的网状组织结构，从而提高了豆腐的持水性。这便是嫩豆腐含水量较多的一个重要原因。大豆蛋白质凝胶以高度膨胀和水化的结构存在。蛋白质的网状组织包容着相当于10倍蛋白质质量的水和各种不同的其他食品成分。分散体系的pH值对胶凝作用有一定影响，制作豆腐的胶凝过程中，pH值一般在6.0～7.5之间。在等电点附近，由于缺乏静电斥力，形成的凝胶的膨胀和水化作用较弱，持水量和硬度较低。熟豆浆的轻度酸化可能有助于蛋白质的胶凝作用，提高豆腐的持水能力。

二、胶凝剂的作用原理

蛋白质胶体溶液是热力学不稳定体系。大豆蛋白质的粒子较大，在溶液里几乎不存在布朗运动。大豆蛋白质胶体溶液的动力学稳定性主要靠双电层的排斥作用来维持。解离后的蛋白质粒子和双电层中的电性相反的离子从整体上是电中性的。当两个双电层胶团距离较远，未发生交联时，他们之间不存在静电斥力。当两个带电的蛋白质胶团接近到它们的双电层发生重叠时，双电层的电位和电荷分布发生变化，才产生排斥作用。蛋白质粒子有在范德华（Vander Wals）引力作用下聚合成更大的粒子，降低胶体分散体系能量的趋势。蛋白质的胶体溶液是热力学不稳定体系。当蛋白质粒子聚合成更大的粒子，或者豆浆的 pH 值发生变化时，势能改变，其动力学稳定性也随之丧失。关于胶体稳定性的 DLVO 理论认为，胶体质点之间存在着范德华力吸引作用，而质点在相互接近时又因双电层的重叠产生排斥作用，胶体的稳定性就取决于质点之间吸引与排斥作用的相对大小。

大豆蛋白质表面的大量亲水性基团，决定了它的亲液性质。大豆蛋白质与水之间的溶剂化作用和水化膜的形成，也是大豆蛋白质亲液溶胶的热力学稳定因素之一。这种稳定作用称为空间稳定作用。往大豆蛋白质溶液里加入少量的电解质，能中和蛋白质粒子所带的一部分电荷，引起电位的降低，但并不使蛋白质溶胶失去稳定性，蛋白质粒子的水化层仍然维系着溶胶的空间稳定性，即使到了等电点也不会发生聚沉。当继续加入较多的电解质（盐类）时，大豆蛋白质粒子表面的水化膜和双电层被破坏，胶体蛋白质溶液失去稳定性，就会出现盐析现象。对于大豆蛋白质溶胶，阳离子盐析能力的顺序是 $Li^+ > K^+ > Na^+ > NH_4^+ > Mg^{2+} > Ca^{2+}$；阴离子盐析能力的顺序是 $C_3H_4OH(COO)_3^{3-} > C_2H_2(OH)_2(COO)_2^{2-} > SO_4^{2-} > CH_3COO^- > Cl^- > NO_3^-$。

制作豆腐坯的胶凝剂主要分为两类：一类是盐类，如硫酸钙、硫酸镁、氯化镁、氯化钙等都是制作豆腐坯常用的胶凝剂；另一类是酸胶凝剂，一般用作胶凝剂的是有机酸，如醋酸、乳酸、柠檬酸、葡萄糖酸等。近年来，不少地区使用葡萄糖酸-δ-内酯。

1. 电解质盐类胶凝剂

熟豆浆加入钙、镁的盐类，促使大豆蛋白质发生胶凝作用。其机理在于 Ca^{2+} 和 Mg^{2+} 可置换两性蛋白质粒子中的 H^+ 或蛋白质的钠盐中的 N^+，将肽链像搭桥一样连接起来，即所谓的桥联作用。桥联作用的实质是静电相互作用，钙桥或镁桥的形成可以加快蛋白质胶凝作用的速度，增加大豆蛋白质网状组织结构的稳定性，增强凝胶体的强度和硬度。

2. 酸胶凝剂

酸类加入熟豆浆，解离成 H^+ 和酸根离子。弱酸性的蛋白质负离子极易俘获这种 H^+ 而呈现中性，蛋白质粒子俘获 H^+ 的胶凝作用，主要由氢键和二硫键以及疏水基团相互作用、偶极相互作用等，将多肽链连接起来。这样形成的网状结构较离子键的桥联结构弱，豆腐的强度和硬度也差，缺乏弹性和韧性，容易碎散；口味和口感也不及用钙盐或镁盐作胶凝剂制作的豆腐。

相同的金属离子、不同的酸根的盐类作胶凝剂制成的豆腐，在持水性和硬度等方面有较大的差异。用氯化钙（$CaCl_2$）、氯化镁（$MgCl_2$）制成的豆腐持水性较弱，而硬度较大；用硫酸钙（$CaSO_4$）、硫酸镁（$MgSO_4$）制成的豆腐，持水性较强，而硬度较小。这几种盐中，阴离子比阳离子对大豆蛋白质的胶凝作用有较大的影响。硫酸根离子（SO_4^{2-}）的水化能力最强，故用硫酸盐作胶凝剂，能生产出含水量比较高的豆腐。

点浆温度对豆腐的持水性和强度有一定的影响。相同的胶凝剂，点浆温度不同，制出豆腐的持水性和硬度也不同。正常的点浆温度一般控制在 70～85℃之间。较高的温度有利于钙桥或镁桥的形成，如 85℃以上的温度点浆时，豆腐的硬度强而持水性较差；低于 60℃，即使勉强制成豆腐，质地极差，易碎散。

第二节　豆腐加工的原辅料

一、主要原料

传统生产豆腐的主要原料是大豆，除此之外，还有其他一些原料也可以作为主要原料生产豆腐。

1. 大豆

（1）大豆的分类 我国大豆种植历史悠久，分布广，面积大，品种多。全国产区有 24 个，大豆品种几千个。根据不同的需要有不同的分类方法。下面介绍几种常见的分类方法。

① 按播种的季节分类

a. 春大豆：在我国主要分布于华北、西北及东北地区。春播秋收，一年一熟。

b. 夏大豆：在我国主要分布于黄淮流域、长江流域以及偏南地区。

c. 秋大豆：在我国主要分布于浙江、江西、湖南三省的南部及福建、广东两省的北部，多于 7 月底 8 月初播种，11 月上旬成熟。

d. 冬大豆：在我国主要分布于广东、广西的南半部，多在 11 月份播种，次年 3～4 月份收获。

② 按种子颜色分类：大豆按其种皮的颜色和粒形可分为五大类：黄大豆、青大豆、黑大豆、其他色大豆和饲料豆。其中，黄大豆约占大豆总量的 90％以上。在我国，以纯粮率为大豆主要划等指标，共分为五等（大连大豆的交割等级为国标一等到四等黄大豆）。

a. 黄大豆：种皮为黄色。按粒形又分东北黄大豆和一般黄大豆两类。

b. 青大豆：种皮为青色，包括青皮青仁大豆和青皮黄仁大豆。

c. 黑大豆：种皮为黑色，包括黑皮青仁大豆和黑皮黄仁大豆。

d. 其他色大豆：种皮为褐色、棕色、赤色等单一颜色大豆。

③ 按生育成熟期分类：按这种方法可将大豆分为极早熟大豆、早熟大豆、中熟大豆和晚熟大豆。

a. 极早熟大豆：生育期（出苗至成熟的日数）在 110d 以内。

b. 早熟大豆：生育期为 111～120d。

c. 中熟大豆：生育期为 121～130d。

d. 晚熟大豆：生育期为 131～140d。

④ 按是否基因转化分类

a. 普通大豆：是指每年从种植的大豆中选出粒大饱满的子粒作为来年大豆的种子。欧洲各国以及亚洲各国种植的大豆绝大多数是普通大豆。

b. 转基因大豆：是通过基因转变或变化，使其中的某种成分增加或减少的大豆。转基因大豆在美国种植面积最广。转基因大豆可以按食品加工者的特殊要求进行培育，如高蛋白大豆、低饱和脂肪大豆、无脂肪氧合酶大豆、低亚麻酸大豆等。

（2）大豆的贮藏特性

刚刚收获的大豆子粒，一般都还没有完全成熟。不仅油含量、蛋白含量比完全成熟的种子要低，而且所得产品质量也差，加工性能较差。如用刚刚收获的大豆加工豆腐，不仅出品率低，而且豆腐的"筋道性"较差。经过一定时间的贮藏，大豆子粒会进一步成熟，这一过程叫做"后熟"。大豆的后熟时间并不长，市场上流通的大豆多已完成后熟过程。

有生命的大豆子粒会不断地吸收氧气，排出二氧化碳和水分，并产生热量。呼吸作用会消耗大量的有用成分，如碳水化合物、脂肪。水分的增加和温度的升高，使大豆易发生霉变，所以在贮藏和流通过程中应尽可能采用适当的方法控制大豆子粒的呼吸作用。一般来说，大豆子粒的含水量升高，呼吸强度增大；反之，呼吸强度减小。不过大豆子粒的含水量对其呼吸强度的影响并不是直线相关关系，而是有一个转折点，转折点的水分含量叫做临界水分。当大豆子粒的含水量增加到临界水分时，其呼吸强度会突然急剧增加。一般大豆的临界水分为14%左右。另外，温度也对呼吸强度有很大的影响。温度升高，呼吸作用也会增强。当贮藏温度达30～40℃以上时，大豆的呼吸强度也会出现急剧增加。而在温度较低的条件下（0～10℃），即使大豆含水量较高（接近临界水分）也会取得良好的贮藏效果。在常温下，大豆的安全贮藏水分为11%～13%。不过，也并不是越干越好，因为过度干燥也有可能引起石豆的产生。

大豆中一些完全不能吸水或者吸水速度非常慢的大豆颗粒，称为"石豆"。石豆的种皮破损后，吸水性就会得到恢复。石豆可能起因于大豆的品种特性，过度的干燥也会引起石豆的产生和石豆比例的增加。

（3）大豆的贮藏方法

① 干燥贮藏：此法是通过干燥降低大豆水分，达到安全贮藏的目的。干燥的方法可采用日晒或人工烘干。日晒法简单易行，但劳动强度大，也常受气候条件的制约，但这种方法经济实用，适合于小厂。人工烘干，可采用热风干燥机、滚筒式干燥机或远红外干燥机等。人工干燥效果好、效率高，不受天气影响，但投资大，成本高。

② 低温贮藏：低温能降低种子呼吸，抑制微生物及害虫的繁殖侵蚀。一般10℃以下，害虫及微生物基本停止繁殖，0℃以下，能使害虫冻死。

冬季低温贮藏，可通过自然通风降温来实现。夏季降温则需制冷设备，并在仓库内设置隔热墙，此法成本较高。

③ 通风贮藏：保持大豆仓库内的良好通风，使干燥空气流通，以便减少水分和降低温度，防止局部发热、霉变。通风的方法可采取自然通风或机械通风两种。

一般仓库可将干燥贮藏和通风贮藏结合应用。

④ 密闭贮藏：密闭贮藏就是贮藏室与外界隔绝的贮藏方法。在密闭条件下，由于缺氧，大豆的呼吸受到抑制，同时也抑制了害虫及微生物的繁殖。密闭贮藏有全仓密闭和单包装密闭两种，全仓密闭对建筑要求高，成本高，单包装密闭可采用塑料薄膜包装。

⑤ 化学贮藏：化学贮藏法就是在大豆贮藏前或贮藏过程中，使用化学药品，钝化酶及杀死害虫和微生物，这种方法应注意杀虫剂的污染问题。

在实际生产中，上述方法常常配合应用，尽量做到安全、有效、经济。

（4）大豆的等级（质量）标准　在我国大豆质量标准（GB 1352—1986）中，各类大豆按完整颗粒的百分比分等，以三等为中等标准，五等以下的为等外大豆。完整颗粒百分比指除去杂质的大豆（其中不完整颗粒折半计算）占试样总质量的百分率。而大豆中的杂质包括以下几种。

① 筛下物：通过直径 3.0mm 圆孔筛的物质。

② 无机杂质：泥土、沙石、砖瓦块及其他无机物质。

③ 有机杂质：无食用价值的大豆粒、异种粒及其他有机物质。

④ 不完整粒：包括尚有食用价值的颗粒，如未熟粒（子粒不饱满、表皮萎缩面积达粒面 1/2 及以上，与正常大豆颗粒有显著不同的颗粒）、虫蛀粒（被虫蛀蚀，伤及子叶的颗粒）、破碎粒、生芽粒、涨大粒、霉变粒（粒面生霉或子叶变色、变质的颗粒）、冻伤粒（子粒透明或子叶僵硬呈暗绿色的颗粒）。大豆种皮脱落、子叶完整以及种皮有冻害而未伤及子叶的均属完整粒。

我国的等级指标及其他质量指标见表 2-1 所示。收购大豆水分的最大限度和大豆安全贮存水分标准由各省、自治区、直辖市规定。标准规定，大豆中的异色粒大豆互混限度不超过 3%，其中黑色大豆混入的比例不超过 1%。对其他颜色的大豆（青色、黑色、褐色、茶色和红色），这一标准规定混入比例不能超过 5%，否则归于杂色大豆。

表 2-1　中国大豆等级标准及其他质量指标

等级	完整率最低值/%	杂质/%	水分/%		色泽气味
			东北和华北地区	其他地区	
1	96.0	1.0	13.0	14.0	正常
2	93.5	1.0	13.0	14.0	正常
3	91.0	1.0	13.0	14.0	正常
4	88.5	1.0	13.0	14.0	正常
5	86.0	1.0	13.0	14.0	正常

（5）优质原料大豆的选择与利用　针对豆腐生产的需要建立大豆原料生产基地，为豆腐加工业提供稳定、优质的豆腐专用大豆品种，是未来大豆育种发展的必然趋势之一，也是保证我国豆腐加工业实现机械化、规模化、商品化的坚实基础。

在实际生产中，首先，应选取脐色淡、粒大皮薄、子粒饱满、表皮无皱、有光泽、无虫蛀、无褐斑的新大豆。另外，要求品种的蛋白质含量高（尤其是水溶性蛋白组分）、蛋白抽提率、凝固率高，蛋白组分 11S 比例高，且无 A₅ 端亚基。制得的豆腐要颜色白、味道佳、口感好。

在我国，高蛋白质含量的大豆品种多来自南方地区。目前，我国已筛选出蛋白质含量在 50％ 以上的材料 170 份。其中，20 世纪 80 年代育成的高蛋白质含量的品种有雁青、豫豆 2 号、通黑 11 号、淮豆 2 号、宁青豆 1 号、豫豆 4 号、毛蓬青 1 号、毛蓬青 2 号、湘青、安豆 1 号、豫豆 10 号、鄂豆 4 号、南农 87C-38 等；20 世纪 90 年代育成的高蛋白质含量的品种有皖豆 10 号、吉林 28 号、豫豆 12 号、中豆 8 号、川豆 2 号、浙春 3 号、丽秋 1 号、黔豆 4 号等。这些材料在豆腐生产中可加以优先选用。

2. 脱脂大豆

脱脂大豆就是提取油脂后的产物，主要有豆粕和豆饼。脱脂大豆的性状，由于脱脂工艺的不同，所含蛋白质的变性程度也有所不同。脱脂大豆的成分具体可见表 2-2。

表 2-2　脱脂大豆的成分　　　　　%

项目	水分	粗蛋白	粗脂肪	碳水化合物	灰分
冷榨豆饼	12	44～47	6～7	18～21	5～6
热榨豆饼	11	45～48	3～4.5	18～21	5.5～6.5
豆粕	7～10	46～51	0.1～0.5	19～22	5

大豆蛋白质往往由于脱脂加工后受热变性。温度越高，蛋白质的变性程度越大，水溶性降低，持水性、起泡性等特性丧失。在低温条件下，蛋白质的变性程度则比较低，水溶性损失少，仍保持一定的持水性、起泡性等。所以，脱脂大豆的质量因蛋白质的变性程度不同而不同。作为豆制品原料的脱脂大豆主要是利用其所含的水溶性蛋白质。因此，用来制作豆制品的大豆在脱脂时要注意使蛋白质的变性降到最低限度，整个脱脂加工温度始终保持在 60℃ 以下为宜。

大豆脱脂的工艺有压榨法和浸出法两种。压榨法是对大豆施加压力来榨油的方法，又分普通压榨法和螺旋压榨法。螺旋压榨法是用与水平放置的圆桶内接的螺杆螺旋的旋转力，将大豆推向前端并加压，将油挤出。采用这种方法，虽然只有几分钟时间，但由于压榨中旋转发生的摩擦引起发热,其温度可高达 80℃ 以上,所以蛋白质变性程度大。采用溶剂浸出法,油脂大部分被提取出来,因此豆粕的含油量只保持在 0.5% 上下。用这种豆粕做成的豆腐,口味和香气不理想。

一般来说,做豆腐的脱脂大豆,还是采用低温压榨法(俗称"冷榨")比较妥当。低温冷榨脱脂过程中,温度保持在 60℃ 以下,大豆蛋白质变性少,因此经冷榨处理后的豆饼,其水溶性蛋白质基本与原大豆相接近。同时,冷榨后的大豆油脂很难被提尽,尚有 4.5% 的油脂留在冷榨豆饼内。

3. 其他主要原料

随着现代科技的发展,出现了许多新型豆腐产品,采用的主要原料不再是传统的大豆,由其他一些含有特殊成分或具有某些保健功能的原料替代。这些原料主要包括花生、芝麻、魔芋、大米、玉米、猪血等。

在一些新型保健豆腐的配料中还加入了许多各具特色的成分。这些成分主要有各种蔬菜及水果汁、鸡蛋、牛奶、海藻、茶、杏仁、姜汁等。这些成分使豆腐具有了许多保健功能,同时丰富了豆腐的品种。

二、辅料

1. 凝固剂

在豆腐制作过程中,需要使用凝固剂。我国传统点制豆腐的凝固剂有石膏、卤水、酸豆浆等。近年来有些地区也采用葡萄糖酸-δ-内酯来做豆腐。此外国内外还研制了一些复合型凝固剂。

① 石膏:石膏是一种矿产品,主要成分是硫酸钙,由于结晶水含量不同,又分为生石膏（$CaSO_4 \cdot 2H_2O$）、半熟石膏（$CaSO_4 \cdot H_2O$）、熟石膏（$CaSO_4 \cdot 1/2 H_2O$）及过熟石膏（$CaSO_4$）。对豆浆的凝固作用以生石膏最快,熟石膏较慢,而过熟石膏则几乎不起作用。生石膏做凝固剂,制得的豆腐弹性好。但由于凝固速度太快,生产中不易掌握,因此实际生产中基本都是采用熟石膏。

石膏-硫酸钙的溶解度较低(表 2-3),因其凝固进展缓慢,故能制成保水性能好、光滑细嫩的豆腐。用石膏点脑，多采用冲浆法，即把需要加入的石膏和少量的熟浆放在同一容器中，然后把其余的熟浆同时冲入容器中，即可凝固成脑。使用石膏做凝固剂，豆浆的温度不能过高，否则豆腐发硬，一般豆浆温度控制在 85℃ 较为适宜。

表 2-3　水中硫酸钙的溶解度　　　　　　　　g/ml

温度/℃	0	18	24	32	38	41	53	72	90
硫酸钙	0.214	0.259	0.265	0.269	0.272	0.269	0.266	0.255	0.222

据试验，用纯硫酸钙对大豆蛋白质作用，使全部大豆蛋白质凝固，硫酸钙的使用量约为大豆蛋白质的 0.04%，在实际生产中的使用量往往超过此当量数，有的超过很多。一般情况下，每 100kg 大豆需凝固剂石膏粉 2.2～2.8kg。石膏粉按 1:1.5 加入清水，用器具研磨后对清水约 2.5kg，搅拌成悬浮液状，弃去残渣使用。

市售的石膏有粉状和块状两种。石膏粉是经过焙烧和研磨加工过的熟石膏，可直接使用。块石膏是生石膏，应该先经过焙烧和研磨制成粉后使用。用石膏做凝固剂，难免会在制品中残存少量硫酸钙，所以制品均带有一定的苦涩味，缺乏大豆的香味。石膏点浆的特点是：作用慢、保水性强，适用幅度宽，能适用于不同豆浆浓度，做老嫩豆腐均可。

据资料介绍，用醋酸钙或氯化钙可以代替石膏点浆，用法与石膏完全一样，用量约为石膏的一半，使用醋酸钙或氯化钙作凝固剂，蛋白质的凝固率高，制得的豆腐洁白细嫩，无酸涩味，光泽好，出品率可比传统石膏提高 1/4～1/3。

② 卤水：又称为盐卤，是海水制盐后的副产品。有固体和液体两种。液体浓度一般为 25～27°Bé，固体是含氯化镁约 46% 的卤块。无论是液体还是固体，使用时均需调成浓度为 15～16°Bé 的溶液。

用盐卤做凝固剂，蛋白质凝固速度快，蛋白质的网状结构容易收缩，制品持水性差。盐卤的成分比较复杂，除主要成分氯化镁（$MgCl_2 \cdot 6H_2O$）之外，还含有一定量的氯化钙、氯化钠、氯化钾以及硫酸镁、硫酸钙等。且随产地、批次的不同，成分差异很大，所以在使用量上不能一概而论。大致范围在每100kg大豆需卤水（以固体计）2~5kg。

为了解决卤水点豆腐凝固速度快、不易操作的问题，日本学者提出了加缓凝剂的办法，如在用卤水点脑的同时或之前，在豆浆中添加0.02%~0.03%（以豆浆计）的出芽短梗孢糖（它是由淀粉糖浆生产的无色、无味、无毒的可溶性多糖，其结构是麦芽三糖通过α-1,6键聚合而成的直链）。豆浆凝固速度减慢，加工出的豆腐光滑细腻，风味良好，成品率高，而且操作容易掌握。在大豆磨糊时，加入大豆质量5%~30%的小麦胚芽，也可以得到同样的效果。另外，事先将盐卤、水、食用油、乳化剂混合均匀制成稳定的盐卤分散液，然后点浆，同样会减缓凝固速度。使用的油脂可以是植物油，也可以是动物油，乳化剂以大豆磷脂与甘油酯为好，实际上这也可以称为一种复合凝固剂。

③ 葡萄糖酸-δ-内酯：葡萄糖酸-δ-内酯（简称GDL），是一种新型的酸类凝固剂。始发于美国和日本，目前国内已有厂家生产。葡萄糖酸-δ-内酯是一种白色结晶物，易溶于水，有甜味。20℃时的溶解度为59g/100ml水，加水分解生成葡萄糖酸（$C_6H_{12}O_7$），纯度为99%以上。最佳用量为0.25%~0.3%（以豆浆计）。葡萄糖酸-δ-内酯本身不是凝固剂，它要在豆浆中水解转变成葡萄糖酸后，才会对豆浆中的大豆蛋白质发生酸凝固。

在未加温前，它是内酯，与豆浆相安无事，随着温度的升高，豆乳中的葡萄糖酸-δ-内酯水解成葡萄糖酸，与大豆蛋白形成酸凝固。这样，一次加热就可达到杀菌和凝固的双重目的。所生产的豆腐形态完整，风味正常。但在口味上，这类豆腐酸味较重。因此，通常将葡萄糖酸-δ-内酯与其他凝固剂配合使用，配方比例参见表2-4；也可以同时添加一定量的保护剂，不但可以改善风味，而且还能改变凝固质量。常用的保护剂有磷酸氢二钠、磷酸二氢钠、酒石酸钠以及复合磷酸盐（焦磷酸钠41%、偏磷酸钠29%、碳酸钠1%、聚磷酸钠29%）等，使用量都在0.2%（以豆浆计）左右。

表 2-4 豆腐凝固剂配比表

配方序号	内酯/%	石膏/%	卤水/%	氯化钙/%
1	78	20		2
2	78		20	2
3	40	60		
4	40		60	
5	60	40		

注：加入氯化钙后可提高豆腐的硬度。

④ 复合凝固剂：所谓复合凝固剂就是人为地用两种或两种以上的成分加工成的凝固剂。这些凝固剂都是随着生产的工业化、机械化、自动化的进程而产生的，它们与传统的凝固剂相比都有独特之处。

据资料报道，英国发明了一种带有涂覆膜的有机酸颗粒凝固剂。在常温下颗粒状凝固剂不会溶解于豆浆。但一经加热，涂覆剂就熔化了，包裹在内部的有机酸也就发挥了凝固剂的作用。

能够采用的有机酸有柠檬酸、异柠檬酸、山梨酸、富马酸、乳酸、琥珀酸、葡萄酸及它们的内酯及酐。采用柠檬酸时，添加量为豆浆质量（固形物 10%）的 0.05%～0.5%。

涂覆剂要满足在常温下完全呈固态，而一经加热就会完全熔化的物质。其熔点最好在 40～70℃之间。符合这些条件，可应用的涂覆剂有动物脂肪、植物油脂、各种甘油酯、山梨糖醇酐脂肪酸酯、丙二醇脂肪酸酯、动物胶、纤维素衍生物、脂肪酸及其盐类等。

为了使被涂覆的有机酸颗粒均匀地分散于豆浆中，也可以添加一些可食性的表面活性剂，如卵磷脂、聚氧乙烯月桂基醚等。

日本生产的一种凝固剂与此相似，不过它是把固态脂肪涂覆于硫酸钙颗粒表面。据说这种凝固剂特别适合于工业化生产及包装豆腐生产。

美国一家公司生产的一种复合凝固剂，成分较为复杂，除主要成分葡萄糖酸内酯（约 40%）外，还含有磷酸氢钙、酒石酸钾、磷酸氢钠、富马酸、玉米淀粉等。

国内研制的 BYI 型凝固剂也是一种复合型凝固剂。还有前面提到的盐卤、水、食油及乳化剂的分散体也可以看作是复合凝固剂。

2. 消沫剂

煮浆过程中，总要发生浆液上面起泡现象。泡沫的存在对后续的生产操作极为不利，煮浆时易出现假沸现象，点脑时影响凝固剂分散。同时还易发生漫锅、跑浆，为了保障蒸煮豆浆过程的操作质量，提高产量，就要添加消沫剂。其作用是降低磨浆的表面张力。我国普遍使用的消沫剂是油脚。日本豆腐业使用硅树脂、甘油一酸酯。

① 油脚膏：用油脂厂的下脚料、油脚或植物油加氢氧化钙 $[Ca(OH)_2]$，比例为 10：1，搅匀、发酵成稀膏后使用。用量为豆浆的 1%。

② 硅树脂：该产品价高用量少，热稳定性和化学稳定性高，表面张力低，破泡能力强。允许量为 0.05g/kg。方法是按规定量预先加入豆浆中。该产品有油剂型和乳剂型两种，乳剂型水溶性好，适合做豆腐。在大豆的磨糊中添加要均匀，这是目前较好的消沫剂。

③ 脂肪酸甘油酯：脂肪酸甘油酯分为蒸馏品（纯度 90% 以上）及未蒸馏品（纯度为 40%～50%），是一种表面活性剂。效果不如硅树脂，但对改善豆腐品质有利，蒸馏品的用量为豆浆的 1.0%。预先加入浆中，搅匀，煮浆时不产生泡沫。

3. 质量改善剂

使用磷酸盐类能使豆腐在脱水后有一定的保水性，偶尔也用于调节产品的 pH。甘氨酸合剂也是一种质量改良剂。

4. 防腐剂

为了保持豆腐品质，防止细菌繁殖，允许厂家在食品安全许可的范围内添加食品防腐剂。目前，我国国家标准允许使用的防腐剂有苯甲酸及其钠盐和山梨酸及其钾盐。此外豆制品企业也会使用 2,3-丙烯酸、甘油酯和甘氨酸等其他一些具有抗菌效果的添加剂。

第三节　豆腐的基本加工工艺

豆腐是我国主要的传统豆制品，历史悠久，深受广大人民喜爱。

豆腐营养丰富，含有铁、钙、磷、镁等人体必需的多种微量元素，还含有糖类、植物油和丰富的优质蛋白，素有"植物肉"之美称。

我国豆腐有南豆腐、北豆腐、冻豆腐之分。南豆腐和北豆腐在风味上有一定差别，南豆腐一般使用石膏作凝固剂，制作出的豆腐比较嫩，含水多，稍有甜味。北豆腐使用盐卤作凝固剂，制作出的豆腐比较硬，含水较少，有香味。

一、工艺流程

制作豆腐的主要工艺流程如下。

原料→除杂→浸泡→磨浆→滤浆→煮浆→点脑→蹲脑→破脑→上脑→压榨→划块→豆腐

二、操作要点

（1）原料　制作豆腐的原料大豆要求颗粒整齐，无杂质，无虫眼，无发霉变质的新鲜豆为好。一般选用大豆豆脐（或称豆眉）色浅、含油量低、蛋白质含量高、粒大皮薄、粒重饱满、表皮无皱、有光泽的大豆（以白眉大豆为好）。用低温粕和冷榨豆饼要求蛋白保持低变性，即保持蛋白良好的水溶性和分散性。不同水质对豆腐的出品率有一定影响，用软水制豆腐其原料的蛋白利用率要高些。

（2）除杂　大豆在收获、贮藏以及运输的过程中难免要混入一些杂质，如草屑、泥土、沙子、石块和金属碎屑等。这些杂质不仅有碍于产品的卫生和质量，而且也会影响机械设备的使用寿命，所以必须清除。

豆腐生产中大豆除杂的方法可分为干选法和湿选法两种。

① 干选法：这种选料法主要是使大豆通过机械振动筛把杂物分离出去，大豆通过筛网面到出口处进入料箱，与大豆相对密度不同的泥粒、沙粒、铁屑等，在振动频率的影响下，可以分离出去，不会通过筛眼而混杂在大豆里，采用此法，能把大豆清理干净。

② 湿选法：这种选料法是根据相对密度不同的原理，用水漂

洗，将大豆倒入浸泡池中，加水后某些杂物浮上来，将其捞出，而相对密度大于水的条屑、石子、泥沙等与大豆同时沉在水底。在大豆被送往下道工序磨碎时，可通过淌槽，边冲水清洗，边除杂质，使铁屑、石子和泥沙等沉淀在淌槽的存杂框里，从而达到清除杂质的目的。

（3）浸泡　除杂后的大豆需加水浸泡，浸泡的目的是使豆粒吸水膨胀，利于大豆粉碎后充分提取其中的蛋白质。大豆的浸泡程度直接影响产品的质量和得率。浸泡适度的大豆蛋白体膜呈脆性状态，在研磨时蛋白体可得到充分破碎，使蛋白质能最大限度地溶解出来，而浸泡不足和浸泡过度都不利于蛋白体的机械破碎，蛋白质溶出不彻底。

大豆放入浸泡桶，经浸泡后放出。掌握好浸泡温度和时间，还要注意水质、水温与用水量。冬季水温5℃，在春秋季节，水温控制在10～20℃，夏天水温30℃。浸泡时间，冬天为16～20h，春秋为8～12h，夏天为6h。冬天用温水浸泡，时间可以缩短。水质以软水、纯水为最佳。浸泡100kg大豆一般加水200～250kg，如果是豆片需加水400kg。豆粒吸水膨胀后以不露出水面为限，不要泡到水面产生泡沫。一般浸泡好的大豆约为原料干豆质量的2.2倍。如果用冷榨豆饼或低温豆粕为原料，需用稀碱液浸泡，稀碱液的pH为9～10（可用石蕊试纸检验），以100kg豆片加稀碱液400kg，充分搅拌，每隔半小时一次，随着浸泡时间延长，pH值将降至7左右，以浸泡至豆片柔软为止。

（4）磨浆　磨浆是用石磨或砂轮磨将大豆破碎，磨制同时加入一定量的水，形成较稠的浆液。豆腐生产中，对浆液磨的细度有比较严格的工艺要求。理论上浆液中的颗粒应在3μm以下；从感官上看浆液应是均匀洁白，没有颗粒；用手指捻开应是小片状，不是粒状。浆液的细度直接影响到蛋白质在水中的溶解度，对豆腐出品率有直接的关系。

目前使用石磨、钢板磨、砂轮磨三种。不论用哪种研磨方法，均需加入一定量的水，用于携带大豆入磨并起润滑作用；加入冷水研磨可降低磨内温度，使蛋白质均匀地溶解于水中。加水要适当，加得太多，豆浆浓度低，不易凝固；加水太少，蛋白质包住的水少，豆腐的质地粗糙，持水性差，弹性不好，出品率低。一般每 100kg 大豆淋入 180kg 水为宜；豆糊加 240kg 的 60℃ 温水搅拌均匀，然后过滤出豆浆。磨料要磨多少用多少，保证磨料新鲜。磨浆和滤浆的时间要安排紧凑，以防止加工过程中的污染。

刚磨出的浆液产生浓厚细密的泡沫，这些泡沫中存在大量的蛋白质，与水形成亲水性胶体溶液，并具有较大的表面张力。因为表面张力使这些细密的泡沫不易消失，影响各工序的操作，尤其在煮浆时因温度上升泡沫增大，容易溢出，因此磨浆后加入适量的消泡剂的作用是降低胶体溶液的表面张力，消除大量的泡沫，并且还可以防止煮浆工序再次产生泡沫。消泡剂的添加量以油脚为例，100kg 原料添加 1kg 油脚。采用其他品种的消泡剂，要按规定添加。

（5）滤浆　豆腐生产为了充分提取浆液中的蛋白质，要进行浆、渣分离。现在各地豆制品厂多使用离心机。使用离心机不仅大大减轻体力劳动，而且效率高、品质好。

使用离心机过滤，要先粗后细，分段进行。尼龙滤网第一次用 80～100 目，第二、三次用 80 目，滤网制成喇叭筒形过滤效果较好。

一般采取三次分离。每一次分离后的豆渣再加热水稀释后，再次分离。加入热水的温度一般为 50～55℃。第一次分离后的豆渣加入第三次分离后的稀浆水混合溶解后，流入第二次分离机分离，分出的豆渣加入 50～55℃ 热水混合溶解后，流入第三次分离机分离。分离出的豆渣送到渣池，成为生产废料。分离出的豆浆经过浓度测定调节后，符合要求则直接送到下道煮浆工序。豆浆的浓度是根据不同产品的要求而定，北豆腐 7～7.5°Bé，南豆腐 8.5～9°Bé，豆干类 7.5～8°Bé。

由于工艺操作不准确或设备原因，有时豆渣经过三次稀释分离之后，蛋白质提取不净。因而分离后要对豆渣抽样测定，测定豆渣内的蛋白残存量，通过测定出的数据，反映操作效果，从而改进操作技术。

分离机的分离网要选择适当，一般用 60～70 目分离网比较适合。

网过粗，豆渣混入豆浆，影响产品质量；网过细，影响生产效率，并且影响蛋白提取率。

我国众多家庭作坊生产时一般采用布袋过滤，效率较低。

(6) 煮浆　豆浆的蒸煮在豆制品生产工艺中是不可缺少的工序。煮浆的目的是通过高温使豆浆的豆腥味和微微的苦味（胰蛋白酶抑制剂）消失，增加大豆的香味和提高蛋白质的消化率，并通过高温灭菌，保证产品卫生。同时生豆浆经过加热蒸煮变成熟豆浆，再借助石膏、盐卤等凝固剂的作用，使豆浆凝成豆腐。

现在一般采用的加热设备有火力加热和蒸汽加热两种。火力加热是利用土灶铁锅煮浆，蒸汽加热有敞口罐蒸汽煮浆、密封式加压锅煮浆和封闭式溢流煮浆器煮浆等方式。采用何种方式加热要根据生产规模而定。

① 土灶铁锅煮浆：农村或城镇的手工作坊属小型生产，投料不多，一般都采用土灶铁锅煮浆。土灶宜采用三孔灶，但由于三孔灶各孔的火力不均，往往是中间一孔锅内的豆浆先煮沸。因此，既要防止中间一锅豆浆溢出，又要促使前后二孔锅内的豆浆及时煮沸。可先把中间一锅已沸腾的豆浆舀出 1/3 盛入桶内备用，然后把前锅（受热力最小的锅）的 1/3 豆浆掺入中间锅中，这样再烧煮片刻，可使三只锅内的豆浆同时沸腾，以便使用。

由于直接用锅煮豆浆，豆浆中的蛋白质和残留的一些豆渣会沉淀在锅底而成锅巴。第二次煮浆时，应把锅巴铲尽，并清洗干净，防止产品产生焦苦味。

② 敞口罐蒸汽煮浆：一般大型工厂现在都采用敞口罐蒸汽煮浆。根据需要设置浆桶，桶底内部装有蒸汽管道出口，可放蒸汽。桶内盛豆浆为容量的 3/4，留有 1/4 的容量以防止豆浆沸腾后溢浆。蒸煮时，让蒸汽直接冲进豆浆中，待浆面沸腾时把蒸汽关掉，防止豆浆从桶口四溢，停 2～3min 后再放蒸汽复煮，待浆面再次沸腾，此时豆浆已完全煮沸。之所以要两次放蒸汽，这是因为用大桶加热时，由于豆浆不像水那样在加热中会随着对流使水温均匀，加之蒸汽从管道出来后直接往浆面溢出，故上层浆温度高，下层浆温度低，所以第一次

浆面沸腾时，不是全部豆浆沸腾，而是表面豆浆的沸腾，静置一下，在热的影响下，可使浆上下对流，待温度大体均匀后，再放蒸汽加热煮沸浆就熟透了。为了更有把握，也可以采用三次重复煮沸的做法。

③ 封闭式溢流煮浆器煮浆：采用煮浆器煮浆时，首先要把最后一只出浆口关死，然后在五只盛浆桶内装足豆浆，再放蒸汽加热，当第五只出浆桶的浆温度升至 98～100℃时，开始放浆。以后就在第一只煮浆桶内连续进浆，同时放入蒸汽加热，逐只加温，温度逐只上升。第一只桶浆温是 40℃，第二只桶浆温是 60℃，第三只桶浆温是 80℃，第四只桶浆温是 90℃，第五只桶浆温是 98～100℃。同时由于蒸煮桶高度不同，第一只是 65cm，以后逐只递减 8cm，保持一定水位差，因此第一只桶是管道进浆，而第五只桶是自动溢流出浆，进生浆进口到熟浆出口只要 2～3min。豆浆流量大小可根据生产需要和蒸汽的压力来控制。

④ 密闭式加压锅煮浆：采用此法煮浆效果良好。问题在于加压锅是密闭的，清洗时必须拆除密闭装置，操作不方便，不利于清洗锅内的积垢，有碍食品卫生。不论采用哪一种煮浆方法，凡是用蒸汽加热煮浆的，其蒸汽压力始终要求保持在 $5.88×10^5$Pa 以上。在这种压力条件下，煮浆时升温快，不致使蛋白质败坏。如果蒸汽压力低，热量不足，充汽时间长，会把过多的蒸馏水带入豆浆，而影响豆浆浓度和产品的质量。另外，由于豆浆加热时间过长，不仅影响产品的制得率，严重时还会造成坏浆而做不成豆腐。

（7）点脑　经过煮沸后的豆浆，蛋白质发生了热变性。它的内部结构虽然有了变化，溶解度也有所降低，黏度增加，但是仍不能凝固，而需要进一步破坏蛋白质分子外层的水膜和双电层。在热豆浆中加入盐卤或石膏后，能产生大量的碱金属中性盐等电解质成分，可改变豆浆中的 pH，使它达到大豆蛋白质的等电点，使蛋白质凝固，即形成凝胶。

在蛋白质凝胶的网眼中充满水分，所以具有弹性。根据网眼大小，凝胶的保水性不同。影响成脑质量主要有以下几个因素。

① 豆浆浓度和 pH 值：点脑时豆浆的浓度必须稳定，固形物一

般控制在 6%～7%。豆浆浓度高，蛋白提取率低，制得豆脑嫩，结大块，压榨不出水分，豆腐不能成型。浓度稀时制出豆腐硬，没有弹力和韧性，保水不好。豆浆的浓度应在磨碎时以加水量固定。豆浆的 pH 影响豆浆凝固。一般控制在 pH6.5，如豆浆偏碱性，蛋白不易凝固，造成蛋白质的流失；如果偏酸性，也会使部分蛋白质不凝固，随着豆腐废水流失。在实际生产中要随时测定豆浆的 pH 值，严格控制在 pH6.5。当 pH 值超过 7.0 时，可加酸调节；pH 值低于 6.5 时，可加入 1%氢氧化钠溶液调节。

② 点脑温度：豆浆温度高低，影响豆浆凝固速度。温度过高，豆浆和凝固剂反应快，制成豆腐不细腻；温度过低，凝固速度慢，豆腐呈棉絮状，有些蛋白质不凝固，降低豆腐出品率，所以必须控制适当温度。不同的凝固剂有不同的凝固温度，盐卤温度以 70～85℃ 为宜，石膏以 75～90℃ 为宜，葡萄糖酸内酯以 75～85℃ 为适宜的凝固温度。

③ 凝固剂用量：盐卤用量为豆重的 2%～3%。过量则豆腐有苦味，质地硬。在实际生产中将盐卤稀释至 20～22°Bé（用波美比重计测定），过滤后才使用。石膏用量为豆重的 2%～2.5%，添加过量，豆腐发涩，添加不足则降低凝固率。石膏使用前应粉碎至一定细度，然后加水不断搅拌，使其成为均匀悬浮液才能使用。石膏凝固速度比盐卤慢，保水性好，制出的豆腐细腻，但口味不如用盐卤的好。如果将盐卤和石膏混合使用，就会制得口味好、细嫩、出品率高的豆腐。使用混合凝固剂其豆腐的含水量比单纯使用盐卤要高 2%～3%，而且豆腐质量好。凝固剂用量要根据凝固剂优劣而有所增减，同时还要考虑到大豆的新鲜程度。

④ 凝固剂的加入方式：一般生产中习惯的操作方式是，盐卤是点浆式加搅拌，具体操作是：先打耙后下卤，卤水流量先大后小，打耙先紧后慢，当缸内出现 50%脑花时，打耙速度要减慢，卤水流量随之减少，至 80%脑花时停止下卤，见脑花游动下沉时，停止打耙。石膏是冲浆式不搅拌。采用什么方式与凝固剂的性质有关，盐卤与豆浆反应快，接触豆浆后立即凝固，如果不搅拌可能凝固不均匀。石膏

与豆浆混合后，凝固反应慢，冲浆就可达到均匀凝固的要求。

豆制品生产中的常用点卤设备为点卤桶，采用不锈钢材质，底部一次压制成型，圆弧过渡，无焊接死角，清洗方便，避免细菌滋生，方便凝固剂和熟浆充分反应，同时有利于翻浆，从而提高点卤质量。

（8）蹲脑　蹲脑又称为涨浆或养花，是大豆蛋白质凝固过程的继续。蹲脑过程宜静不宜动，否则，已经形成的凝胶网状结构会因振动而破坏，使其内在组织裂隙，凝固无力，外形不整。蹲脑时间应该适当，太短凝出不充分；太长凝固物温度下降太多，不利于豆腐脑热结合，也有碍于成品品质。一般情况下，点脑后要静置 20～25min。

（9）破脑　压榨前，要先将豆腐脑适当破碎，称为破脑。破脑后豆腐脑原来的组织结构得到了一定程度的破坏，释放出一部分包在蛋白质周围的黄浆水。破脑也有利于压榨时水分的排出。破脑时，可先用小勺将表皮以下 1～2cm 厚的一层翻到一边，再用竹剑将缸内豆脑划成 7cm 左右见方的小块，稍停片刻，即上脑。

（10）上脑、压榨　蹲脑后豆腐水为澄清淡黄色说明点脑适当；豆腐水为深黄色则脑老；暗红色则为过脑；乳白色则为脑嫩。脑嫩可增加适量凝固剂。要根据脑的老嫩程度来决定不同的压榨方法，豆腐上脑时要撇出黄浆水，摆正榨模，上脑时数量要准、动作要稳、拢包要严，压榨时间为 15～20min。豆腐成型后要立即下榨，翻板要快，放板要轻，揭包要稳，带套要准，移动要平，堆垛要慢。传统人工压榨成型容易造成产品质量不一，且操作复杂。现在的大型豆腐生产线多使用豆腐连续压榨机，其所压制的豆腐压力统一，有利于成型的豆腐保有弹性、韧性，且出品率高、产量高、能耗低，极大地节约了劳动力。

（11）划块　将压成的整板豆腐坯取下，揭去布，平铺于板上，用划刀按品种规格划成小块。划块分热划和冷划。压榨出来的整板豆腐坯，品温一般为 60℃左右，如果趁热划块，则豆腐坯的面积要适当放大，以使冷却后豆腐坯的大小符合规格。冷划是待整板豆腐坯自然冷却、水分散发、体积缩小后再划块，冷划可以按原定的大小规格划块。

第四节　豆腐的常见质量问题

一、豆腐颜色发红、色暗

　　颜色发红是水豆腐和干豆腐的常见质量问题。主要因素是豆浆不熟引起，特别是使用敞口锅蒸汽煮浆时容易出现假沸现象，当豆浆煮到80℃左右时最容易出现假沸，只凭豆浆的翻滚和没有浮沫并不能说明豆浆已煮好，只有温度计测温达到100℃左右，才算真正把豆浆煮沸。煮沸后还要保温5～7min。使用敞口蒸汽锅煮浆时，通常需要反复几次沸腾，锅内泡沫经反复几次升降，使用消泡剂把锅内泡沫全部消除，测温达到97～100℃，就不会出现豆腐发红。

　　豆腐色暗，主要是豆腐表面缺乏光泽感。考虑有以下原因：其一，原料变质或受高温刺激，或在保管过程中经过强制干燥处理。其二，生产过程中存在的问题，如原料筛选处理不净；浸泡方法不当或大豆吸收的水分不足；磨碎时磨口过紧或混入污物；豆浆浓度过高；煮浆方法不妥或豆浆煮好没有及时出锅等。

二、豆腐牙碜或苦涩

　　豆腐牙碜一般都是发生在使用新铲修过的石磨时，由于石磨的碎石屑在磨豆时经研磨脱落后混在豆浆内，虽经过滤难以全部滤出。凝固剂混入杂质、豆腐脑缸刷洗不干净留有杂质，这些杂质经凝固后难以清除，混在豆腐中就会有牙碜感。

　　豆腐中的苦涩味几乎是同时产生的，常见于明火煮豆浆的产品。主要原因是豆糊粘于锅底而煳锅（锅巴），产生串烟味和苦味。凝固剂石膏或卤水添加量过多或使用方法不当也会造成产品苦涩味。

三、馊味或酸腐味

　　豆腐出现馊味或酸腐味有两种情况：一是新鲜的豆腐就有馊味或酸腐味，这主要是生产过程中卫生条件太差，制作豆腐的设备、管道等不洁造成的，特别是使用的豆腐包布和压榨设备没有及时清洗、消毒、晾晒，产生馊味，导致新制作的豆腐表面出现馊味或酸腐味。二是豆腐的贮藏条件不适或时间过长引起的。豆腐水分含量高，又富含蛋白质、脂肪等营养成分，受微生物污染后极易酸败变质，夏秋季节环境温度较高，豆腐在短时间内就会腐败变质。加强豆腐生产过程中的卫生管理，豆腐在冷链中流通、贮藏等可以延长豆腐的保质期。

四、豆腐脑老嫩不均

点脑老与嫩的问题有以下几种情况：以每个缸为单位，全缸豆腐脑都点老、全缸豆腐脑都点嫩或同一缸豆腐脑中有老又有嫩。前两种情况主要与下卤速度有关。下卤要快慢适宜，过快则豆腐脑易点老，过慢则点嫩。第三种情况就是点脑的技术问题，如在同一缸豆腐脑中出现了老嫩不一的情况，还混有未凝固的豆浆，主要是点脑的翻浆动作不准，出现了转缸。点脑时应不断将豆浆翻动均匀，在即将成脑时，要减量、减速加入卤水，当浆全部形成凝胶状后，方可停止加卤水。

五、豆腐形状不规则

豆腐生产要求使用标准模具，对产品有一定的规格标准要求，然而豆腐也会出现厚薄不均匀的现象。其主要原因是上榨不匀和偏榨。上榨不匀是指在几块豆腐之间互相对比厚薄不一样。偏榨是指同一个豆腐体存在各部位的厚薄不一样。前者主要是生产过程对豆浆浓度掌握不准或在凝固时点脑的老嫩不一所致，如生产过程豆浆浓度忽稠忽稀，点脑时就会出现忽老忽嫩，就很难做到产品的厚薄均匀一致。偏榨原因主要是底板放得不平，或由于操作者疏忽造成的。

第五节　豆腐的质量标准

标准规定豆腐是以大豆为原料，经原料预处理、制浆、凝固、成型等工序制成的非发酵性豆制品。按所使用凝固剂的不同，把豆腐分为北豆腐、南豆腐和内酯豆腐。以豆腐为原料再进行深加工的产品还有调味豆腐、冷冻豆腐和脱水豆腐。

1. 感官指标

具有该类产品特有的颜色、香气、味道，无异味，无可见外来杂质，应符合表 2-5 的规定。

表 2-5 豆腐的感官指标

类型	形态	质地
豆花	呈无固定形状的凝胶状	细腻滑嫩
内酯豆腐	呈固定形状，无析水和气孔	柔软细嫩，剖面光亮
嫩豆腐	呈固定形状，柔软有劲，块形完整	细嫩，无裂纹
老豆腐	呈固定形状，块形完整	软硬适宜
调味豆腐	呈固定形状，具有特定的调味效果或加工效果，块形完整	软硬适宜
冷冻豆腐	冷冻彻底，块形完整	解冻后呈海绵状，蜂窝均匀
脱水豆腐	颜色纯正，块形完整	孔状均匀，无霉点，组织松脆复水后不碎

2. 理化指标

应符合表 2-6 的规定。

表 2-6 豆腐的理化指标

类型	水分/(g/100g)≤	蛋白质/(g/100g)≥
豆花	—	2.5
内酯豆腐	92.0	3.8
嫩豆腐	90.0	4.2
老豆腐	85.0	5.9
调味豆腐	85.0	4.5
冷冻豆腐	80.0	6.0
脱水豆腐	10.0	35.0

3. 微生物指标

应符合表 2-7 的规定。

表 2-7 豆腐的微生物指标

项　　目	指　　标	
	散装	定型包装
细菌总数/(cfu/g)≤	100000	750
大肠菌群近似值/(MPN/100g)≤	150	40
致病菌	不得检出	

第三章　豆腐加工实例

第一节　特色豆腐

一、北豆腐

【原料与配方】

大豆 100kg，盐卤 4kg。

【工艺流程】

大豆→选料→浸泡→磨制→滤浆→点浆→蹲脑→破脑→上箱→压制成型→切块成品

【操作要点】

① 选料：选用色浅、含油量低、蛋白质含量高、粒大皮薄、表皮无皱、有光泽的大豆。

② 点浆：煮沸的豆浆温度一般是 90～95℃，浓度为 8°Bé。点脑前要加入冷水，使温度降至 78～80℃，并保持浓度为 7.5°Bé。点浆所用的凝固剂是盐卤，每 100kg 原料需 4kg 盐卤片。同时将盐卤加水，调成 10～12°Bé 的溶液即可。点浆时，手持一小勺探入浆中，在豆浆容器的小半圆内左右摇动，使豆浆上下翻转，此时可均匀放盐卤水。待豆浆基本成脑，停止搅动。

③ 蹲脑：点浆后的豆腐脑需静置 20～25min，使凝固剂和蛋白

质充分反应。时间过短，凝固不完善，组织软嫩，容易出现白浆；时间过长，凝固的豆脑析水多，豆脑组织紧密，保水性差，使质量和出品率降低。

④ 上箱：将豆腐脑轻轻舀进铺好豆包布的压制箱内，放出少量的黄浆水后封包，排好竹板、木杠开始压制。上箱要轻、快，但不能砸脑、泼脑，以防止温度过分降低而影响成型。箱内的豆腐脑要均匀一致，四角要装满，不能有空角。

⑤ 压制：压制一般用 3t 以上的千斤顶或用油缸代替千斤顶。加压要稳，不能过急、过大。刚开始加压时如压力过大，应排出的黄浆水排不出来，豆腐内就会出现大水泡，影响成品质量。压制时间一般为 15～18min。但应注意要根据不同的原料和豆腐脑的老嫩来控制时间。

⑥ 切块：压制完后打开封箱包切块。切块要求刀口直、不斜不偏、大小一致，其大小可根据需要，一般为 (100×60×15)mm。切好块后，可放入豆腐专用包装箱内。但入箱前需适当降温，防止变质。降温的方法有水浴降温、自然降温、风冷降温。北豆腐的出品率，大约每 100kg 大豆出豆腐 280～310kg。

【质量标准】

（1）感官指标

① 形态：块形整齐，无缺角和碎裂，表面光滑、无麻迹。

② 色泽：白色或淡黄色，具有一定光泽。

③ 内部组织：细密、柔软有劲，不散碎、不糟，无杂质。

④ 口味：气味清香，有豆腐特有的香气，味正，无任何苦涩和其他异味。

（2）理化指标　水分≤85%；蛋白质≥5.9%；重金属含量砷＜0.5mg/kg，铅＜1.0mg/kg；添加剂按添加剂标准执行。

（3）卫生指标　细菌总数出厂不超过 5 万个/g，销售时不超过 10 万个/g；大肠菌群近似值出厂不超过 70 个/100g，销售不超过 150 个/100g；致病菌不得检出。

二、盐卤豆腐

【原料与配方】

大豆 100kg，固体盐卤 3kg，消泡剂 1kg。

【工艺流程】

大豆→水浸→磨料→过滤→煮浆→加细→凝固（加盐卤）→成型→成品

【操作要点】

① 选料：以颗粒整齐、无杂质、无虫眼、无发霉变质的新鲜大豆为好。

② 水浸：第一次冷水浸泡 3～4h，水没过料面 150mm 左右。当水位下降至料面以下 60～70mm 时，再加水 1～2 次，使豆料继续吸足水分，增重一倍即可。夏季可浸泡至九成开，搓开豆瓣中间稍有凹心，中心色泽稍暗。冬季可泡至十成开，搓开豆瓣呈乳白色，中心浅黄色，pH 值约为 6。

③ 磨料：浸泡好的大豆上磨前应经过水选或水洗。使用砂轮磨需事先冲刷干净，调好磨盘间距，然后再滴水下料。初磨时最好先试磨，试磨正常后再以正常速度磨浆。磨料当中滴水、下料要协调一致，不得中途断水或断料，磨糊光滑、粗细适当、稀稠合适、前后均匀。使用石磨时，应将磨体冲刷干净，安好磨罩和漏斗，调好顶丝。开磨时不断料、不断水。磨料应根据生产需要，用多少磨多少，保证磨料质量新鲜。

④ 过滤：过滤是保证豆腐成品质量的前提，现在各地豆制品厂多使用离心机。使用离心机不仅大大减轻笨重体力劳动，而且效率高、质量好。使用离心机过滤，要先粗后细，分段进行。尼龙滤网先用 80～100 目，第二、三次用 80 目。滤网制成喇叭筒形过滤效果较好。

过滤中三遍洗渣、滤干净，务求充分利用洗渣水残留物，渣内蛋白含有率不宜超过 2.5%。洗渣用水量以"磨糊"浓度为准，一般 0.5kg 大豆总加水量（指豆浆）4～5kg。离心机是豆制品厂重要机械设备，运行中应严格执行机电安全操作规程，并做好环境卫生。

⑤ 煮浆：煮浆对豆腐成品质量的影响是至关重要的。煮浆有两种方式，一是使用敞口大锅，二是比较现代化的密封蒸煮罐。

使用敞口锅煮浆，煮浆要快，时间要短，一般不超过 15min。锅三开后立即放出备用。煮浆开锅应使豆浆"三起三落"，以消除浮沫。落火通常采用封闭气门，三落即三次封闭。锅内第一次浮起泡沫，封闭气门泡沫下沉后，再开气门。第二次泡沫浮起，中间可见有裂纹，并有透明气泡产生，此时可加入消泡剂消泡。消泡后再开气门，煮浆达 97～100℃时，封闭气门，稍留余气放浆。值得注意的是，开锅的浆中不得注入生浆或生水。消泡剂使用必须按规定剂量使用。锅内上浆也不能过满。煮浆气压要足，最低不能少于 $3kg/cm^2$。此外，煮浆还要随用随煮，用多少煮多少，不能久放在锅内。

密封阶梯式溢流蒸煮罐可自动控制煮浆各阶段的温度，精确程度较高，煮浆效果也较高。使用这种罐煮浆，可用卫生泵（乳汁泵）将豆浆泵入第一煮浆罐的底部，利用蒸汽加热产生的对流，使罐底部浆水上升，通过第二煮浆罐的夹层流浆道溢流入第二煮浆罐底部，再次与蒸汽接触，进行二次加热。经反复 5 次加热达到 100℃时，立即从第五煮浆罐上端通过放浆管道输入缓冲罐，再置于加细筛上加细。各罐浆温根据经验，1 罐为 55℃，2 罐为 75℃，3 罐为 85℃，4 罐为 95℃，5 罐为 100℃。浆温超过 100℃，由于蛋白质变性会严重影响以后的工艺处理。

⑥ 加细：煮后的浆液要用 80～100 目的铜沙滤网过滤，或振动筛加细过滤，消除浆内的微量杂质和锅巴以及膨胀的渣滓。加细放浆时不得操之过急，浆水流量要与滤液流速协调一致，即滤得快流量大些，滤得慢流量小些。批量大的可考虑设两个加细筛。

⑦ 凝固：凝固是决定豆制品质量和成品率的关键。应掌握豆浆的浓度和 pH 值，正确使用凝固剂以及打耙技巧应熟练。根据不同的豆制品制作要求，在豆浆凝固时的温度和浓度也不一样。比如豆腐温度控制在 80℃左右，浓度在 11～12°Bé（波度计 20℃测定）。半脱水豆制品温度控制在 85～90℃，浓度在 9～10°Bé；油豆腐温度 70～

75℃左右，浓度 7～8°Bé。凝固豆浆的最适 pH 值为 6.0～6.5。在具体操作上，凝固时先打耙后下卤，卤水流量先大后小。打耙也要先紧后慢，边打耙、边下卤。缸内出现脑花 50%，打耙减慢，卤水流量相应减小。脑花出现 80% 时停止下卤。见脑花游动缓慢并下沉时，脑花密度均匀即停止打耙。打卤、停耙动作都要沉稳，防止转缸。停耙后脑花逐渐下沉，淋点卤水，无斑点痕迹为脑嫩或浆稀，脑嫩应及时加卤打耙，防止上榨粘包，停耙后在脑面上淋点盐卤，出现斑点痕迹为点成。点脑后静置 20～25min 蹲脑。

⑧ 成型：蹲脑后开缸放浆上榨，开缸用上榨勺将缸内脑面片到缸的前端，撇出冒出的黄浆水。正常的黄浆水应是清澄的淡黄色，说明点脑适度，不老不嫩。黄浆水色深黄为脑老，暗红色为过老，黄浆水呈乳白色且浑浊为脑嫩。遇有这种情况应及时采取措施，或加盐卤或大开罐（浆）。

上榨前摆正底板和榨膜，煮好的包布洗净拧干铺平，按出棱角，撇出黄浆水，根据脑的老嫩采取不同方法上榨。一般分为片勺一层一层、轻、快、速上，脑老卧勺上，脑嫩拉勺上，或用掏坑上的方法。先用优质脑铺面，后上一般脑，既保证制品表面光滑，又可防止粘包。四角上足，全面上平，数量准确，动作稳而快，拢包要严，避免脑花流散。做到缸内脑平稳不碎。压榨时间为 15～20min，压力按两板并压为 60kg 左右。豆腐压成后立即下榨，使用刷洗干净的板套，做到翻板要快、放板要轻、揭包要稳、带套要准、移动要严、堆垛要慢。开始先多铺垛底，再下榨分别垛上，每垛不超过 10 板，夏季不超过 8 板。在整个制作豆腐过程中，严格遵守"三成"操作法，即点（脑）成、蹲（脑）成、压（榨）成。

【质量标准】

① 感官指标：色泽白色或淡黄色，有香气，块形整齐，有弹力，无杂渣，营养丰富。

② 理化指标：水分≤85%；蛋白质≥5.9%；重金属含量砷＜0.5mg/kg，铅＜1.0mg/kg；添加剂按添加剂标准执行。

③ 卫生指标：细菌总数出厂不超过 5 万个/g，销售时不超过 10

万个/g；大肠菌群近似值出厂不超过 70 个/100g，销售不超过 150 个/100g；致病菌不得检出。

三、盐卤老豆腐

【原料与配方】

大豆 100kg，盐卤 7.6～10kg。

【工艺流程】

大豆→水浸→磨碎→过滤→煮沸→豆浆→点浆→涨浆、摊布、浇制→成品

【操作要点】

① 制浆：前面工序与盐卤豆腐相同。

② 点浆：把浓度为 25°Bé 的盐卤用水稀释到 8～9°Bé 做凝固剂。把稀释的盐卤装入盐卤壶内。在点浆时，右手握住盐卤壶缓慢地把卤加入缸内的豆腐浆里。点入的卤条以绿豆粒子一样粗为宜。右手握小铜勺插入花缸的 1/3 左右，并沿左右方向均匀地搅动，一定要使豆浆从缸底不断向缸面翻上来，使豆浆蛋白质与凝固剂充分接触。盐卤点入后，蛋白质徐徐凝集，至豆腐全部凝集呈粥状并看不到豆腐浆时，即停止点卤，铜勺也不再搅动。然后，在浆面上略洒些盐卤。

③ 涨浆、摊布、浇制：盐卤豆腐的涨浆时间宜掌握在 20min，使豆腐花充分凝固。盐卤豆腐的摊布、浇制工艺与石膏做凝固剂制老豆腐相仿，但由于以盐卤为凝固剂，大豆蛋白质的持水性比较差，豆腐的成品含水量不会太大。因此在浇制前不必在缸内用竹扦把豆腐花划成小方块而破坏大豆蛋白质凝固后的网状组织。这样浇制后，经压榨豆腐就会比较老。

【质量标准】

① 感官指标：无豆渣，不粗、不红、不酸。划开九块后，刀铲一块叠一块，不坍、不倒。含水量低，质地比较坚实，无杂质、无异味，细腻可口，风味鲜美。

② 理化指标：水分≤80%，蛋白质≥8%。

③ 卫生指标：细菌总数出厂时不超过 5 万个/g，销售时不超过

10 万个/g。大肠菌群近似值出厂时不超过 70 个/100g，销售时不超过 150 个/100g。致病菌不得检出。

四、盐卤硬豆腐

【原料与配方】

浓度 12°Bé 豆乳 100kg，氯化镁溶液 320g，水 80ml，油脂 200g，磷脂 0.4g，甘油酯 0.4g，60℃以上热水 598ml。

【工艺流程】

大豆→水浸→磨碎→过滤→煮沸→豆浆→压榨成型→成品

【操作要点】

① 制浆：前面工序与盐卤豆腐相同。

② 调制盐卤分散液：将氯化镁溶液、水、油脂与磷脂、甘油酯及 60℃以上的热水混合，均质即可。

③ 压榨成型：将盐卤分散液装入容器，与浓度 12°Bé 的豆浆同时倒入型箱。放置 20min 后，蛋白质均匀凝固。将蛋白凝乳搅碎，移入型箱，压榨成型，制得豆腐 86.4kg。通过添加盐卤分散液，使豆乳中所含物质均匀分散，促进乳化，可以延缓凝固反应时间。

【质量标准】

① 感官指标：用盐卤做凝固剂，能增加豆腐风味、豆腐表面光泽。

② 理化指标：水分≤80％，蛋白质≥8％。

③ 卫生指标：细菌总数出厂时不超过 5 万个/g，销售时不超过 10 万个/g。大肠菌群近似值出厂时不超过 70 个/100g，销售时不超过 150 个/100g。致病菌不得检出。

五、水豆腐

【原料与配方】

大豆 100kg，盐卤片 3.5～4.5kg。

【工艺流程】

选豆→泡豆→磨浆→过滤→煮浆→点豆腐→开缸→铺包→成品

【操作要点】

① 选豆：选豆除了清洗沙土、杂物、次豆粒之外，现在生产中的选豆还包括原料质量分析、品种选择和脱豆皮等。

② 泡豆：泡豆的目的是为了提高蛋白质的利用率和豆腐的出品率，也有保护石磨不至于过早损坏的作用。大豆经过浸泡之后变软，蛋白质的溶出性增加，为豆腐生产进程创造有利条件。在一般情况下，浸泡的衡量标准是，大豆经过水泡之后，豆粒内部的中心凹沟将展平为合适。

③ 磨浆：磨浆就是将大豆加水粉化，破坏大豆的颗粒结构。磨浆的目的是为了获得更多的大豆蛋白、脂肪质等，不磨细它们就不会溶解出来。大豆被磨细后，粗细情况对水豆腐的质量和出品率都有很大的影响。豆浆粉的颗粒太粗时，蛋白质的溶出量太少，豆腐的出品率太低；豆浆粉的颗粒太细时，蛋白质的溶出量增加，但是豆乳和豆渣不易分开，过滤常发生困难。如果豆腐中混入豆渣，则豆腐品质变次。如果豆渣中带有豆乳，则豆腐出品率下降。如果过滤时间太长则影响生产周期。为了提高蛋白质的利用率，可采取二次磨豆浆工艺。第一次磨豆浆过滤后的粗豆渣再磨一次，用水量不要太多，豆浆中豆粉不要太细。

④ 过滤：过滤的目的是为了使豆乳与豆渣分开，以提高豆腐的品质和出品率。传统的过滤方法是，采用吊式滤袋自淋过滤法。近几年来，已有先煮浆后过滤的"熟浆法"和先过滤后煮浆的"生浆法"。从技术上讲，"熟浆法"效果好些，因为豆浆中的黏胶质、植物酶、豆腥物质等，在受热的情况下会发生理化变化，分解物会溶解到豆泔水里并随豆泔水（溶胶液）排出去，使水豆腐的味道更加优美。从过滤技术上讲，热豆浆可以提高过滤速度，减少过滤时间。除了上述两种过滤法之外，由于出现二次磨浆法，所以出现二次过滤法。这种变化必然会导致水、电、热能消耗多，体力消耗大和时间消耗长的缺点。

⑤ 煮浆：煮浆过程发生物理与化学变化。加热可以使大豆蛋白

质、脂肪和其他有机物迅速溶解出来，使大豆蛋白质产生变性，具有凝固性和弹性，具有吸水力，使蛋白质分子断链变形，促使人们吃了以后容易消化。加热还可以使消化酶、胰蛋白酶失去活性，使细菌死亡，大豆凝固素失去毒性，异味成分溶解并随泔水排出去。但是加热沸腾后的时间不可太长，长时间加热和过热会使水豆腐的营养价值降低，使蛋白质上的赖氨酸基团与碳水化合物发生反应，生成消化酶难以分解的有机物大分子。

煮浆还必须防止烟锅。此外，大豆蛋白的溶解度与豆浆溶液的黏度大小有关，豆浆的黏度太大时大豆蛋白的溶出变少，豆腐的持水力小；豆浆的黏度太小时，豆浆稀，热耗大，用水多。在一般情况下，豆浆的酸碱性对水豆腐品质和出品率有较大影响，豆浆的 pH 值为中性时，加热后点出的豆腐品质较好。

⑥ 点豆腐：点豆腐是改变溶胶状态的胶体溶液为凝胶体系的过程。要使这一过程能够顺利完成，就必须很好地建立起点豆腐的最佳工艺条件。较好的操作条件如下：a. 盐卤水的稀释浓度为 18~20°Bé；b. 点豆腐时豆浆的温度为 78~84℃；c. 点豆腐时豆乳的浓度为 9~11°Bé（以比重计）；d. 点豆腐时豆乳的 pH 值约 6.8~7.0。

先将豆乳烧开并放入乳缸内，调节好豆乳的 pH 值使它达到中性。当豆乳的液温下降至 80℃时，即一手拿勺翻浆一手滴加卤水点豆腐。当乳缸内出现 50％碎脑样时，翻浆速度要减慢。当乳缸内呈现 80％碎豆腐脑时，点豆腐停止，翻浆停止。然后蹲缸。

⑦ 开缸：开缸适时很重要，开晚了豆腐脑冷、pH 值升高。水豆腐会出现水泡子，产品发硬、无弹性；开缸早了，豆腐脑热，水豆腐会出现粘包布现象，使产品不能成型。在一般情况下，开缸前可以用勺把缸里的蹲缸豆腐脑片刮一块看看，如果片坑里涌上来的豆腐泔水是清澈明亮的，无混浆现象，则可以开缸包豆腐了。

⑧ 铺包：把包豆腐的包布铺好即称"铺包"。为了使豆腐不至于粘包布，铺包前一定要把包布洗净并蘸以碱水，最后用清水涮即可使用。铺包要做到快、正、平。压泔水要做到不漏包、不挫角，压速要

适中。

【质量标准】

① 感官指标：色泽淡黄，外观美丽，有光泽，块形整齐，有弹性。

② 理化指标：水分≤85%；蛋白质≥5.9%；重金属含量砷<0.5mg/kg，铅<1.0mg/kg；添加剂按添加剂标准执行。

③ 卫生指标：细菌总数出厂不超过 5 万个/g，销售时不超过 10 万个/g；大肠菌群近似值出厂不超过 70 个/100g，销售不超过 150 个/100g；致病菌不得检出。

六、五巧豆腐

【原料与配方】

大豆 100kg，面粉 250g，盐 4kg，卤水 2.5kg。

【工艺流程】

制浆→撒面→加盐→点卤→加压→成品

【操作要点】

① 制浆：大豆碾压后，除去豆皮，用 150kg 冷水浸泡 3～4h，然后磨糊。粉碎机磨豆腐用 300kg 水；用石磨磨糊，约为粉碎机用水的一半。薄浆时（即用开水冲豆腐粕）把水加到 700kg。薄浆切忌用冷水，因冷水挤不净豆汁。过滤时，用冷水冲刷豆腐渣，每道豆腐用刷渣水 100kg，一般应重复冲刷两遍。

② 撒面：薄好浆后，在煮浆以前，将面粉撒在生浆上面，用炊帚搅匀即可，然后加温；也可在磨好粕后，把面粉撒在糊上，用搅板搅匀，然后薄浆。撒面粉既可以保证豆腐鲜嫩可口，又可使豆腐抗煮筋道。

③ 加盐：在烧熟的豆浆装缸闷浆之前，先在缸底放一捧盐（约4kg）。闷浆时不要搅到缸底，让食盐自然溶解。盐可加速蛋白质凝固，防止豆浆沉留缸底，还可使豆腐口感醇正，没苦味。

④ 点卤：点卤水的要求是"看温度，慢点卤，卤水不能一次足"。一道豆腐用卤水 2.5kg，分 5 次使用。气温在 15℃以上时，闷浆后，浆温降至 85℃开始点卤。以后每下降 10℃点一次。到 45℃时，2.5kg 卤水按时、按量点完。气温降至 15℃以下时，点卤从

90℃开始，以后每降 5℃点一次。到 65℃ 时，点完最后一道卤。每点一次卤水，用水瓢顺缸边慢慢推浆 5～7 圈。一般点完第五道卤水应马上开始压豆腐。如果浆温和卤水的温度掌握得不准确，可在点第四遍和第五遍卤水时，适当加大或缩小点量。点完第四遍卤水时，可用水瓢从缸中舀起豆腐脑，如果凝块有鸡蛋大小，而且流到瓢沿有弹性，不易断开，证明浆已焖好；否则要延长焖浆时间，并增加一次卤水量。

⑤ 加压：压豆腐时，要做到快压、狠压。压力不能低于 50kg（重物）；掌握得好，可加大到 150kg，以保证成块快、含水少。最好是两次压：第一次是在豆腐浆舀到木箱内，系好包袱，盖上加压，两人用手按压 5min；然后，解开包袱，再铺平，盖上压板，上加 100kg 左右的重物。夏天压 20min，冬天压 0.5h。压好的豆腐放在通风处，凉透后即可开刀切割了。

【质量标准】

① 感官指标：白、鲜、嫩，味醇正，耐煮。

② 理化指标：水分≤85%；蛋白质≥5.9%；重金属含量砷＜0.5mg/kg，铅＜1.0mg/kg；添加剂按添加剂标准执行。

③ 卫生指标：细菌总数出厂不超过 5 万个/g，销售时不超过 10 万个/g；大肠菌群近似值出厂不超过 70 个/100g，销售不超过 150 个/100g；致病菌不得检出。

七、南豆腐

【原料与配方】

大豆 100kg，石膏 3.5kg。

【工艺流程】

冲浆→蹲活→包制→压制→开包切块→成品

【操作要点】

① 冲浆：浆液的浓度比北豆腐浓，一般为每 1kg 大豆原料加 6～7 倍的水，而北豆腐则为 10 倍的水。南豆腐以石膏为凝固剂，与豆浆冲制混合后凝固成豆腐脑。煮沸后的豆浆自然降温到 85℃，浓度为 8°Bé，即可冲浆。冲浆前，先按每 100kg 大豆放石膏 3.5kg 的数

量，加水混合搅拌，并过滤出渣子。把石膏水倒入冲浆容器内，然后立即把热豆浆倒入冲浆容器内，除去表面的泡沫。

② 蹲活：冲好的豆浆需要蹲活 10min，使蛋白质充分凝固。

③ 包制、压制：南豆腐多用手工包制。包制前需要准备好一个直径 12cm 左右的小碗，并准备好 28cm×28cm 的豆包布数块，小勺一把，50cm×50cm 方板 10 块。包制时将豆包布盖在碗上，并把中间压入碗底，用小勺将豆腐脑舀入小碗，把豆包的两角对齐提起再放下，四面向内盖好，拿出后放在方木板上排整齐。一板 25 块南豆腐放满后，上面再盖一木板，继续放，待压到 8 板以上时，最下面的南豆腐就已压成。南豆腐是采用自然压力。压制时间一般为 15min。

④ 开包切块：南豆腐压好后，把豆包布打开，切成（100×100×35)mm 的块，放入盛清水的容器内，放满后再用清水把容器内的浑水换出，并每 2h 换一次水，几小时后就可销售。南豆腐的出品率，每 100kg 大豆出豆腐 450～500kg。

【质量标准】

（1）感官指标

① 形态：块形整齐，无缺角和碎裂，表面光滑、无麻迹。

② 色泽：白色或淡黄色，具有一定光泽。

③ 内部组织：细嫩、柔软有劲，不散碎、不糟，无杂质。

④ 口味：气味清香，有豆腐特有的香气，味正，无任何苦涩和其他异味。

（2）理化指标　水分≤90%；蛋白质≥4.2%；重金属含量砷<0.5mg/kg，铅<1.0mg/kg；添加剂按添加剂标准执行。

（3）卫生指标　细菌总数出厂不超过 5 万个/g，销售时不超过 10 万个/g；大肠菌群近似值出厂不超过 70 个/100g，销售不超过 150 个/100g；致病菌不得检出。

八、石膏豆腐

【原料与配方】

大豆 100kg，石膏 10kg。

【工艺流程】

泡豆→磨浆→过滤→烧煮→点浆→上包→成品

【操作要点】

① 泡豆：将大豆扬筛淘洗，除去杂质，用水浸泡。浸泡时间因季节而异，用冷水泡，冬天8h，夏天略短；如果用40℃的温水浸泡，只需2～3h即可。以泡到豆子瓣刀，豆瓣四边呈白色，中间有米粒大的凹陷，颜色较深为宜。

② 磨浆、过滤：大豆经过适当浸泡后，捞起豆子，在石磨或磨浆机上磨成浆汁。磨浆时边加豆子边加水，以磨出的浆能流动为宜。全部豆浆接入缸中。过滤前，往豆浆中加入适量水稀释，用水量约为干豆的10倍。加水后搅匀，用粗白布过滤，豆浆接入锅中。豆渣用水冲洗2～3次。总用水量掌握在1kg大豆出1.8～2kg豆浆为宜。豆渣用手捏无白色浆汁，表明已过滤彻底。

③ 烧煮：将全部豆浆的80%加入锅中，加热烧煮直至沸腾。再将其余豆浆逐次加入锅中，保持豆浆缓慢沸腾状态。待全部加完后，撤火。煮浆时经常搅拌，以防烧煳锅底影响豆腐味道。

④ 点浆：用石膏做凝聚剂，每100kg大豆约需10kg石膏。在煮浆的同时，把石膏用水磨成水浆，装盆里备用。豆浆烧开后，移入缸中降温。待浆温降至80℃左右时，边轻轻打耙，边缓缓加入石膏水。点浆时要随时留心观察，当豆浆开始挂耙时，加石膏水的速度要放慢。至能见到小米粒大小的豆腐粒时，盖上缸盖，点浆即成。

⑤ 上包：点浆30min后，用1根竹筷竖着轻轻放入豆腐脑中，竹筷沉下去大半后停住，表示浆点得合适，可以上包；竹筷全部下沉或横漂，表示点嫩了或时间不到；筷子大部分没插下去，表示点老了。若豆腐脑不清浆，那是"伤水"或浆太冷或点得太急的缘故。解决的办法是：取食醋若干，洒到浆面上盖几分钟，再开缸盖用筷子划几下就可以上包。上包时，将布满孔眼的四方木框放在活动底板上，贴靠框板，铺上粗白布，将豆腐脑倾入框内布上，加上框盖，盖上压以重物，使豆腐水从布孔流出。到豆腐水由线流变为滴流时，豆腐就

做好了。

【质量标准】

① 感官指标：色泽洁白，质地细腻、软嫩。

② 理化指标：水分≤85％；蛋白质≥5.9％；重金属含量砷＜0.5mg/kg，铅＜1.0mg/kg；添加剂按添加剂标准执行。

③ 卫生指标：细菌总数出厂不超过 5 万个/g，销售时不超过 10 万个/g；大肠菌群近似值出厂不超过 70 个/100g，销售不超过 150 个/100g；致病菌不得检出。

九、南京嫩豆腐

【原料与配方】

大豆 100kg，石膏 2.4～2.6kg。

【工艺流程】

选豆→浸泡→磨浆→凝固、冲浆→成品

【操作要点】

① 选豆：因为大豆的种皮里含有可溶性色素而直接影响嫩豆腐的色泽，所以应选用子粒整齐团饱的黄大豆来做。讲究的还脱去种皮后再加工制作，于是色泽首先就得到了保证。其次是用青大豆、双色（星点紫色的）大豆。至于其他颜色种皮的大豆是不用的。

② 浸泡：大豆浸泡的好坏直接影响嫩豆腐的质量。大豆必须把杂物灰土掏沥干净后浸泡。各种大豆浸泡时的吸水量不同，膨胀的速度不同。各季的气温、水温不同，所以，在各季节里大豆的浸泡时间和浸泡程度的要求是不相同的。一方面由于大豆粉碎时产生热量使蛋白质热变性，黏性降低；另一方面大豆浸泡充足，豆糊黏性小，豆浆凝固物不挺括。再者，做嫩豆腐的成型操作不需要脱水，所以，大豆的浸泡就不同于其他品种的浸泡，在时间上要缩短一些，在膨胀的程度上要略欠一点。

上述浸泡的结果就能保证嫩豆腐质地细嫩，保水性强，弹性好，刀剖面光亮，食用时多孔泡状，为绵软有劲打好基础。同时不会降低产率，相反可使产率略增。大豆浸泡的程度不够，蛋白质提取量相对减低，产率降低，质量差劣。大豆浸泡的程度过头，蛋白质提取量虽然高，但酸度导致黏性降低，豆浆凝固物组织结构松脆，疏水性强，产品质量自然差劣。大豆浸泡达到要求的程度，捞出后需用水冲淋洗净，方能粉碎制取豆浆，这是卫生质量必须要做到的。

③ 磨浆：大豆粉碎成糊。磨糊粗，蛋白质提取量低。磨糊过细，细绒的豆渣过滤不出来而混于豆浆中。一般磨糊在 70～80 目为适宜。滤浆的丝绢或尼龙裙包的孔眼以 140～150 目为好。

添加水必须是沸水。尽管添加水的次数不同，总的加水量是干豆质量的 9 倍。这指的是普通嫩豆腐，湖南豆腐是 8 倍。加水过多，豆浆浓度低，豆浆凝固物呈明显网络状态，疏水性强。添加水过少，豆浆浓度高，豆浆凝固物包水量少，蛋白质凝聚结合力强。这两种情况嫩豆腐质地粗硬易碎，刀剖面有毛刺，食之板硬味差。

豆浆必须在 5～10min 内煮沸，时间越短越快越好。温度必须达 92℃以上，蛋白质热变性彻底，豆浆凝固完全。温度不够，蛋白质热变性不彻底，豆浆凝固不完全，嫩豆腐易散成糊，颜色发红。豆浆没有煮沸，其所含的皂角素、抗胰蛋白酶未能破坏，食此豆浆或其做成的豆腐生拌吃，对于体弱的人能引起消化不良、中毒而腹泻。

豆浆刚煮沸后温度高，下凝固剂凝固作用快，凝固物疏水性强，嫩豆腐就略硬。如豆浆温度低，下凝固剂凝固作用慢，凝固结果就不完全，具有含水不疏性，需脱水后才能做豆腐。此种不老不嫩，不伦不类，不能成为嫩豆腐。凝固时的豆浆温度以 75℃最为理想。

④ 凝固、冲浆：南京嫩豆腐具有如此特色，关键是采用冲浆的方法，凝固效果好，质量才有保证。有以下五个方面。

a. 凝固剂：石膏液必须是打制的。石膏粉用少许生豆浆拌匀，一定要干，不能稀，用锤在白中锤打黏熟，需要 1h。拌和锤打要快要紧，慢了石膏发胀，影响凝固效果。打好后的石膏用水稀释，除去粗粒杂质以 8％浓度为好。石膏选用白色透明的纤维石膏，豆浆的凝固物挺括，绵筋，结合力强。

b. 冲浆必须掌握好正确的冲入角度。冲浆用的少量豆浆和石膏溶液（简称浆膏）对着盛浆的容器壁以 15°～35°的角度冲下，浆膏准稳地沿着器壁顺利直下冲入器底，使豆浆下翻上，上翻下，全部翻转，同石膏均匀地混合，凝固效果好。小于 15°角度冲入的浆膏会有部分冲到容器外面去，冲力减弱，石膏的用量减少了，凝固会不完全。40°～50°角度平斜冲入的浆膏由于器壁的反作用而四溅，大部分撞回在被冲豆浆的中上层晃荡，只有极少部分的浆膏冲入底部，冲力太小，豆浆翻转不上来，石膏混合不均而下沉，凝固就出现了局部不完全，又局部过头。角度再大，效果就更不好。大豆在 7.5kg 以下的豆浆量较少，采取先把石膏液倒入器底，全部豆浆一次直冲的效果好。

c. 石膏的用量一般是干豆质量的 2.4％～2.6％。石膏用量少，钙离子搭桥作用的量不够，蛋白质之间的结合力弱，凝固不完全呈半凝态。石膏用量大，钙离子的作用相对增强，蛋白质之间的联结迅速，结合力强，凝固物组织结构粗松，疏水性强，凝固就过头。

d. 冲力的掌握：冲力小，豆浆翻转的速度慢，静置得快，石膏下沉，钙离子作用中底层增强，凝固过头，上层不完全。冲力大，豆浆翻转的速度快，静置得慢，达初凝状态而不能静置，凝固就遭失败。冲浆结束后在 20s 停止翻转，在 30～50s 达到初凝，结果是凝固适中效果最佳，质量产量双全其美。正确的冲浆方法是在角度正确的情况下，用最少的石膏量，以最大的冲力，豆浆达到初凝的时间在40～50s。

e. 静置时间一定要保持有 30min 左右。因为，豆浆虽然初凝，但蛋白质的变性和联结仍在进行，组织结构仍在形成之中，必经一段时间后，凝固才能完全，结构才能稳固。做嫩豆腐不需要脱水，所以，静置时间就需长些。静置时间短了，结构脆弱，脱水快，嫩豆腐不保水就不细嫩光亮，反变粗硬。静置时间长了，凝固物温度降低了，结合力差，不脱水，嫩豆腐过嫩易碎，成型不稳定，食用易碎不能成片、成块。凡是凝固不完全和过头所做出的嫩豆腐，质量差，产率低，不完全的产率减少 10％～15％，过头的产率减少 10％～20％。

【质量标准】

① 感官指标：乳白色，质地细嫩，有香气，味鲜美，块形整齐，刀口光亮，无异味、无杂质。

② 理化指标：水分≤85%；蛋白质≥5.9%；重金属含量砷<0.5mg/kg，铅<1.0mg/kg；添加剂按添加剂标准执行。

③ 卫生指标：细菌总数出厂不超过 5 万个/g，销售时不超过 10 万个/g；大肠菌群近似值出厂不超过 70 个/100g，销售不超过 150 个/100g；致病菌不得检出。

十、宁式小嫩豆腐

【原料与配方】

大豆 100kg，石膏 3.8～4kg。

【工艺流程】

制浆→点浆→涨浆→摊布→浇制→翻板→成品

【操作要点】

① 制浆：要制成嫩又要有韧性、挺而有力的小嫩豆腐，在浇制时应尽量不破坏大豆蛋白质的网状组织，为此在制浆时，要减少用水量，以每 1kg 大豆出浆率在 7.5kg 以内为宜。

② 点浆：待煮熟沸腾的豆浆温度降到75℃时，从缸中取出 1/3 豆浆盛在熟浆桶里，作冲浆用。将经过碾磨的石膏乳液盛在石膏桶里，冲浆时，把熟浆桶里的 1/3 熟豆浆和石膏桶里的石膏乳液悬空相对，同时冲入缸中的豆浆里，并使缸里的熟豆浆上下翻滚，然后静置 3min，豆浆即初步凝固成豆腐花。

③ 涨浆：凝固成的豆腐花，应在缸内静置 15～20min，使大豆蛋白质进一步凝固好。冬季要盖上盖保温。

④ 摊布：以刻有横竖条纹的豆腐花板作为浇制的底板。在花板面上摊一块与花板面积同样大小的细布。摊布有三个作用：一是当箱套放置在花板上时由于夹有细布，可防止箱套的滑动移位；二是通过布缝易于豆腐沥水；三是在豆腐翻板后，可以把布留在豆腐的表面上，有利于保持商品卫生。摊布后，在花板上可重叠放置两只嫩豆腐箱套。

⑤ 浇制：根据小嫩豆腐品质肥嫩、持水性好的要求，在浇制时要尽量使豆腐花完整不碎。减少破坏蛋白质的网状组织，因此，舀豆腐花的铜勺要浅而扁平，落手要轻快，以便稳妥地把豆腐花溜滑至豆腐箱套内。箱套内径一般为（255×255×46）mm，脱套圈后成品中心高度为 44～46mm，开刀后 5min 内下降为 42～44mm。每板嫩豆腐最好舀入八勺。具体舀法是以箱套的每一内角为基底，每内角各舀一勺，再在上面分别覆盖四勺，然后再把箱套内的豆腐花舀平。豆腐花的总量以一个半箱套的高度为宜。以后任其自然沥水约 20min。在向缸内舀豆腐花时，要沿平面舀，使缸内豆腐花始终呈水平状，以减少豆腐花的碎裂而影响大豆蛋白质的网状组织。这样豆腐花不会发生出黄泔水的现象，从而提高豆腐的持水性。一般 100kg 大豆能制小嫩豆腐 200 板。

⑥ 翻板：浇制后经沥水约 20min，豆腐花已下沉到接近一个箱套的高度，这时可取去架在上边的一只箱套，覆盖好小豆腐板，把豆腐翻过来，取出花板，再让其自然沥水凝结 3h，即为成品。

【质量标准】

① 感官指标：无豆渣、无石膏脚，不红、不酸、不粗，刀口光亮，脱套圈后不塌。

② 理化指标：水分不超过 90%，蛋白质不低于 4.2%；砷不超过 0.5mg/kg，铅不超过 1mg/kg；添加剂含量按标准执行。

③ 微生物指标：细菌总数出厂时不超过 5 万个/g，大肠菌群近似值出厂时不超过 70 个/100g，致病菌出厂或销售均不得检出。

十一、高产嫩豆腐

【原料与配方】

黄豆 100kg，油脚 400～600g，熟石膏粉 2～3kg。

【工艺流程】

选豆、泡豆→磨浆→煮浆→点浆→上包、折包→成品

【操作要点】

① 选豆、泡豆：清除杂质，剥皮。100kg 黄豆加净水 300kg，泡

豆时间随气候不同而定。泡时过长，损失淀粉和蛋白质；泡时过短，不好磨，出浆少，这都影响豆浆的数量。室内温度在15℃以下，泡6～7h；在20℃左右，泡5h；在25～30℃，泡5h。

② 磨浆：磨两遍，磨匀，多出浆、少出渣，提高豆腐出品率。为了磨得细，下浆快，边磨边加水300kg，添豆添水要匀。第二遍磨渣时，边磨边加水150kg。如果是用石磨、钢磨加工，需要滤浆时，要注意除沫。为了排除豆腐中的空气，滤得快，滤得净，最好以油脚除沫，即以400～600g油脚倒入100kg 50℃左右的温水中，搅匀倒入豆浆内，待5～6min豆沫自然除掉。无油脚时，可用热食油500g倒入100kg 60～70℃的温水中，搅匀倒入豆浆中。在滤浆时，要滤细、滤净，才能提高豆腐的数量。把第一遍磨下的豆浆滤完后，再用300kg凉水分两次加入豆渣过滤。磨完第二遍后，用100kg凉水洗磨，然后将洗磨水同豆浆一起过滤。此外，用100～120kg凉水洗磨，留作点浆用。

③ 点浆：点浆时要熟浆控到缸内，加盖8～10min，待浆温降至80～90℃时点。用2000～3000g熟石膏粉放入3.5～4kg洗浆水搅匀，待10min后进行细点。要注意均匀一致，勤搅、轻搅，不能乱搅。当出现芝麻大的颗粒时，停点、停搅。不能移动，加盖30～40min，待下降到70℃左右时压包。

④ 上包、折包：用20～30℃的温水洗包布，上包后包严，加木盖用35～40kg压力（重物），压2h。折包后划成方块，洒上冷水，使豆腐温度下降后，再放在工具盒内用凉水浸泡。凉水要超过豆腐面，与空气隔绝。浸泡时间长短，根据所需软硬程度而定。

【质量标准】

① 感官指标：豆腐洁白细嫩，有弹性，块形整齐，软硬适宜。

② 理化指标：水分≤85%；蛋白质≥5.9%；重金属含量砷＜0.5mg/kg，铅＜1.0mg/kg；添加剂按添加剂标准执行。

③ 卫生指标：细菌总数出厂不超过5万个/g，销售时不超过10万个/g；大肠菌群近似值出厂不超过70个/100g，销售不超过150个/100g；致病菌不得检出。

十二、石膏老豆腐

【原料与配方】

大豆 100kg，石膏 3.8～4kg，水 800～900kg。

【工艺流程】

制浆→点浆→涨浆→摊布→浇制→整理→压榨→成品

【操作要点】

① 制浆：大豆经浸泡后磨成浆，过滤后加热煮沸。

② 点浆（凝固、点脑）：待煮沸的熟豆浆温度降到 75℃ 左右时，把 2/3 仍留存在花缸里，取 1/3 盛在熟浆桶里，准备冲浆用。经过碾磨的石膏乳液盛在石膏桶里，冲浆时把 1/3 的熟豆浆和提桶里的石膏乳液悬空相对，同时冲入盛在缸中的豆浆里，并使花缸里的熟浆上下均匀翻转。然后静置 3min，豆浆即初步凝固为豆腐花。

③ 涨浆（蹲缸、养脑）：点浆后形成的豆腐花，应在缸内静置 15～20min，使大豆蛋白质进一步凝固好。冬季由于气温低，涨浆时还应在花缸上加盖保温。通过涨浆的豆腐花，在浇制时有韧性，成品持水性也较好。

④ 摊布：取老豆腐箱套一只，放置平整后，上面加嫩豆腐箱套一只。箱套内摊好豆腐布，使之紧贴箱套内壁。底部要构成四只底角，四只布角应露出在套圈四边外，布的四边紧贴在箱套四角沿口处。

⑤ 浇制：为使老豆腐达到一定的老度，必须在浇制前将豆腐花所含的一部分水分先行排泄。排泄水分的方法是先用竹扦将缸内的豆腐花由上至下彻底划碎，可划成 6～8cm 见方的小方块，蛋白质的网状组织适当破坏，使一部分豆腐水泄出。然后，用大铜勺把豆腐花舀入箱套，至两只箱套高度的沿口处。再将豆腐包布四角翻起来，覆盖在豆腐花上并让其自然沥水 1h 左右。

⑥ 整理（收袋）：经自然沥水后的豆腐花，水分减少，老度增加，并向底部下沉。但由于泄水不一致，所以箱套内的豆腐高低略有不均。这时应揭开盖在豆腐上面的包布，用小铜勺把豆腐的表面舀至

基本平整。然后再从箱套的四边起，可按边依次把豆腐包布平整地收紧覆盖好。包布收紧后整块豆腐就完整地被包在豆腐包布里。此时可以取去套在老豆腐箱套上的套圈，豆腐已基本成型。

⑦ 压榨：整理完毕后，可用豆腐压豆腐的方法进行压榨，约压榨 30min。压榨的作用，在于使豆腐进一步排水，从而达到规格、质量的要求。其次，豆腐经压榨，会在四周结成表皮，使产品坚挺而有弹性。

【质量标准】

① 感官指标：色泽洁白，持水性好，组织紧密，不松散，坚实柔软而有劲，富有弹性，质地细腻，口味醇厚。无豆渣、无石膏脚，不粗、不红、不酸，划开九块后，刀铲中间的一块不凸肚。规格：箱套内径为 355mm×355mm×65mm。脱箱套后的成品最低处高度为 61～65mm。划开九块，10min 内高度为 58～62mm。

② 理化指标：水分≤85%，蛋白质≥7.5%；砷≤0.5mg/kg，铅≤1mg/kg；添加剂按添加剂标准执行。

③ 卫生指标：细菌总数出厂时不超过 5 万个/g，大肠菌群近似值出厂时不超过 70 个/100g，致病菌出厂或销售均不得检出。

十三、冻豆腐

【原料与配方】

大豆 100kg，盐卤 4kg。

【工艺流程】

大豆→制豆腐→切型→冻结→冷藏→解冻→脱水→干燥→复原处理→包装→成品

【操作要点】

① 制豆腐、切型：制豆腐与普通豆腐相似，只是水分含量低一点，并除去过多的钙。将豆腐放入冷水中整平，切成方形。

② 冻结：预冷后的豆腐进行冻结，冻结分两步进行。首先在 -15℃左右急速冻结，使豆腐表面出现微细冰晶；其次再在 -5℃左右冻结。两段冻结时间共 3h 左右。第一阶段的急速冻结使豆腐表面

光滑；第二阶段的缓慢冻结则使豆腐内部产生多孔体，以起到成熟的作用。由于冻结蛋白质发生变性，呈不溶性的海绵状态，且具有弹性和脱水性，因而易于干燥。

③ 冷藏：经冻结的豆腐可不规则地装入木箱中，放入 $-5\sim$ $-1℃$ 的冷藏室中存放 20d 左右。这期间慢慢地形成较大的冰晶，以促进形成海绵组织，干燥时则收缩，可防止角质化。

④ 解冻：可在 20℃ 的水中浸渍 $1\sim2h$，或用淋浴方式解冻。

⑤ 脱水：解冻后的豆腐通过压榨或离心分离方法而脱水。

⑥ 干燥：脱水后放入干燥机中，最初以 100℃ 进行干燥，以后则逐渐地将温度降至 $30\sim50℃$，大约经过 10h 即可干燥完毕。

⑦ 包装：干燥后的豆腐为初制品，在烹饪时要充分膨胀就要用碳酸氢钠。但一般都不要碳酸氢钠，而是将干燥、整型的豆腐放入密闭室内通以氨气。为不使氨气逸散和防潮，再用气密性包装纸包装制品。

【质量标准】

① 感官指标：不溶性的海绵状组织良好，坚韧而富有弹性。

② 理化指标：水分≤85％；蛋白质≥5.9％；重金属含量砷＜0.5mg/kg，铅＜1.0mg/kg；添加剂按添加剂标准执行。

③ 卫生指标：细菌总数出厂不超过 5 万个/g，销售时不超过 10 万个/g；大肠菌群近似值出厂不超过 70 个/100g，销售不超过 150 个/100g；致病菌不得检出。

十四、冰豆腐

【原料与配方】

大豆 100kg，石膏 $3.8\sim4kg$，水 $800\sim900kg$。

【工艺流程】

制老豆腐→冷冻→泼水→冻结→成品

【操作要点】

① 制老豆腐：先将大豆浸泡、磨浆，凝固成老豆腐。

② 冷冻：在冬季可利用天然低气温冷冻。用现代低温设备速冻，

可以不受气候影响，随时生产冰冻豆腐，但由于是一次性冻结，因此，海绵组织较差，不如利用天然低温人工多次冻结的产品。

③ 泼水：当气温下降到 0℃ 以下时，可将老豆腐翻在豆腐板上，置于露天，待豆腐结冻后，再在表面泼些冷水，继续冰冻，如此往复 3～5 次，以加深豆腐的冰冻度，促使形成海绵状结构，达到冰豆腐的品质要求。

【质量标准】

① 感官指标：成品解冻后不散碎，海绵状组织良好，坚韧、有弹性。

② 理化指标：水分≤85％；蛋白质≥5.9％；重金属含量砷＜0.5mg/kg，铅＜1.0mg/kg；添加剂按添加剂标准执行。

③ 卫生指标：细菌总数出厂不超过 5 万个/g，销售时不超过 10 万个/g；大肠菌群近似值出厂不超过 70 个/100g，销售不超过 150 个/100g；致病菌不得检出。

十五、脱水冻豆腐

【原料与配方】

大豆 100kg，卤水 4kg。

【工艺流程】

豆腐坯制作→冷冻→冷藏→解冻→膨软处理→脱水干燥→包装→成品

【操作要点】

① 豆腐坯制作：脱水冻豆腐坯的硬度比一般豆腐高，含水量低。点浆要求比北方豆腐老一些，蹲脑后要轻微地开缸，以利于排掉一部分黄浆水。开缸后会使豆脑本身的包水性下降，利于压制。压制的时间要比北方豆腐压制时间长 5～8min，压好的豆腐坯含水量为 75％～80％，压制成型后切成 (85×65×25)mm 的小块，送去冷冻。

② 冷冻：送冷冻的豆腐要求表面结晶小、纹理细，内部结晶大、纹理粗。这样脱水后的干冻豆腐，经加水复原后产品表面细腻，内部松软。冷冻分为两个阶段进行：首先放在 −16℃、每秒风速 5～6m

的冷藏室速冻 1h，然后再进入 -6℃、每秒风速 3～4m 的冷藏室速冻 2h，经过两次冷冻后豆腐坯已完全冻好，达到外表细腻、内部松软的要求。

③ 冷藏：豆腐坯经冷冻后，如马上解冻，在烘干时，会造成不规则收缩，影响产品美观。所以冷冻后的豆腐还需在 -1～3℃的冷库中冷藏 15～20d，使坯形成极好的海绵状结构，在解冷时才更容易脱水。

④ 解冻：将冷冻的豆腐坯放入金属筐中，浸入循环水槽，水槽内水温掌握在 18～22℃，浸泡 2～2.5h，取出后用净水喷淋，这样坯可以全部解冻，并排出坯内部的一部分黄浆水。

⑤ 膨软处理：经过膨软处理的脱水冻豆腐复水时，膨软率及吸水率均较好，食时不但柔软，且有韧性。一般的处理方法是氨气和碳酸氢钠气体对干燥后的产品进行熏蒸，以达到膨软的目的。为了简化工序，多在冻豆腐解冻时加入膨软剂。这样，解冻和膨软处理同时进行，并省去熏蒸工序。所使用的膨软剂为弱酸强碱盐和 pH 缓冲剂的混合液。使用的弱酸强碱盐为碳酸氢钠、碳酸钠、碳酸氢铵等。使用的 pH 缓冲剂有檬柠酸-柠檬酸钾系、醋酸-醋酸钠系以及磷酸类缓冲剂。膨软剂的浓度为 0.5%～1%。溶液的 pH 值应控制在 8 为佳，膨软处理后，再使冻豆腐脱水和进行干燥。

⑥ 脱水干燥：脱水冻豆腐的脱水干燥方法可采用真空干燥、自然风干和热风干燥。真空干燥是脱水冻豆腐最好的方法，如冷冻温度控制在 -40℃左右，采用真空干燥生产出的产品洁白、光滑、细微。复水后与原来的鲜豆腐几乎没有什么差别，但成本较高。自然风干时间长，质量不好，热风干燥成本较低，容易形成流水线，产品质量仅次于真空干燥，因此工业化生产中一般采用热风干燥。

脱水干燥分为以下两步：第一步先将坯码放在高速离心机内离心脱水，使冷冻后的坯呈半干状态；第二步将离心脱水后的坯码放在烘干道上的传动带上，进行烘干脱水。烘干道长 10m，内部可分为 2 个温度区。第一温度区温度 40～50℃，第二温度区 60～65℃，热风风速每秒 1.3～1.5m，传动带行进速度根据烘干效果而确定。当坯烘干到含水量 15％～18％ 时取出。放在室内自然干燥。数小时后，豆腐坯含水量在 10％～12％ 时，即可进行包装。

⑦ 包装：脱水冻豆腐必须进行很好的包装，如不进行包装，回温后就会吸湿，而无法保证质量。小包装最好用玻璃纸或塑料袋。小包装后，放入纸箱封好即为脱水冻豆腐的成品。一般 100kg 大豆可生产含有 10％ 水分的脱水冻豆腐 50kg 左右。

【质量标准】

① 感官指标：白色或淡黄色，有豆香味，无异味；形状完整，组织松脆，复水后不糊。

② 理化指标：水含量 ≤10.0％，蛋白质含量 ≥40.0％；砷 ≤0.5mg/kg，铅 ≤1.0mg/kg。

③ 卫生指标：细菌总数出厂时不超过 5 万个/g，大肠菌群近似值出厂时不超过 70 个/100g，致病菌出厂或销售均不得检出。

十六、靖西姜黄豆腐

【原料与配方】

大豆 100kg，姜黄 40kg。

【工艺流程】

制豆腐花→压制→煮姜黄汤→煮豆腐块→烘烤→成品

【操作要点】

① 制豆腐花：将黄豆磨细、过滤，除去豆渣煮成豆腐花。

② 压制：用 10cm 见方的小布块，把豆腐花一包一包地包扎起来，放置在桌面上。最后盖上木板，以重物压之，挤出水分，制成软硬适度的豆腐块。

③ 煮姜黄汤：按 5 份黄豆的豆腐，取新鲜姜黄 2 份，洗净捣烂，加水 8 份煮沸，待呈金黄色即成。

④ 煮豆腐块：把豆腐块放入"姜黄汤"中，稍煮 5min 后捞起，放在竹篾上。

⑤ 烘烤：以炭火烘烤 10min 即成产品。

【质量标准】

① 感官指标：无豆渣，无石膏脚，不红、不粗、不酸，表面光洁。

② 理化指标：水分不超过 92%，蛋白质不低于 4%；砷不超过 0.5mg/kg，铅不超过 1mg/kg；添加剂含量按标准执行。

③ 微生物指标：细菌总数出厂时不超过 5 万个/g，销售时不超过 10 万个/g。大肠菌群近似值出厂时不超过 70 个/100g，销售时不超过 150 个/100g。致病菌出厂或销售时均不得检出。

十七、内酯豆腐

【原料与配方】

大豆 100kg，葡萄糖酸内酯 1～1.5kg。

【工艺流程】

```
                        豆渣                    凝固剂
                         ↑                        ↓
大豆→精选→浸泡→清洗→磨浆→浆渣分离→豆浆→煮浆→冷却混
合→灌装→凝固杀菌→冷却→成品
```

【操作要点】

① 制浆、煮浆：制浆的过程与普通豆腐相同，大豆经精选、浸泡、清洗、磨浆和浆渣分离得到豆浆，生产中控制 1kg 大豆出 6kg 豆浆，豆浆中干物质含量为 10%，蛋白质含量为 5%。煮浆条件为 95～100℃，3～5min。煮浆后将豆浆用板式换热器冷却到 30℃，有的生产厂冷却到 70℃左右。将豆浆与葡萄糖酸内酯迅速混合灌装，可以大大节约能源，简化操作。

② 混合：将葡萄糖酸内酯与豆浆混合。葡萄糖酸内酯的加量为豆浆量的 0.2%～0.3%。低于 0.2% 凝固不好，超过 0.4% 豆腐的口感有酸味。亦可按加内酯的加量加入 1/3 的石膏、2/3 的内酯，得到的成品与完全用内酯的豆腐基本相同。

用内酯作凝固剂制得的豆腐口味平淡且略带酸味，若同时加入一定量的保护剂，不但可以改善风味，而且还能改善凝固质量。常用的

保护剂有 KH_2PO_4、Na_2HPO_4、酒石酸钠及复合磷酸盐（焦磷酸钠41%、偏磷酸钠 29%、酒石酸钠 1%和聚磷酸钠 29%）等，使用量均在 0.2%（以豆浆计）左右。混合后豆浆的 pH 应达到 7.0。

③ 灌装：混合后利用灌装机将豆浆装入容器（盒或袋）中然后密封。包装材料可以用耐热的聚乙烯等塑料薄膜或复合薄膜。整个灌装过程不应超过 30min，因为葡萄糖酸内酯常温下也会转化成葡萄糖酸而使豆浆凝固。

④ 凝固杀菌：灌装后将容器装箱，连同箱一起进入恒温床进行凝固杀菌。水浴温度为 85～90℃，时间 15～20min。内酯豆腐的凝固无黄浆水排出，这是内酯豆腐生产的一大特点。

⑤ 冷却：凝固杀菌后的内酯豆腐冷却后即得到成品。冷却的目的是强化内酯豆腐的凝胶硬度。用石膏做豆腐，1kg 大豆只能生产3～3.5kg 豆腐，而用内酯生产豆腐无黄浆水流失，出品率得到提高，1kg 大豆可生产出 5～6kg 豆腐。

【质量标准】

① 感官指标：白色或淡黄色，有豆香味，无酸味；呈凝胶状，脱盒后不塌，细腻滑嫩；无肉眼可见外来杂质。

② 理化指标：水分≤92.0%；蛋白质≥3.8%；添加剂按添加剂标准执行。

③ 微生物指标：细菌总数出厂时不超过 5 万个/g，销售时不超过 10 万个/g。大肠菌群近似值出厂时不超过 70 个/100g，销售时不超过 150 个/100g。致病菌出厂或销售时均不得检出。

十八、豆粕内酯豆腐

【原料与配方】

豆粕 100kg，增稠剂 0.884kg，葡萄糖酸内酯 2.04kg，磷酸盐 0.748kg。

【工艺流程】

低温豆粕→豆粕浸泡→磨浆→滤浆→煮浆→凝固成型→冷却→成品

【操作要点】

① 豆粕浸泡：称取一定量的冷榨豆粕，按料液比为 1：4 的比例浸泡于纯碱水溶液中，时间为 12h，温度控制在 14～18℃。纯碱的用量以不超过 1％为宜。如果用量小，豆粕中的固形物浸出率不高，豆粕的利用不充分；用量过高，则制得的内酯豆腐质地粗糙、脆性大。

② 豆浆的制备：利用适量的盐酸水溶液调节上述浸泡豆粕溶液的 pH 值在 7～8，然后进行磨浆、滤浆和煮浆。磨浆过程中，其料液比为 1：6.8；过滤采用 80 目筛；煮浆时间为 5min。

③ 凝固成型：取一定量的豆浆，依次加入增稠剂、葡萄糖酸内酯和磷酸盐，在 82℃的温度下保持 15min，然后，经过静置、冷却。增稠剂、葡萄糖酸内酯和磷酸盐（磷酸二氢钾）的用量分别为 0.013％、0.3％和 0.11％。

凝固的温度要特别注意，主要是因为葡萄糖酸内酯受热分解，当温度过高时，其分解速度快，促使豆腐的凝固速度过快，降低其持水能力，使制品的硬度增大，弹性不足；温度过低时，葡萄糖酸内酯分解速度慢，使豆浆中的蛋白质在温和的条件下发生凝固，从而导致制品质软、易碎，弹性不高。

④ 冷却：凝固杀菌后的内酯豆腐冷却后即得到成品。

【质量标准】

① 感官指标：白色或淡黄色，有豆香味，无酸味；呈凝胶状，脱盒后不塌，细腻滑嫩；无肉眼可见外来杂质。

② 理化指标：水分≤92.0％；蛋白质≥3.8％；添加剂按添加剂标准执行。

③ 微生物指标：细菌总数出厂时不超过 5 万个/g，销售时不超过 10 万个/g。大肠菌群近似值出厂时不超过 70 个/100g，销售时不超过 150 个/100g。致病菌出厂或销售时均不得检出。

十九、豆腐花

【原料与配方】

黄豆 100kg，食用石膏粉 10kg，粟粉 28kg，冷开水适量。

【工艺流程】

黄豆→浸泡去皮→磨浆→豆浆→煮滚→加凝固剂→成品

【操作要点】

① 浸泡去皮：先将黄豆用清水浸约 3h，洗去豆皮。

② 磨浆：加清水磨成豆浆，并用纱布过滤，隔去渣，取滤出的豆浆水放入锅中煮滚。

③ 加凝固剂：粟粉和石膏粉用一杯清水调匀，快速地一手拿石膏粉水，另一手拿煮滚的豆浆冲撞，倒入大盆中，不要搅动，盖好，过 15～20min 即成。

【质量标准】

① 感官指标：白色或淡黄色，有豆香味，无酸味；细嫩、不粗。

② 理化指标：蛋白质≥2.5％；重金属含量砷＜0.5mg/kg，铅＜1.0mg/kg；添加剂按添加剂标准执行。

③ 卫生指标：细菌总数出厂不超过 5 万个/g，销售时不超过 10 万个/g；大肠菌群近似值出厂不超过 70 个/100g，销售不超过 150 个/100g；致病菌不得检出。

二十、无渣豆腐

【原料与配方】

大豆 100kg，脱脂奶粉 20kg，消泡剂 50g，混合凝固剂 4.3kg。

【工艺流程】

大豆→浸泡→冷冻→粉碎→加热→冷却→加凝固剂→加压成型→成品

【操作要点】

① 浸泡：大豆去杂，反复水洗，洗去尘土和泥沙。然后把大豆放在 pH 7.0～8.0 的中性至微碱性水中，最好放在 0.2％～0.3％的碳酸氢钠水溶液中浸渍，使之吸水膨胀，同时去掉苦涩味。一般浸泡时间根据水温调节，夏季为 10h，冬季为 20h，使大豆质量增加到原来的 2.2～3.5 倍。

② 冷冻、粉碎：将浸泡好的大豆采用液氨或其他方式冻结，再用研磨机或粉碎机、捣碎机粉碎。一般用液氨进行速冻，在0℃下冷冻4h，在－4℃时冷冻2h。然后在－40～－10℃低温下磨碎至250～300目的粉末。

③ 加热：往粉碎物中加水，使呈糊状。再把糊状物加热到100℃，加入脱脂奶粉和消泡剂拌匀，持续3～5min，停止加热。

④ 冷却、凝固：当磨碎物温度降低到70～80℃时，添加大豆质量2%～4%的硫酸钙、葡萄糖酸内酯、石膏等凝固剂，使之凝固。

⑤ 加压成型：把凝固物轻轻搅碎（除去浮液）后放入有孔的型箱中，上面盖布、加盖加压去水。挤压一定时间后，去掉压力，将型箱轻轻放入盛满水的槽中，水从型箱孔进入型箱，借助水的力量将豆腐挤出型箱即成。

【质量标准】

① 感官指标：白色或淡黄色，有豆香味，无酸味；呈凝胶状，脱盒后不塌，细腻滑嫩；无肉眼可见外来杂质。

② 理化指标：水分≤92.0%；蛋白质≥3.8%；添加剂按添加剂标准执行。

③ 微生物指标：细菌总数出厂时不超过5万个/g，销售时不超过10万个/g。大肠菌群近似值出厂时不超过70个/100g，销售时不超过150个/100g。致病菌出厂或销售时均不得检出。

二十一、日式无渣豆腐

【原料与配方】

大豆100kg，硫酸钙2～4kg。

【工艺流程】

大豆→浸泡→冻结→粉碎→加热→凝固→成型→成品

【操作要点】

① 浸泡：首先将大豆反复冲洗，除去杂物混沙，再进行浸泡，使大豆增重2.2～3.5倍。浸泡时间夏季为10h，冬季为20h。

② 冻结：浸泡后要去掉种皮，再将大豆冻结，可采用食品冻结

法中的任何一种，如液氮冻结法。

③ 粉碎：冻结后即可进行粉碎，可使用研磨机、粉碎机等。若使用滚压机或碾碎机则效果更好。粉碎后的大豆成为糊状物，其含水量为大豆原重的 $10\sim11$ 倍。

④ 加热：将糊状物加热到 $100℃$，保持 $3\sim5$min，停止加热，自然降温。

⑤ 凝固：当温度降至 $70\sim80℃$ 时，添加为大豆质量 $2\%\sim4\%$ 的硫酸钙，使糊状物凝固。

⑥ 成型：将凝固物轻轻搅碎，除去浮液，放入有孔的型箱中，上面盖布，加压去水。挤压一定时间后，去压，将型箱轻轻放入盛满水的槽中。水从型箱孔进入型箱，借助水的力量将豆腐挤出水箱。

【质量标准】

① 感官指标：豆腐光滑、细腻。

② 理化指标：水分$\leqslant85\%$；蛋白质$\geqslant5.9\%$；重金属含量砷$<$
0.5mg/kg，铅<1.0mg/kg；添加剂按添加剂标准执行。

③ 卫生指标：细菌总数出厂不超过 5 万个/g，销售时不超过 10 万个/g；大肠菌群近似值出厂不超过 70 个/100g，销售不超过 150 个/100g；致病菌不得检出。

二十二、小包豆腐

【原料与配方】

大豆 100kg，石膏 3.6kg。

【工艺流程】

点浆→涨浆→摊布→浇制→沥水→成品

【操作要点】

① 点浆：大豆磨成豆浆，将豆浆煮沸，熟豆浆温度降至 $75℃$ 左右时，把 2/3 仍留存在花缸里，取 1/3 盛在熟浆桶里，准备冲浆用。经过碾磨的石膏乳液盛在石膏桶里，冲浆时将 1/3 的熟豆浆和提桶里的石膏乳液悬空相对，同时冲入盛在花缸中的豆浆里，并使花缸里的热浆上下均匀翻转，然后静置 3min，豆浆即初步凝固为豆腐花。

② 涨浆：点浆后形成的豆腐花，应在缸内静置 15～20min，使大豆蛋白质进一步凝固好。冬季应在花缸上加盖保温。经过涨浆的豆腐花，在浇制时有韧性，成品持水性也较好。

③ 摊布：可用饭碗为底座，将豆腐布一块摊在碗内，呈碗状，布呈正方形，边长为碗口直径的 1 倍。

④ 浇制：用小铜勺将豆腐花舀在碗内的摊布上，相当于舀到近碗口边，然后把包布四角翻入碗内，使豆腐布全面覆盖在豆腐面上，如此继续做了十来碗之后，再把已浇制好的豆腐打开包布，根据需要，适当再补浇一些豆腐花，然后把布包四角拉足收紧，包好。

⑤ 沥水：把已包紧的豆腐从碗中取出，依次排列，安置在豆腐板上，让其自然沥水 3h 后，即为成品。

【质量标准】

① 感官指标：无豆渣，无石膏脚，不红、不粗、不酸，表面光洁。每包豆腐长 100mm、宽 100mm、高 45mm，每块重 400～450g。

② 理化指标：水分不超过 92％，蛋白质不低于 4％；砷不超过 0.5mg/kg，铅不超过 1mg/kg；添加剂含量按标准执行。

③ 微生物指标：细菌总数出厂时不超过 5 万个/g，销售时不超过 10 万个/g。大肠菌群近似值出厂时不超过 70 个/100g，销售时不超过 150 个/100g。致病菌出厂或销售时均不得检出。

二十三、日式包装豆腐

【原料与配方】

大豆 100kg，石膏 3.6kg，水 800kg。

【工艺流程】

制豆浆→消毒→灌装→密封→成品

【操作要点】

① 制豆浆：与普通豆腐的制作工艺相同。

② 消毒：把凝固剂和豆浆加热至 60℃以上消毒。

③ 灌装：整个灌浆机设在无菌室内，灌浆机的贮料箱及容器设备、灌浆和密封的各种装置都处于无菌状态。豆浆与凝固剂既可以同

时灌装，也可以先灌充凝固剂，后灌充豆浆。

豆浆必须在 60℃以上时灌充，不到 60℃时豆浆不会凝固。严格来讲凝固剂在此温度下也有问题，但豆浆少时则影响不大。实际上只掌握豆浆的温度就可以了。在操作上豆浆的温度最好掌握在 80～98℃。温度不足 80℃时，凝固速度只是慢点而已。灌充速度为 3～15s 内灌充豆浆 300g。时间过长会混入少量气泡。

④ 密封：豆浆灌完了之后，马上加以密封。最后放到冷却槽中冷却，即得本产品。

【质量标准】

① 感官指标：质量良好，表面光滑。

② 理化指标：水分≤85%；蛋白质≥5.9%；重金属含量砷＜0.5mg/kg，铅＜1.0mg/kg；添加剂按添加剂标准执行。

③ 卫生指标：细菌总数出厂不超过 5 万个/g，销售时不超过 10 万个/g；大肠菌群近似值出厂不超过 70 个/100g，销售不超过 150 个/100g；致病菌不得检出。

二十四、美式包装豆腐

【原料与配方】

大豆 720kg，固体硫酸钙 19.5kg。

【工艺流程】

大豆→浸泡→研磨→蒸煮→凝固→均质→填充→密封→成型→冷却→成品

【操作要点】

① 浸泡、研磨：将经水洗净的大豆浸泡于自来水中 12h，使其饱和吸水，然后加 6500kg 水上磨研磨。

② 蒸煮：研磨出的豆奶在 101℃温度下蒸煮 3min。然后用震动筛过滤出豆渣，即获得固形物含量为 5.8% 的豆奶 6500kg。

③ 凝固：再用消毒器将豆奶 120℃瞬时加热 1.8s，输入一个封闭的凝固罐，加入 19.5kg 的固体硫酸钙，70℃时加以搅拌，渐渐形成酪状物。静置 10min。

④ 均质：用搅拌器将酪状物打碎均质。用乳酪浓缩器从酪中分离出一部分水分。稍加脱水的豆酪其含水量为 87%。

⑤ 填充：将豆酪输入一个立式三边密封自动填充包装机。每 300g 豆酪包装一袋，接着密封。塑料袋的材质为厚 15nm 的尼龙薄膜和厚 50nm 的聚酯薄膜。

⑥ 成型：塑料袋放入不锈钢成型箱内（130mm × 70mm × 35mm）再放在传送带上，90℃加热 50min 使之成型和巴氏灭菌。

⑦ 冷却：20℃水浴冷却 60min，获得大约 1 万袋包装豆腐。每袋重 30g。在 5℃的条件下贮存 6 周仍保持其风味、质地不变。

【质量标准】

① 感官指标：质地细腻。

② 理化指标：水分不超过 92%，蛋白质不低于 4%；砷不超过 0.5mg/kg，铅不超过 1mg/kg；添加剂含量按标准执行。

③ 微生物指标：细菌总数出厂时不超过 5 万个/g，销售时不超过 10 万个/g。大肠菌群近似值出厂时不超过 70 个/100g，销售时不超过 150 个/100g。致病菌出厂或销售时均不得检出。

二十五、袋豆腐

【原料与配方】

8°Bé 冷豆浆 100kg，混合凝固剂适量。

【工艺流程】

混合充填→封袋→加温→冷却→成品

【操作要点】

① 混合充填、封袋：袋豆腐的加工方法与其他豆腐的方法不同，它是用浓度为 8°Bé 的冷豆浆（即 20°以下），与预先测定好的比例的混合凝固剂混合在一起，用充填机充填到特制的塑料袋内。然后封死塑料袋进口，成为全密封包装袋。将豆浆、凝固剂和塑料袋一起加温成型。一般每袋 250g。

② 加温：将封口的豆浆袋倒着放在蒸煮架上，送入加温槽加温。温度保持 95～98℃，时间 35～40min。然后取出放入冷却槽冷却。

③ 冷却：加温到预定时间之后马上冷却，使产品温度降到20℃，冷却40min。冷却后的豆腐，装入包装箱即可销售。

【质量标准】

① 感官指标：质地细腻。

② 理化指标：水分不超过92％，蛋白质不低于4％；砷不超过0.5mg/kg，铅不超过1mg/kg；添加剂含量按标准执行。

③ 微生物指标：细菌总数出厂时不超过5万个/g，销售时不超过10万个/g。大肠菌群近似值出厂时不超过70个/100g，销售时不超过150个/100g。致病菌出厂或销售时均不得检出。

二十六、干燥豆腐

【原料与配方】

大豆100kg，胶质3.5kg，润湿剂（甘油或丙二醇）2kg，凝固剂适量。

【工艺流程】

豆乳→加胶质→凝固→干燥→成品

【操作要点】

① 豆乳：使用的豆乳可用豆腐粉、大豆或脱脂大豆调制。

② 加胶质：一般添加量为豆乳中固形成分的0.05％～5.0％。添加量低于此标准则无效果，用量过大则有损豆腐的口感。使用的胶质有古柯胶、槐豆胶、鹿角胶和汉生胶。添加量视胶质品种不同而异。另外，在添加胶质时可同时添加润湿剂。添加润湿剂可提高干燥豆腐的强度。润湿剂有甘油或丙二醇等，添加量是豆乳固形成分的1％～5％。

③ 凝固：添加钙盐、镁盐或葡萄糖酸-δ-内酯等凝固剂加工豆腐。

④ 干燥：切块后干燥，可采用普通的冻结干燥法。这种干燥豆腐复水后，立即恢复干燥前新鲜豆腐所具有的形状和口感。而且，这种豆腐在运输过程不会破碎，也不必搬运大量水分，经济效果好。

【质量标准】

① 感官指标：复原效果好，具有新鲜豆腐的形状和口感。

② 理化指标：水分≤85％；蛋白质≥5.9％；重金属含量砷＜

0.5mg/kg，铅＜1.0mg/kg；添加剂按添加剂标准执行。

③ 卫生指标：细菌总数出厂不超过 5 万个/g，销售时不超过 10 万个/g；大肠菌群近似值出厂不超过 70 个/100g，销售不超过 150 个/100g；致病菌不得检出。

二十七、水油豆腐

【原料与配方】

大豆 100kg，盐卤（25°Bé）适量，食油 10kg，水约 1000kg。

【工艺流程】

大豆→制浆→点浆→涨浆→浇制→压榨→成品

【操作要点】

① 制浆：大豆浸泡、磨浆、过滤、煮沸等工序与普通豆腐相同。

② 点浆：将 25°Bé 的盐卤用水冲淡到 10～12°Bé 做凝固剂。点卤时，卤条要细，像绿豆般粗，铜勺搅动要缓慢，但一定要使豆腐花上下翻转。待翻上来的豆腐花全部凝集呈豆粒状、渐渐看不到豆腐浆时，就可停止点卤和翻动，并在缸面上稍微洒些盐卤即可。

③ 涨浆：一般需要涨浆近 20min。

④ 浇制：先把豆腐包布摊在油划方坯子的套圈上，然后浇豆腐花。浇豆腐花时，可先把缸面的豆腐花用铜勺撒几下，使豆腐花有微量的出水（俗称"开缸面"），就可浇制。浇制时落手要轻快灵活，减少豆腐花的破碎而泄水，以免影响成品的质量和口味。

⑤ 压榨：当油方一板一板往上浇制时，下面受压的即自行排出水分。待全部浇完时，再按顺序将上面逐板放在下面。通过这样上下翻转，坯子压坯子，可达到排水的要求。

【质量标准】

① 感官指标：各面结皮，不花皮、不碎。含水量比较高，口味肥嫩，油香软糯。每 100kg 大豆可制油方 150kg。每千克油方 60～80只，大小均匀。

② 理化指标：水分≤82%，蛋白质含量≥10%；砷不超过 0.5mg/kg，铅不超过 1mg/kg；添加剂含量按标准执行。

③ 卫生指标：细菌总数出厂时不超过 5 万个/g，销售时不超过 10 万个/g。大肠菌群近似值出厂时不超过 70 个/100g，销售时不超过 150 个/100g。致病菌出厂或销售时均不得检出。

二十八、豆腐粉豆腐

【原料与配方】

豆腐粉 100kg，凝固剂 70kg，温水 840kg。

【工艺流程】

调豆浆→煮沸→凝固→成品

【操作要点】

① 调豆浆：先将豆腐粉置于容器中，加少量温水调成糯糊状，再加适量温开水调成豆浆。要调拌均匀，不要出现疙瘩。

② 煮沸：将豆浆倒进锅里以旺火煮沸。煮浆时要经常搅拌，防止煳锅。

③ 凝固：将煮开的豆浆倒入盛凝固剂（石膏水）的盆中。静置 5～10min 即成豆腐脑。用白布包之，压干水分即成豆腐。

【质量标准】

① 感官指标：色泽乳白，质地软嫩。

② 理化指标：水分≤85％；蛋白质≥5.9％；重金属含量砷＜0.5mg/kg，铅＜1.0mg/kg；添加剂按添加剂标准执行。

③ 卫生指标：细菌总数出厂不超过 5 万个/g，销售时不超过 10 万个/g；大肠菌群近似值出厂不超过 70 个/100g，销售不超过 150 个/100g；致病菌不得检出。

第二节 新型大豆豆腐

一、营养强化豆腐

【原料与配方】

大豆 100kg，大豆卵磷脂（含磷脂酰胆碱 60％）300g，乳化剂

（含脂肪酸甘油酯 17.5％）500g，维生素 E 乳化剂（含天然维生素 E 10％）400g，硫酸钙 2.4kg。

【工艺流程】

大豆→浸泡→研磨→分离→混合→凝固→成型→成品

【操作要点】

① 浸泡、研磨：新鲜大豆 1kg 用 1.5 倍的清水浸泡一夜后，与水一起磨碎，得到豆粥 56kg。

② 分离：在蒸汽釜内将该豆粥加热至 90～110℃，立即用压缩机分离豆渣，得到豆乳约 53kg。

③ 混合：在容器内顺序添加大豆卵磷脂、乳化剂、维生素 E 乳化剂以及水 1.7kg，混合后制成均匀的液体。将此液加入豆乳中，边加边搅拌，即成匀质的营养强化豆乳。

④ 凝固：在一桶内放入凝固剂硫酸钙，用水 8kg 溶解成液体。将温度为 60～80℃ 的豆乳倾入搅匀，静置 10～20min，待豆乳中的蛋白质发生凝固。

⑤ 成型：将凝固物移入不锈钢模型中。从上方加压脱水后，用水漂白、切开，制得营养强化豆腐 960 块（每块 400g）。

【质量标准】

① 感官指标：色泽、硬度、口味、舌感滑爽与传统方法加工的豆腐一样，且提高了保存性。

② 理化指标：水分≤85％；蛋白质≥5.9％；重金属含量砷＜0.5mg/kg，铅＜1.0mg/kg；添加剂按添加剂标准执行。

③ 卫生指标：细菌总数出厂不超过 5 万个/g，销售时不超过 10 万个/g；大肠菌群近似值出厂不超过 70 个/100g，销售不超过 150 个/100g；致病菌不得检出。

二、强化膳食纤维北豆腐

【原料与配方】

还原豆乳、豆腐渣各 5000kg，凝固剂 [硫酸钙（$CaSO_4$）：葡萄糖酸-δ-内酯（GDL）＝8.4：1.6]35kg。

【工艺流程】

还原豆乳、豆腐渣→混合→加热、均质→高频处理→凝固→成品

【操作要点】

① 混合：用浸出豆乳粉调制还原豆乳（含干物质 10%）。将还原豆乳与豆腐渣（含干物质 18.9%）混合，得到混合豆乳液。

② 加热、均质：向混合豆乳液中吹入蒸汽，经 98℃的温度处理 5min 后，用 49MPa 压成均质。

③ 高频处理：冷却至 5℃后用高频电位发生装置处理 15h，得到强化膳食纤维豆乳。其巯基含量为 6.6×10^{-6} mol/g 蛋白质。分析值为：干物质 12.3%、蛋白质 4.2%、脂肪 3.0%、纤维 12.2%、灰分 0.6%、糖类 3.3%。这种强化膳食纤维豆乳风味良好，可直接饮用。

④ 凝固：将强化膳食纤维豆乳（含干物质 12.3%）加热至 70℃，添加 0.7%的凝固剂。凝固剂的组成为硫酸钙（$CaSO_4$）：葡萄糖酸-δ-内酯（GDL）=8.4:1.6，用常法加工成北豆腐。

【质量标准】

① 感官指标：保水性好，硬度高。

② 理化指标：水分≤85%；蛋白质≥5.9%；重金属含量砷< 0.5mg/kg，铅<1.0mg/kg；添加剂按添加剂标准执行。

③ 卫生指标：细菌总数出厂不超过 5 万个/g，销售时不超过 10 万个/g；大肠菌群近似值出厂不超过 70 个/100g，销售不超过 150 个/100g；致病菌不得检出。

三、强化膳食纤维包装豆腐

【原料与配方】

还原豆乳 100kg，豆腐渣 33.3kg，凝固剂（葡萄糖酸-δ-内酯：硫酸钙=8.4:1.6）0.53kg。

【工艺流程】

调还原豆乳→加豆腐渣→加热、均质→凝固→包装→成品

【操作要点】

① 调还原豆乳：用浸出豆乳粉调制还原豆乳（含干物

质 12.1%)。

②加豆腐渣：在还原豆乳中添加豆腐渣（含干物质18.9%），加少量水调制混合还原豆乳液。

③加热、均质：将混合豆乳液放在加工豆腐用的煮锅中，用98℃的温度加热10min后，再用超高压均质机以58.8MPa压为均质，得到强化膳食纤维豆乳。

④凝固：在强化膳食纤维豆乳中添加0.4%的凝固剂（GDL：$CaSO_4 = 8.4 : 1.6$），密封包装后用90℃的温度加热50min，制成包装豆腐。

【质量标准】

①感官指标：保水性好，硬度强。

②理化指标：水分≤85%；蛋白质≥5.9%；重金属含量砷＜0.5mg/kg，铅＜1.0mg/kg；添加剂按添加剂标准执行。

③卫生指标：细菌总数出厂不超过5万个/g，销售时不超过10万个/g；大肠菌群近似值出厂不超过70个/100g，销售不超过150个/100g；致病菌不得检出。

四、荞麦豆腐

【原料与配方】

生大豆100kg，荞麦粉30kg，消泡剂适量，15%氯化镁溶液20L。

【工艺流程】

大豆→制豆糊→调荞麦粉糊→混合→消泡→凝固→成型→成品

【操作要点】

①制豆糊：在生大豆中加水，浸泡10h后得到220kg膨胀大豆。将泡豆用粉碎机加水磨碎，调制成豆糊。

②调荞麦粉糊：调制粒度100目以上的荞麦粉。在30kg荞麦粉中加10倍量的水，充分搅拌，调制成荞麦粉糊。

③混合：将豆糊与荞麦粉糊混合，加热。

④消泡：在加热过程中添加消泡剂，煮沸后过滤，得到荞麦豆乳。过滤时分离出20kg豆腐渣。

⑤ 凝固：调制浓度为 15％的氯化镁溶液。在豆乳中添加氯化钙溶液，豆乳逐渐产生沉淀。

⑥ 成型：去掉浆水，将沉淀物倒入铺布的木制型箱中，上面压以重石，压出浆水，制成荞麦豆腐 6kg 左右。

【质量标准】

① 感官指标：荞麦风味，营养价值高。

② 理化指标：水分≤85％；蛋白质≥5.9％；重金属含量砷＜0.5mg/kg，铅＜1.0mg/kg；添加剂按添加剂标准执行。

③ 卫生指标：细菌总数出厂不超过 5 万个/g，销售时不超过 10 万个/g；大肠菌群近似值出厂不超过 70 个/100g，销售不超过 150 个/100g；致病菌不得检出。

五、小麦胚芽豆腐

【原料与配方】

大豆 100kg，小麦胚芽 20kg，天然盐卤或人工凝固剂适量。

【工艺流程】

制备小麦胚芽溶解液→调制豆乳→混合→凝固→成品

【操作要点】

① 制备小麦胚芽溶解液：小麦胚芽溶解液的制法有很多种。可将小麦胚芽用热水溶解，向粉碎机的粉碎部位通入高温蒸汽，在蒸汽中进行粉碎；也可将小麦胚芽与 95℃以上的热水同时送入粉碎机的粉碎部位，在高温热水中进行粉碎；还可以将小麦胚芽用 95℃以上的热水溶解，然后粉碎这种高温溶液。经过上述处理，小麦胚芽中所含的氧化酶在高温蒸汽或高温热水中失活，不会产生胚芽臭，可制作出风味良好的豆腐。

② 调制豆乳：大豆与粉碎用水的比例为 1：(3～7)。调制小麦胚芽溶液时，小麦胚芽与粉碎用水的比例也大致如此。

③ 混合：将制取的小麦胚芽溶液，按比例与豆乳混合。

④ 凝固：煮沸后，使用天然盐卤或硫酸钙等人工凝固剂，按普通方法制作豆腐。在制作豆腐过程中，小麦胚芽不参与凝固反应。所以，无

论使用盐卤还是人工凝固剂，凝固速度均减慢，很容易掌握操作技术。

【质量标准】

① 感官指标：风味与盐卤豆腐非常相似，营养丰富。

② 理化指标：水分≤85%；蛋白质≥5.9%；重金属含量砷＜0.5mg/kg，铅＜1.0mg/kg；添加剂按添加剂标准执行。

③ 卫生指标：细菌总数出厂不超过5万个/g，销售时不超过10万个/g；大肠菌群近似值出厂不超过70个/100g，销售不超过150个/100g；致病菌不得检出。

六、菜汁内酯豆腐

【原料与配方】

大豆100kg，复合凝固剂（0.17mol/L 氯化钙：0.05mol/L 硫酸亚铁＝5：3）40L。

【工艺流程】

选料→泡料→粉碎制浆→煮浆→点脑→养脑→成型→淋洗→成品

【操作要点】

① 选料：选颗粒饱满、无虫蛀的大豆。

② 泡料：春秋季一般浸泡12～14h，夏季6～8h，冬季14～16h。夏季可浸至九成开，搓开豆瓣中间稍有凹心，中心色泽稍暗；冬季可浸至十成开，搓开豆瓣呈乳白色，中心浅黄色。

③ 粉碎制浆：粉碎后的豆糊加沸水（可控制整体温度70～75℃），干豆：水为1：10；搅拌，以加速蛋白质逸出，溶解量增加，提高产率，过滤得豆乳。煮浆至沸，保持沸腾2～3min，一方面促使蛋白质变性；另一方面可起到杀菌作用。

④ 点脑：用含铁复合凝固剂点脑，采用倒浆操作。温度控制在85℃左右。

⑤ 养脑、成型、淋洗：使其形成网络结构，蛋白凝结。成型淋洗后，即得成品。

【质量标准】

① 感官指标：色白，有光泽；质地细嫩；弹性好；成型好。

② 理化指标：水分≤85%；蛋白质≥5.9%；重金属含量砷＜0.5mg/kg，铅＜1.0mg/kg；添加剂按添加剂标准执行。

③ 卫生指标：细菌总数出厂不超过 5 万个/g，销售时不超过 10 万个/g；大肠菌群近似值出厂不超过 70 个/100g，销售不超过 150 个/100g；致病菌不得检出。

七、番茄黄瓜菜汁豆腐

【原料与配方】

大豆 600kg，黄瓜 100kg，番茄 100kg，盐卤 32kg。

【工艺流程】

黄瓜、番茄→预处理→打浆、过滤→番茄汁和黄瓜汁→高温瞬时灭菌
　　　　　　　　　　　　　　　　　　　　　　　　　　↓
大豆→筛选→水选→浸泡→冲洗→磨浆→过滤→煮浆→调温→点脑→蹲脑→上脑→压制成型→冷却→成品

【操作要点】

① 原料选择：选择品种优良、新鲜、无腐烂、色泽深绿的黄瓜。大豆豆脐（豆眉）色浅，含油量低，含蛋白质高，以白眉大豆为最好，清除陈豆和坏豆。选用粒大皮薄、粒重饱满、表皮无皱、有光泽的大豆。挑选品种优良、成熟适度、新鲜、无腐烂、果皮及果肉富有弹性及强韧性的番茄，以颜色鲜红、pH 值 4.2～4.3 为宜。

② 菜汁制备：将黄瓜和番茄用清水洗净，然后切块，送入打浆机进行打浆。所得浆液经过过滤后，采用高温瞬时灭菌，即 86～93℃ 30s 杀菌，得到菜汁。

③ 浸泡：将大豆浸泡于 3 倍的水中，泡豆的水温一般控制在 20℃，可控制大豆浸泡时的呼吸作用，促使大豆中各种酶的活性显著降低。对应的泡豆时间为 12h。浸泡好的大豆应达到如下要求：大豆吸水量约为 1:1.2，大豆质量增至 1.8～2.5 倍，容积增至 1.7～2.5 倍。大豆表面光滑、无皱皮，豆皮不会轻易脱落豆瓣，手感有劲。豆瓣的内表面稍有塌坑，手指掐之易断，断面已浸透、无硬心。

④ 磨浆：用大豆干重 5 倍的水进行磨浆，磨出的豆糊质量应为浸泡好的大豆质量的 4.7 倍左右。优质豆糊的要求：豆糊呈洁白色，

磨成的豆糊粗细粒度要适当并且均匀，不粗糙，外形呈片状。

⑤ 过滤：利用 100 目尼龙绸过滤，再用大豆干重 3 倍的 50～60℃的水洗渣。

⑥ 煮浆：豆浆在 95～100℃下煮沸 3～6min。

⑦ 点脑：先将热豆浆降温至 80～84℃，添加灭菌后的菜汁，豆浆与黄瓜汁之比为 200：60，豆浆与番茄汁之比为 200：26。点脑要快慢适宜，点脑时先要用勺将豆浆翻动起来，随后要一边适度晃匀一边均匀添加蔬菜汁，并注意成脑情况，在即将成脑时，要减速减量，当浆全部形成凝胶状后方可停勺，然后再用少量蔬菜汁轻轻地洒在豆腐脑面上，使其表面凝固得更好，并且有一定的保水性，做到制品柔软有劲。

⑧ 蹲脑：豆浆经点脑成豆腐脑后，还需在 80℃下保温 30min，等待凝固完全。

⑨ 上脑（上箱）：根据豆腐制品的具体要求，将豆腐脑注入模型中进行造型。

⑩ 压制成型：使豆腐脑内部分散的蛋白质凝胶更好地接近及黏合，使制品内部组织紧密。同时迫使豆腐脑内部的水通过包布溢出。

⑪ 冷却：刚出模型的豆腐制品温度较高，要立即降温及迅速散发制品表面的多余水分，以达到豆腐制品新鲜、控制微生物繁殖生长、防止豆腐制品过早变质的目的，还可起到定型和组织冷却稳定的作用。

【质量标准】

① 感官指标：淡绿色；具有醇正的豆香味和黄瓜的清香味，无异味；块形完整，软硬适宜，质地细嫩，富有弹性，无肉眼可见外来杂质及异物。

② 理化指标：含水量≤90%，蛋白质含量≥5%，维生素 C 5.72mg/100g，胡萝卜素 0.23mg/100g，维生素 B_2 0.05mg/100g，维生素 B_1 0.09mg/100g，烟酸 0.49mg/100g，砷（以 As 计）≤0.5mg/kg，铅（以 Pb 计）≤0.1mg/kg。

③ 卫生指标：细菌总数<5 万个/g，大肠菌群≤70 个/100g，致病菌不得检出。

八、胡萝卜营养保健豆腐

【原料与配方】

大豆 100kg，胡萝卜、葡萄糖酸-δ-内酯、4％氢氧化钠溶液各适量。

【工艺流程】

大豆→浸泡→磨浆→煮浆→过滤→冷却→加胡萝卜汁→加凝固剂→加热保温→冷却→成型

【操作要点】

① 胡萝卜汁制备：挑选色泽橙黄、肉质新鲜、无腐烂的胡萝卜，洗净。按原料、碱液比为 1：2 在 85～90℃ 4％氢氧化钠溶液中浸泡 70s，用清水漂洗经碱液去皮的胡萝卜，搓揉去净表皮，除去青头和凹陷部分的污物，然后用蒸汽蒸 15min，冷却后打浆。经 100 目尼龙筛过滤后得胡萝卜汁。

② 胡萝卜汁豆腐的制备：选取颗粒饱满、无虫蛀、无发霉的大豆，在水温 8～10℃下浸泡 12～14h。大豆吸水质量为浸泡前的2.0～2.5倍。用 5 倍的水磨浆。得到的豆浆煮沸 3min，100 目尼龙筛过滤。冷却到30℃，得 1：5 豆乳。添加胡萝卜汁，搅拌均匀后，加入 0.2％葡萄糖酸-δ-内酯，混匀。加热至 90℃，保持 30min，即凝固成型。

【质量标准】

① 感官指标：色泽橙黄，鲜艳，富含维生素 C 和胡萝卜素。

② 理化指标：水分≤85％；蛋白质≥5.9％；重金属含量砷＜0.5mg/kg，铅＜1.0mg/kg；添加剂按添加剂标准执行。

③ 卫生指标：细菌总数出厂不超过 5 万个/g，销售时不超过 10 万个/g；大肠菌群近似值出厂不超过 70 个/100g，销售不超过 150 个/100g；致病菌不得检出。

九、芦荟营养保健豆腐

【原料与配方】

大豆 600kg，芦荟 150kg，0.25％葡萄糖酸-δ-内酯适量。

【工艺流程】

芦荟→清洗→削皮→切条→打浆→过滤

大豆→挑选→洗涤→浸泡→磨浆→煮浆→过滤→冷却→加芦荟汁→点浆→保温→冷却、定型→成品

【操作要点】

① 挑选、洗涤、浸泡：挑选无虫蛀、无霉变、粒大皮薄、颗粒饱满的大豆，用水洗净。在25℃水温下浸泡9～11h，大豆吸水后质量为浸泡前的2～2.5倍。

② 磨浆、煮浆、过滤、冷却：用6倍的水磨浆、煮沸5min，先用纱布过滤，再用100目尼龙筛过滤，冷却至30℃以下。

③ 加芦荟汁：挑选新鲜、肉质肥厚的芦荟叶，将其洗净。去刺、去皮、切条，然后打浆过滤，得到芦荟汁。豆乳：芦荟汁为3：1。

④ 点浆、保温、冷却、成型：加入0.25％葡萄糖酸-δ-内酯加热至90℃，保温30min，立即降温，冷却成型。

【质量标准】

① 感官指标：呈淡绿色；具有醇正的豆香和芦荟香味，无异味；呈块状，质地细嫩，弹性好；无肉眼可见外来杂质。

② 理化指标：含水量≤90％，蛋白质含量≥4％，砷（以As计）≤0.5mg/kg，铅（以Pb计）≤0.1mg/kg，食品添加剂符合国家标准规定。

③ 卫生指标：细菌总数<5万个/g，大肠菌群≤70个/100g，致病菌不得检出。

十、果蔬复合营养方便豆腐

【原料与配方】

大豆100kg，0.4％凝固剂（葡萄糖酸-δ-内酯：硫酸钙＝8.4：1.6）、果蔬、食用调味品各适量。

【工艺流程】

原料选择及处理→豆浆制备→果蔬汁制备→烧浆、调味→凝固、成型→包装→杀菌→成品

【操作要点】

① 原料选择及处理：大豆为市售当年产新鲜大豆，去除杂质，选择无霉变、子粒饱满的黄色种皮大豆。

蔬菜为市售新鲜蔬菜，不腐烂，色泽正常。常用的蔬菜有绿叶类青菜、芹菜、香菜等，果菜类有南瓜、番茄等，块根块茎类有胡萝卜、马铃薯鳞茎类有洋葱等。叶菜类去除根和黄叶，南瓜去除皮和种子，马铃薯去皮，洋葱去除外部干枯鳞片。

水果为市售新鲜水果，无腐烂变质，色泽正常。可使用的水果有苹果、梨、柑橘、香蕉、草莓、西瓜等，除草莓去花萼外，其余均去皮及果柄和种子。

食用调味品为市场销售普通烹调用的食用调味品，如食盐、蔗糖、味精等。

② 豆浆制备：将去除杂质和霉变子粒的大豆用清水进行浸泡，使豆粒充分吸水膨胀。浸泡时间随温度不同而异，在室温 20℃ 的条件下浸泡 10～12h，夏季高温时缩短些，冬季低温时适当延长些。磨浆前将吸水膨胀的大豆用 95℃ 以上的热水处理 6～8min。然后用高速捣碎机或砂轮磨磨碎，并用 80 目以上滤网过滤去渣。得到的豆浆利用高压均质机在 15～20MPa 的条件下进行均质处理。豆浆的质量为大豆干重的 5.5～6 倍。

通过高温处理，大豆中的脂肪酸氧化酶失去活性，磨浆过程中基本上不产生豆腥味。这种方法较简单易行，成本也较低。

③ 果蔬汁制备：水果先清洗干净，去除腐烂、残次果并去皮、去核，打浆前先切片，并在沸水中煮一下，以防褐变。蔬菜洗净，去根并剔除枯黄叶，瓜类和块根块茎类蔬菜去皮、切块并在沸水中煮 2～3min。绿叶菜放到沸水中煮一下，并立即和豆浆一起放到高速捣碎机或打浆机中粉碎成菜汁。其余水果或蔬菜经预处理后适当加水捣碎打浆，然后用粗纱布过滤，去除种子和纤维残渣。最后，将果蔬汁放到高压均质机中在同豆浆相同的条件下进行均质处理。

④ 烧浆、调味：将已制备好的豆浆和果蔬汁根据不同产品的不同要求进行混合，一般是先将豆浆煮沸后再加果蔬汁，以尽可能减少

维生素的破坏。果蔬汁的加入量为豆浆总量的 1/10～1/5。同时在烧浆过程中加入调味料，达到所需要的口味。

⑤ 凝固、成型：烧浆调味结束后加入复合凝固剂，搅拌均匀并注入容器，静置数分钟即凝固成可直接食用的果蔬复合营养方便豆腐。

⑥ 包装、杀菌：由于本产品是直接食用的，所以，对卫生要求较高，微生物指标必须达到食品卫生规定的要求。包装可采用旋盖玻璃瓶进行包装，也可采用其他耐热材料进行包装。包装时将浆体煮沸后注入经沸水蒸煮过的瓶中，并立即旋紧瓶盖，待自然冷却后形成一定的真空度。生产出的产品在 20℃ 的条件下，保质期 10d 左右；在冷藏条件下保质期可达 2 周。

【质量标准】

① 感官指标：具有果蔬风味，又有豆腐的细腻。

② 理化指标：水分≤85%；蛋白质≥5.9%；重金属含量砷＜0.5mg/kg，铅＜1.0mg/kg；添加剂按添加剂标准执行。

③ 卫生指标：细菌总数出厂不超过 5 万个/g，销售时不超过 10 万个/g；大肠菌群近似值出厂不超过 70 个/100g，销售不超过 150 个/100g；致病菌不得检出。

十一、仙人掌内酯豆腐

【原料与配方】

大豆 100kg，仙人掌 15kg，氢氧化钠、维生素 C、葡萄糖酸内酯各适量。

【工艺流程】

仙人掌→洗涤→去皮→切条→打浆→过滤→仙人掌汁
　　　　　　　　　　　　　　　　　　　　　　↓
大豆→拣选→洗涤浸泡→磨浆→煮浆→过滤→冷却→点浆→保温→凝固→冷却定型→成品

【操作要点】

① 洗涤浸泡：挑选无虫蛀、无霉变、粒大皮薄、颗粒饱满的大豆，用水清洗干净，在 25℃ 的水温下浸泡 10h 左右。

② 磨浆、煮浆、过滤、冷却：将大豆加水磨浆，浆料煮沸 5min 后，用 100 目滤网过滤，然后冷却到 30℃左右。

③ 仙人掌汁制备：挑选新鲜仙人掌，将其洗净、去刺、去皮、护色、切条，然后打浆过滤，得到仙人掌汁。仙人掌去皮是在 5％氢氧化钠溶液中，于 95～100℃的温度下热烫 3min。仙人掌护色是将其放入 0.03g/ml 的维生素 C 溶液中进行处理。

④ 点浆、保温、冷却成型：将制得的仙人掌汁和豆浆混合均匀，然后在调配好的浆料中加入葡萄糖酸内酯，再加热到 90℃，保温 30min，待凝固完全后立即降温。可根据豆腐制品的具体要求，将豆腐脑注入模型中造型，再冷却成型。

仙人掌汁的添加量与豆浆之比为 （1～2)：6，葡萄糖酸内酯的添加量为 0.2％～0.25％。

【质量标准】

① 感官指标：呈淡绿色，有醇正的豆香味和仙人掌特有的清香味，无异味，呈块状，质地细嫩，弹性好，无杂质。

② 理化指标：含水量≤90％，蛋白质含量≥4％，砷（以 As 计）≤0.5mg/kg，铅（以 Pb 计）≤0.1mg/kg，食品添加剂符合国家标准规定。

③ 卫生指标：细菌总数＜5 万个/g，大肠菌群≤70 个/100g，致病菌不得检出。

十二、苋菜内酯豆腐

【原料与配方】

大豆 300kg，苋菜 100kg，氯化钠、葡萄糖酸内酯各适量。

【工艺流程】

苋菜→清洗整理→切碎→浸提→浸煮→过滤→苋菜汁

原料大豆→清洗→浸泡→冲洗→磨浆→滤浆→煮浆→冷却→调制、添加凝固剂→加热凝固→冷却→成品

【操作要点】

① 苋菜汁的制备：选用新鲜、无虫的苋菜，去除原料中夹带的

泥沙和杂质，浸提前将洗净的原料切碎，以提高浸提率，但不能切得过细。然后利用适量的水作浸提剂，在一定的温度下持续一段时间，再加热至100℃，保持3～4min，最后经100目滤布过滤，并在滤液中加入0.5%氯化钠溶液调节pH值为4.5～5.4即为苋菜汁。

② 选豆、浸泡：选用无杂质、无霉变的优质黄豆为原料，加水浸泡。浸泡后搓开豆瓣呈乳白色，中心淡黄色时达到九成以上，使浸泡后的大豆体积膨胀到原来的2～2.2倍。

③ 冲洗、磨浆：沥去浸豆水，用自来水冲洗干净，并沥去余水，然后加入80℃、大豆质量4倍的热水进行磨浆。

④ 滤浆、煮浆、冷却：将上述磨浆后的浆液利用100目滤布进行过滤，除去豆渣，得到的豆浆加热至100℃，保持5～8min进行煮浆。煮浆结束后将其冷却到30℃左右。

⑤ 调制、加热凝固：将苋菜汁与豆浆按1:3的比例混合，并添加0.25%的葡萄糖酸内酯，将上述原料充分混合均匀，加热使温度达到90～95℃，保持20～30min，然后按普通豆腐的生产工艺即可生产出苋菜汁内酯豆腐。

【质量标准】

① 感官指标：悦目的粉红色；有豆香和清香味，略甜，无异味；组织紧密、细腻、富有弹性；无杂质。

② 理化指标：蛋白质含量≥6.6%，脂肪含量≥4.04%，碳水化合物含量≥2.95%，粗纤维含量≥0.15%；砷（以As计）≤0.5mg/kg，铅（以Pb计）≤0.1mg/kg；食品添加剂符合国家标准规定。

③ 卫生指标：细菌总数<5万个/g，大肠菌群≤70个/100g，致病菌不得检出。

十三、高纤维内酯豆腐

【原料与配方】

大豆100kg，水（含菠菜汁）600L，湿豆渣20kg，葡萄糖酸内酯3kg，菠菜50kg。

【工艺流程】

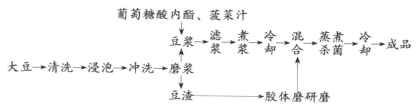

【操作要点】

① 原料预处理：挑选子粒饱满、无虫蛀的优质大豆，用水浸泡 4～8h。用足够的水没过大豆，以免大豆吸水膨胀后暴露在空气中。

挑选新鲜菠菜洗净后放进组织捣碎机中，加入适量的水捣碎，时间为 5min，然后用双层纱布过滤，滤出的菠菜汁液在大豆磨浆过程中代替部分水；而剩下的菠菜渣将作为膳食纤维在制作内酯豆腐的混合工艺中加入。

② 冲洗：将浸泡后的大豆用清水冲洗 2～3 次，使混在大豆里面的杂质被冲洗出去。

③ 磨浆：将冲洗干净的大豆利用磨浆机进行磨浆，在磨浆过程中要加入适量的 80℃温水并添加适量的菠菜汁，反复磨浆 3～4 次。

④ 滤浆：利用双层纱布将豆浆中混合的杂质滤出。

⑤ 煮浆：将过滤后的豆浆倒入容器中，加热至豆浆沸腾，保持 5min，取出。

⑥ 冷却：将煮后的豆浆放在室温下，将其冷却到 20℃左右。

⑦ 大豆膳食纤维的制备：称取适量的豆渣，再加入豆浆使之呈糊状，利用胶体磨进行研磨，将研磨的豆渣去除上层泡沫备用。

⑧ 混合：将豆浆、通过胶体磨研磨的豆渣、菠菜汁和葡萄糖酸内酯混合，并充分搅拌均匀。

⑨ 蒸煮：将上述混合均匀的豆浆灌装在容器中，利用蒸汽进行蒸煮，时间为 20min 左右，经过冷却后即可作为成品食用。

【质量标准】

① 感官指标：有菠菜味，细腻、润滑。

② 理化指标：水分≤85%；蛋白质≥5.9%；重金属含量砷＜

0.5mg/kg，铅＜1.0mg/kg；添加剂按添加剂标准执行。

③ 卫生指标：细菌总数出厂不超过 5 万个/g，销售时不超过 10 万个/g；大肠菌群近似值出厂不超过 70 个/100g，销售不超过 150 个/100g；致病菌不得检出。

十四、水果风味豆腐

【原料与配方】

豆浆（固形物含量 10％～12％）100kg，果汁 1.4～3.5L 或果皮汁液适量。

【工艺流程】

果汁或果皮汁液
↓
豆浆→混合→入容器→杀菌→凝固→成型→成品

【操作要点】

① 制果汁：选用成熟度和新鲜度合适的橘子、柚子、金橘、柠檬及葡萄等具有独特风味、酸度适中的水果进行榨汁，得到水果汁。

② 果皮汁液制备：方法有两种。一种是将剥离的水果皮压榨或浸泡在温水中，提取表皮中的成分，浓缩成汁液。另一种是在果皮压榨时，将沉积在榨汁下面的沉积物和浮在果汁表面的浮游物过滤后得到的汁液。

③ 混合：制作水果风味豆腐可单独使用果汁与温度低于 30℃的豆浆混合，为了使果汁起到凝固作用，应将果汁的 pH 值控制在 2.3～2.9，酸度 3.5％～6.5％，最佳果汁添加量应为在 1kg 豆浆中加 14～35ml。当豆浆浓度越高或温度越低，而且果汁 pH 值越高、酸度越低时，则需要添加更多果汁。若果汁添加量低于 10ml，则豆浆凝固速度较慢，成品易粉碎，不易成型，导致商品价值降低；若果汁添加量超过 40ml，则不仅降低豆腐成品率，还会使豆腐产生粗糙感，从而影响了商品价值。为了强化本品的风味，可将果汁和从果皮中得到的汁液并用。一般汁液的添加量可控制在果汁的 5％～30％范围内。制作水果风味豆腐也可以用果汁和葡萄糖酸内酯相混合作为凝固剂，其混合比例为果汁 100 份、葡萄糖酸内酯 5 份。单独使用葡萄糖酸内酯作凝固剂时，1kg 豆浆可加入 0.3～1.5g 葡萄糖酸内酯。

④ 入容器：将加入凝固剂并混合好的豆浆按照要求灌入容器内并密封。

⑤ 杀菌、凝固、成型：将果汁风味半成品豆腐置于 $80\sim90℃$ 下杀菌，当内容物温度超过 $50℃$ 时便开始凝固成水果风味豆腐。

【质量标准】

① 感官指标：具有水果风味，口感细腻。

② 理化指标：水分$\leqslant85\%$；蛋白质$\geqslant5.9\%$；重金属含量砷$<0.5mg/kg$，铅$<1.0mg/kg$；添加剂按添加剂标准执行。

③ 卫生指标：细菌总数出厂不超过 5 万个/g，销售时不超过 10 万个/g；大肠菌群近似值出厂不超过 70 个/100g，销售不超过 150 个/100g；致病菌不得检出。

十五、橘汁豆腐

【原料与配方】

$8°Bé$ 豆汁 100kg，橘子原汁 $20\sim30$kg，石膏悬浊液 $2\sim4$kg。

【工艺流程】

豆汁→蒸煮→过滤→豆浆→均质→混合（加橘子原汁）→凝固（加石膏悬浊液）→注模→加压→包装→成品

【操作要点】

① 制豆汁：将制备普通豆腐的豆汁，经蒸煮除去其有害物质后，进行过滤。在均质机内均质，使豆汁内固形物达到 $1\mu m$ 以下。

② 混合、凝固：加入橘子原汁，一般用量为豆汁的 $20\%\sim30\%$。接着添加大豆量的 $2\%\sim4\%$ 的石膏悬浊液使其凝固。温度为 $70\sim80℃$。

③ 注模、加压、包装：橘汁豆腐凝固后，移入放有白布的模型内，用布盖好，加盖稍压，滤除浆水，使橘汁豆腐成型。最后用塑料盆包装，即成产品。

【质量标准】

① 感官指标：呈淡黄色，较软，其硬度比酸奶酪硬。

② 理化指标：水分$\leqslant85\%$；蛋白质$\geqslant5.9\%$；重金属含量砷$<0.5mg/kg$，铅$<1.0mg/kg$；添加剂按添加剂标准执行。

③ 卫生指标：细菌总数出厂不超过 5 万个/g，销售时不超过 10 万个/g；大肠菌群近似值出厂不超过 70 个/100g，销售不超过 150 个/100g；致病菌不得检出。

十六、绿色豆腐

【原料与配方】

大豆 300kg，绿色蔬菜汁 600L，盐卤适量。

【工艺流程】

大豆→制豆乳→加绿色蔬菜汁→加热→加盐卤→成型→成品

【操作要点】

① 制豆乳：将 300kg 大豆放在 1400L 水中浸泡约 12h 后，磨碎后调制成 1800L 豆乳。

② 加绿色蔬菜汁：另将 100L 水煮沸，倒入 1800L 豆乳中，边搅拌边加热 10min。从 500kg 绿色蔬菜中提取 600L 菜汁，添加到煮后的豆乳中，边搅拌边加热 2～3min。

③ 加盐卤、成型：添加盐卤，倒入型箱，即成绿色豆腐。

【质量标准】

① 感官指标：色泽为自然绿色，风味独特，富含各种维生素。

② 理化指标：水分≤85％；蛋白质≥5.9％；重金属含量砷＜0.5mg/kg，铅＜1.0mg/kg；添加剂按添加剂标准执行。

③ 卫生指标：细菌总数出厂不超过 5 万个/g，销售时不超过 10 万个/g；大肠菌群近似值出厂不超过 70 个/100g，销售不超过 150 个/100g；致病菌不得检出。

十七、山药保健豆腐

【原料与配方】

大豆 100kg，鲜山药 25kg，维生素 C、凝固剂各适量。

【工艺流程】

鲜山药→挑选→清洗→去皮→切块→护色→打碎

大豆→挑选→洗涤→浸泡→磨浆→过滤→煮浆→冷却→加山药泥、混合→点浆→保温、凝固→冷却→定型→成品

【操作要点】

① 山药泥的制备：挑选直顺、无霉的山药，用清水洗去表面的泥土、灰尘等杂物。利用不锈钢刀轻轻削去山药表皮，切成小块，再向其中添加 0.1% 的维生素 C 护色，搅拌混匀，以保持山药色泽，防止褐变，然后将山药块放入高速组织捣碎机中打碎成泥。

② 大豆挑选、洗涤：挑选无虫蛀、无霉变、粒大皮薄、颗粒饱满的大豆，用水冲洗几次，以去除豆粒上附着的灰尘等杂物。

③ 浸泡：在 20～30℃ 水温下浸泡 10～13h，使大豆膨胀松软，充分吸水，每隔 20～30min 换水 1 次，要防止其发芽而降低营养成分。浸泡要有足够的水量，大豆吸水后质量为浸泡前的 2～2.5 倍。

④ 磨浆、过滤、煮浆、冷却：浸泡好的大豆用水冲洗几次，以除去漂浮的豆皮和杂质等。加干豆 5 倍的水磨浆，即可制得浓度为 1∶5 的豆浆。使用自动分离磨浆机，磨浆、过滤同时完成。过滤后的豆浆在 98～100℃ 的温度下煮沸 5min，然后冷却到 30℃ 以下。

⑤ 加山药泥、混合：在豆浆中加入山药泥，豆浆和山药泥的具体比例为 10∶（2～3）。充分搅拌混合后再经过胶体磨处理，以使其混合均匀一致。

⑥ 点浆：按豆浆量 0.24%～0.27% 的比例称取葡萄糖酸内酯，用蒸馏水溶解后加入豆浆中混合均匀。加热并于 90℃ 保温 30min。

⑦ 保温、凝固、冷却、定型：保温凝固的豆腐取出后立即放入冷水中快速降温，冷却成型。

【质量标准】

① 感官指标：成品呈光亮白色；块状，质地细嫩，弹性好；具有醇正的豆香味和山药味；无肉眼可见外来杂质。

② 理化指标：含水量≤90%，蛋白质含量≥4%；砷（以 As 计）≤0.5mg/kg，铅（以 Pb 计）≤0.1mg/kg；食品添加剂符合国家标准规定。

③ 卫生指标：细菌总数＜5 万个/g，大肠菌群≤70 个/100g，致病菌不得检出。

十八、姜汁保健豆腐

【原料与配方】

大豆 100kg，鲜姜 15kg，凝固剂适量。

【工艺流程】

鲜姜→浸泡→清洗→切片→热烫→冷却→捣碎→榨汁→过滤→姜汁

大豆→挑选→洗涤→浸泡→磨浆→煮浆→过滤→冷却→加入定量姜汁搅拌→加入凝固剂→加热保温→冷却→成型

【操作要点】

① 姜汁的制备：鲜姜浸泡（姜水比例为 2∶1）洗净后，切成 1.5～2.5cm 宽的姜片，然后在沸水中热烫 2min，以灭酶杀菌，冷却后榨汁。利用 400 目滤布过滤，得姜汁备用。

② 大豆浸泡：大豆洗净后，在 20～30℃ 的水温下浸泡 9～11h，使大豆胀润松软，充分吸水，每隔 20～30min 换水 1 次，要防止其发芽而降低营养成分。大豆充分吸水后质量为干重的 2～2.5 倍。

③ 磨浆：采用胶体磨进行磨浆，调好间隙，弃去浸豆的陈水，加入豆干重 5 倍的水进行磨浆。

④ 煮浆、过滤、冷却：将豆浆煮沸 3～5min，先用纱布过滤，再用 100 目尼龙筛过滤，将得到的豆浆冷却到 30℃ 以下。

⑤ 混合：将过滤后的姜汁按比例加入豆浆中。姜汁与豆浆之比为 1.5∶6。在此比例时，豆腐凝固效果好，质地细嫩，色泽口味适宜，既体现了豆浆的浓郁芳香，又包含着姜的浓香。

⑥ 加入凝固剂、加热保温、冷却、成型：在 25～30℃ 的温度条件下，加入凝固剂（葡萄糖酸内酯），其用量为 0.25%～0.3%。混匀后装瓶或装盒，封口，于 85～90℃ 水浴中加热，保持 20～30min，然后立即降温，冷却成型。

【质量标准】

① 感官指标：呈淡黄色；质地细嫩，有弹性；具有醇正豆香和一定姜香，味正、无异味；无肉眼可见外来杂质。

② 理化指标：含水量≤90%，蛋白质含量≥4%；砷（以 As 计）≤

0.5mg/kg，铅（以 Pb 计）≤0.1mg/kg；食品添加剂符合国家标准规定。

③ 卫生指标：细菌总数<5 万个/g，大肠菌群≤70 个/100g，致病菌不得检出。

十九、苦杏仁保健内酯豆腐

【原料与配方】

大豆 100kg，杏仁 6kg，凝固剂适量。

【工艺流程】

杏仁→杏仁露 凝固剂

大豆→浸泡→磨浆→过滤→混合→煮浆→保温→冷却成型→杏仁豆腐

【操作要点】

① 苦杏仁的选择与处理：挑选干燥、无虫蛀及霉变、颗粒饱满的杏仁，放入沸水中煮 1~2min，捞入冷水中冷却。用手工方法去皮，然后用 60℃左右的水浸泡 7d，并坚持每天换水 2 次。将浸泡苦杏仁的水收集起来进行污水处理。

② 杏仁露的制备：将经过上述处理过的苦杏仁在 80℃的热水中预煮 10~15min，然后在砂轮磨中粗磨。粗磨时添加 3 倍 80℃的热水，磨制成均匀浆状时，送入胶体磨中进行精磨。精磨时加入 1%的焦亚磷酸钠和亚硫酸钠的混合液，以防变色。用 150 目的滤布进行过滤，滤液即为杏仁露。

③ 大豆浸泡：挑选干燥无虫蛀、颗粒饱满的大豆，洗净后，在 20~30℃的水温下浸泡 9~11h，使大豆充分吸水，并且每 20~30min 换水 1 次，防止大豆发芽。大豆充分吸水后质量为干重的 2~2.2 倍。

④ 磨浆：采用胶体磨进行磨浆，调好间隙，弃去浸泡大豆用的陈水，加入大豆干重 5 倍的水进行磨浆，备用。

⑤ 过滤、混合、煮浆：将豆浆先用纱布过滤，再用 100 目尼龙筛过滤，加入苦杏仁露充分混匀，煮沸 3~5min，然后冷却到 30℃

以下。苦杏仁露的添加量为豆浆的 6%。

⑥ 加凝固剂、加热保温、冷却成型：在 25～30℃的温度下加入凝固剂（葡萄糖内酯），其加入量为豆浆的 0.25%，添加后混合均匀并进行装盒，封口，于水浴 85～90℃中加热保持 20～30min，立即降温冷却成型即为成品豆腐。

【质量标准】

① 感官指标：乳白色，均一稳定；细腻均匀，无分层及沉淀现象；具有杏仁露及豆乳的混合香气，无苦涩等异味，口感细腻润滑，质地细嫩，硬度适中。

② 理化指标：含水量≤90%，蛋白质含量≥4%；砷（以 As 计）≤0.5mg/kg，铅（以 Pb 计）≤0.1mg/kg；食品添加剂符合国家标准规定。

③ 卫生指标：细菌总数＜5 万个/g，大肠菌群≤70 个/100g，致病菌不得检出。

二十、茶汁豆腐

【原料与配方】

大豆 100kg，茶叶 2kg，凝固剂适量。

【工艺流程】

茶汁制备→原料处理→成型→成品

【操作要点】

① 茶汁制备：选用新鲜的茶叶，用清水洗净后，80℃进行杀青，时间为 9s，再经过沥干、切碎，将茶叶和水按 1：3.5 的比例混合打浆，过滤（300 目）后得到茶汁。

② 原料处理：选取颗粒饱满、无虫蛀和霉变的大豆，夏季浸泡12～14h，冬季浸泡 18～24h，大豆吸水后质量为浸泡前的 2～2.5倍。然后加大豆干重 4 倍的水进行磨浆，将过滤得到的豆浆放入锅中煮沸，要求不断搅拌，以防煳锅。煮沸 1min，冷却到 30℃时，先用洁净的纱布过滤，再用 100 目绢布过滤，除掉豆渣。

③ 成型：过滤后的豆浆按 4：1 的比例加入茶汁，搅拌均匀后，

加入 0.3% 的葡萄糖酸内酯，搅拌均匀，装盒或装瓶，封口。于水浴中加热至 80℃，保持 20～25min，即可凝固成型。加热完毕后应尽快冷却，经冷却后即为成品茶汁豆腐。

【质量标准】

① 感官指标：均一稳定，细腻均匀，无分层及沉淀现象；具有茶叶及豆乳的混合香气，无苦涩等异味，口感细腻润滑，质地细嫩，硬度适中。

② 理化指标：含水量≤90%，蛋白质含量≥4%；砷（以 As 计）≤0.5mg/kg，铅（以 Pb 计）≤0.1mg/kg；食品添加剂符合国家标准规定。

③ 卫生指标：细菌总数<5 万个/g，大肠菌群≤70 个/100g，致病菌不得检出。

二十一、海藻营养豆腐

【原料与配方】

大豆 100kg，海藻 20kg，0.2% 的葡萄糖酸内酯适量。

【工艺流程】

裙带菜→浸泡→洗净→切碎→打浆→过滤→海藻汁

大豆→挑选→洗涤→浸泡→磨浆→煮浆→过滤→冷却→混合→均质→点浆→保温→冷却→定型→成品

【操作要点】

① 原料处理：由于裙带菜是干品，所以先洗净，然后浸泡，使其完全复水；大豆在 25℃ 水温下浸泡 12h，吸水后为浸泡前质量的 2 倍左右。

② 打浆：将泡开的裙带菜先切碎，然后用组织捣碎机打成浆，加 1 倍的水；将泡开的大豆加 5 倍的水磨成浆。

③ 过滤、冷却：将裙带菜打成浆后，先用纱布过滤，然后利用离心机进行离心过滤，滤液则为海藻汁。大豆磨成浆后，先煮沸 5min，然后用纱布过滤，再用 100 目尼龙筛过滤，然后冷却到 30℃ 以下为豆浆。

④ 混合：将海藻汁和豆浆按 2：4 的比例进行混合。

⑤ 均质：均质是进一步微粒化处理，使两种物料分散稳定，目的是使产品口感更细腻、质地均一。用 40MPa 进行均质。

⑥ 点浆、保温：点浆就是加入 0.2％的葡萄糖酸内酯。先将葡萄糖酸内酯用少量温水溶解，放入容器中，将混合浆液用猛火煮沸，去除上层的泡沫，冷却到 90℃时，迅速且均匀地沿容器内壁倒入容器中，加盖，保温 30min。

⑦ 冷却、成型：保温之后，快速进行冷却，使其成型。

【质量标准】

① 感官指标：呈淡绿色，具有醇正的豆香味和清新的海藻香味，无其他异味，质地细嫩，弹性好，无杂质。

② 理化指标：含水量≤90％，蛋白质含量≥4％；砷（以 As 计）≤0.5mg/kg，铅（以 Pb 计）≤0.1mg/kg；食品添加剂符合国家标准规定。

③ 卫生指标：细菌总数<5 万个/g，大肠菌群≤70 个/100g，致病菌不得检出。

二十二、虾皮内酯豆腐

【原料与配方】

大豆 100kg，虾皮适量。

【工艺流程】

大豆→清洗→浸泡→磨浆→分离→煮浆（加虾皮汁）→冷却→点浆→包装→恒温凝固→成型→成品

【操作要点】

① 制豆浆：大豆 300g 用水 750ml 浸泡，磨制分离成 1.5kg 豆浆。

② 制虾皮汁：称取 30g 虾皮用冷水浸泡 2～3h，使其吸水膨胀。然后煮汁，沸腾 20min，冷却过滤，制得 300g 虾汁备用。制取虾汁要仔细过滤，以保证内酯豆腐质地均匀。

③ 煮浆：煮浆时加入虾皮汁，虾皮内酯豆腐是使豆腐具有海鲜

味，但加入虾汁的量要适当，太少品尝不出海鲜味；太多海鲜味太浓，偏离了嗜好浓度，并且成本高。

④ 点浆、包装、凝固、成型：这些工艺与普通内酯豆腐相同。

【质量标准】

① 感官指标：成型较好，成品有少量黄浆水析出；口感有海鲜味，韧性一般。

② 理化指标：含水量≤90%，蛋白质含量≥4%；砷（以 As 计）≤0.5mg/kg，铅（以 Pb 计）≤0.1mg/kg；食品添加剂符合国家标准规定。

③ 卫生指标：细菌总数<5万个/g，大肠菌群≤70个/100g，致病菌不得检出。

二十三、风味快餐豆腐

【原料与配方】

大豆100kg，0.2%葡萄糖酸内酯、配料各适量。

【工艺流程】

大豆→去杂→浸泡→去皮→脱腥→磨浆→煮浆→点浆（加配料）→成型

【操作要点】

① 制备豆浆：取新鲜饱满的大豆去除杂质，用清水浸泡，使豆粒充分吸水膨胀。为避免产生豆腥味，使快餐豆腐的风味更醇正，采用热水烫煮法脱腥，即将浸泡好的大豆放入沸水中加热6～8min，使大豆中的脂肪酸氧化酶失活。将经过脱腥处理的大豆按1∶4的比例加水磨浆。

② 调制配料：配料的种类多种多样，可根据需要调配。调制配料的一般原则是：配料在豆腐中占的比例不要超过20%，对有可能影响豆腐凝固的配料的加入量和加入方法应先进行试验。

不同配料的一般加工方法如下：

果蔬类原料有青菜、青椒、芹菜、香菜、胡萝卜、洋葱、番茄、苹果、梨、柑橘、草莓、西瓜等。洗净切成细丁或小块，在沸水中焯一下即可使用。虾仁、扇贝等海鲜类应煮熟后方可使用。

食盐、味精、糖等调味品可在煮浆时加入,也可在点浆时与凝固剂一起加入。酱油、醋、香油、辣椒油、麻辣酱等调味品最好成型后浇在豆腐上,过早加入会影响豆腐的凝固质量。果菜汁应在煮浆时加入。

③ 点浆、成型:将磨好的豆浆加热煮沸。煮浆的方法与加工普通豆腐相同,只是要掌握好煮沸的时间。点浆用葡萄糖酸内酯作凝固剂,用量约为豆浆的 0.2%。点浆时先将凝固剂(还可加适量的食盐、味精、糖等)放入容器中,然后倒入煮好的豆浆。豆浆的温度控制在 85~95℃,然后加入热的配料加盖放置凝固。点浆后,大豆蛋白质在凝固剂作用下凝固成型,凝固时间一般为 20min 左右,与豆浆的浓度和凝固剂加入的量有关。等豆浆完全凝固后,即可食用。

【质量标准】

① 感官指标:颜色多彩,具有多种风味,细腻香滑。

② 理化指标:含水量≤90%,蛋白质含量≥4%;砷(以 As 计)≤0.5mg/kg,铅(以 Pb 计)≤0.1mg/kg;食品添加剂符合国家标准规定。

③ 卫生指标:细菌总数<5 万个/g,大肠菌群≤70 个/100g,致病菌不得检出。

二十四、鸡蛋豆腐

【原料与配方】

大豆 100kg,鸡蛋 40kg,葡萄糖酸内酯 300g,消泡剂 200g。

【工艺流程】

原料选择及处理→浸泡→水洗→磨浆→分离→添加鸡蛋→煮浆→点浆→灌装→加热→冷却成型

【操作要点】

① 原料选择及处理:应选择颗粒整齐、无虫眼、无霉变的新大豆为原料。为了提高加工产品的质量,必须对原料进行筛选,以清除杂物如砂石等。一般可采用机械筛选机、电磁筛选机、风力除尘器、

比重去石机等进行筛选。

② 浸泡：大豆浸泡要掌握好水量、水温和浸泡时间。泡好的大豆表面光亮，没有皱皮，有弹性，豆皮也不易脱掉，豆瓣呈乳白色、稍有凹心、容易掐断。

③ 水洗：浸泡好的大豆要进行水洗，以除去脱离的豆皮和酸性的泡豆水，提高产品质量。

④ 磨浆：将泡好的大豆用石磨或砂轮磨磨浆，为了使大豆充分释放蛋白质，应磨两遍。磨第一遍时，边投料边加水，磨成较稠的糊状物。磨浆时的加水量一般是大豆质量的 2 倍，不宜过多或过少。大豆磨浆后不宜停留，要迅速加入适量的 50℃ 的热水稀释，以控制蛋白质的分解和杂菌的繁殖，使大豆的蛋白质溶解在水中，有利于提取。加热水的同时还要加入一定量的消泡剂。方法是取占大豆质量 0.3%～0.5% 的植物油放入容器中，加入 50～60℃ 的热水 10L，搅拌后倒入豆浆中，即可消除豆浆中的泡沫。

⑤ 分离：磨浆后，进行浆渣分离。为了充分提取其中的蛋白质，一般要进行 3 次分离。第一次分离用 80～100 目分离筛，第二次和第三次分离用 60～80 目分离筛。每次分离后都要加入 50℃ 左右的热水冲洗豆渣，使蛋白质从豆渣中充分溶解出来后，进行下一次分离。最终使豆渣中的蛋白质含量不超过 2.5%。

⑥ 添加鸡蛋：挑选新鲜的鸡蛋，去壳、搅匀，按配方比例加入豆浆中，混合均匀。

⑦ 煮浆：添加鸡蛋后要迅速煮沸，使豆浆的豆腥味和苦味消失，增加豆香味。将过滤好的豆浆倒入容器中，盖好盖，烧开后再煮 2～3min。注意不要烧得太猛，且要一边加热一边用勺子扬浆，防止煳锅。若采用板式热交换器，则加热速度会更快，产品质量更好。加热温度要求在 95～98℃，保持 2～4min。豆浆经过加热以后，要冷却到 30℃ 以下。

⑧ 点浆：葡萄糖酸内酯在添加前要先加 1.5 倍的温水溶解，然后将其迅速加入降温到 30℃ 的豆浆中，并混匀。

⑨ 灌装：采用灌装机将混合好的豆浆混合物灌入成品盒（袋）

中，并进行真空封装。

⑩ 加热：灌装好的豆浆采用水浴或蒸汽加热，温度为 90～95℃，保持 15～20min。

⑪ 冷却成型：采用冷水冷却和自然冷却，随着温度的降低，豆浆即形成细嫩、洁白的豆腐。

【质量标准】

① 感官指标：质地细嫩，味道醇正，鲜美可口。

② 理化指标：含水量≤90%，蛋白质含量≥4%；砷（以 As 计）≤0.5mg/kg，铅（以 Pb 计）≤0.1mg/kg；食品添加剂符合国家标准规定。

③ 卫生指标：细菌总数<5 万个/g，大肠菌群≤70 个/100g，致病菌不得检出。

二十五、牛奶豆腐

【原料与配方】

大豆 150kg，全脂奶粉 15kg，凝固剂（葡萄糖酸-δ-内酯）19.5g，碳酸氢钠、维生素 B_2（核黄素）、饮用水各适量。

【工艺流程】

大豆→浸泡→加热灭酶→脱皮→磨浆→过滤→煮浆→调配→添加内酯粉与核黄素→搅拌均匀→灌装→蒸汽加热（或隔水加热）→成品

【操作要点】

① 灭酶：大豆含有脂肪氧化酶等成分，易产生豆腥等异味，浸泡清洗后，必须进行加热处理，使酶失去活性，以消除豆腥味。采用快速蒸汽加热至 120～150℃（约 3min），或蒸汽锅中放少量茶油，可减少或防止烧焦豆腥味。

② 脱皮、磨浆、过滤：为不影响产品色泽、细度等，对灭酶后的大豆要进行脱皮处理。可采用脱皮机进行脱皮。磨浆时按豆浆与水的比为 1∶(5～8)。所得豆浆用布过滤去渣。

③ 调配：在上述豆浆中，首先加碳酸氢钠，增加蛋白的吸收凝固。在煮沸豆乳中放入全脂奶粉（1∶10）相混搅拌。

④ 添加、灌装、加热：待冷却至 40℃以下，再放葡萄糖酸内酯，并可添加核黄素溶液在少量水中，再添加到豆乳中。灌装入食品盒（袋），再进行蒸汽加热（或隔水加热），85℃左右约 10min 即成。

【质量标准】

① 感官指标：色泽金黄（或淡黄），营养丰富。

② 理化指标：含水量≤90％，蛋白质含量≥4％；砷（以 As 计）≤0.5mg/kg，铅（以 Pb 计）≤0.1mg/kg；食品添加剂符合国家标准规定。

③ 卫生指标：细菌总数＜5 万个/g，大肠菌群≤70 个/100g，致病菌不得检出。

二十六、咖啡豆腐

【原料与配方】

脱脂大豆 100kg，咖啡 8kg，砂糖 12kg，葡萄糖酸内酯 3kg。

【工艺流程】

脱脂大豆→制豆乳→加配料→包装→加热→成品

【操作要点】

① 制豆乳：在 100kg 低温浸出脱脂大豆中添加 800L 水，混合，用蒸汽蒸煮、浸出、消泡后，压挤过滤，得到 4L 豆乳。

② 加配料：冷却至 40℃时，添加咖啡、砂糖及葡萄糖酸内酯。

③ 包装：溶解后注入圆筒状树脂包装袋（容量 300ml），密封。

④ 加热：然后放入 90℃的热水中加热 50min，取出急冷，得到袋装咖啡豆腐。

【质量标准】

① 感官指标：兼有豆腐和咖啡风味，质感细腻。

② 理化指标：含水量≤90％，蛋白质含量≥4％；砷（以 As 计）≤0.5mg/kg，铅（以 Pb 计）≤0.1mg/kg；食品添加剂符合国家标准规定。

③ 卫生指标：细菌总数＜5 万个/g，大肠菌群≤70 个/100g，致病菌不得检出。

二十七、环保型豆腐

【原料与配方】

大豆 100kg，面粉 600g，食盐 600g，复合凝固剂（葡萄糖酸内酯∶石膏∶盐卤＝1∶0.2∶0.2）400g。

【工艺流程】

大豆→清选→脱皮→浸泡→磨浆→胶体磨处理→普通均质→纳米均质→煮浆→加凝固剂→成型→检验→成品

【操作要点】

① 清选：采用筛选或风选，清除原料中的石块、土块及其他杂质，除去已变质、不饱满和有虫蛀的大豆。

② 脱皮：脱皮是环保型豆腐制作过程中关键的工序之一，通过脱皮可以减少土壤中带来的耐热性细菌，缩短脂肪氧化酶钝化所需要的加热时间，同时还可以大大降低豆腐的粗糙口感，增强其凝固性。脱皮工序要求脱皮率高，脱皮损失要小，蛋白质变性率要低。大豆脱皮效果与其含水量有关，水分最好控制在 9%～10%，含水量过高或过低脱皮效果均不理想。如果大豆含水量过高时，可先采用旋风干燥器脱水，再进行脱皮。大豆脱皮率应控制在 90% 以上。

③ 浸泡：具体做法与普通豆腐生产中的浸泡相同。

④ 磨浆：采用砂轮磨磨浆，磨浆时回收泡豆水，此时要严格计量磨浆时的全部用水。将磨好的豆浆先用胶体磨处理，然后用普通均质机处理，最后采用纳米均质机处理，使豆浆的颗粒达到工艺上的最佳要求。考虑到生产成本和生产难度，选取豆浆颗粒直径 30μm 为豆腐生产的上限，采用纳米均质机以 100MPa 进行处理，均质一次即可达到工艺要求。

⑤ 凝固、成型：环保型豆腐生产工艺要求无废渣、无废水，采用单一的凝固剂很难达到理想的凝固效果，所以采用复合凝固剂，其用量为 0.4%，凝固温度为 80℃。复合凝固剂主要由葡萄糖酸内酯、石膏、盐卤组成，其最佳比例为 1∶0.2∶0.2。采用此复合凝固剂不但凝固性好，没有水分析出，而且风味与传统豆腐无大的区别。另

外，在豆浆中可适当地加入一定量的面粉和食盐。面粉在煮浆前加入，其加入量为干豆质量的 0.2%～0.5%；食盐需在煮浆后加入，加入量为干豆质量的 0.5%～1%。

【质量标准】

① 感官指标：色泽白或淡黄色，软硬适宜，富有弹性，质地细嫩，无蜂窝，无杂质，块形完整，有特殊的豆香气。

② 理化指标：含水量≤90%，蛋白质含量≥4%；砷（以 As 计）≤0.5mg/kg，铅（以 Pb 计）≤0.1mg/kg；食品添加剂符合国家标准规定。

③ 卫生指标：细菌总数<5 万个/g，大肠菌群≤70 个/100g，致病菌不得检出。

二十八、蛋香豆腐

【原料与配方】

大豆 100kg，小麦粉 25kg，花生油适量。

【工艺流程】

选料→浸泡→磨浆→过滤去渣→煮浆→点浆→成品

【操作要点】

① 植物凝固剂的制备：按小麦粉（大米粉、甘薯粉、小米粉均可）与水之比为 1:2 的比例混合搅拌均匀，在高温下自然发酵，直到用精密 pH 试纸测得其 pH 值为 4～5 时，即为植物凝固剂，备用。

② 选料：选用不霉烂、蛋白质含量高的大豆为原料，过筛去杂质。

③ 浸泡、磨浆：将干净的大豆先粗粉碎再用 20℃的水浸泡 6～8h。按 20kg 大豆加入 236L 水的比例，用打浆机磨成细豆浆。

④ 过滤去渣：用装有 100 目尼龙滤布的离心筛离心过滤豆浆，豆渣中加水多遍，搅拌、过滤，所得滤浆液即为生豆浆，滤渣可作饲料用。

⑤ 煮浆：先将豆浆移入锅内，加热煮沸 3～5min，得熟豆浆。

⑥ 点浆：按每千克生大豆制取的熟豆浆加 0.5kg pH 值为 4～5

的植物凝固剂的比例点浆，再将豆腐脑浇注到适当的豆腐模中，压榨泄水，制得软豆腐，用刀把软豆腐切成 15cm×10cm×0.7cm 的豆腐块，摊在竹片上风干，制得硬豆腐。

⑦ 成品：向油锅中加入适量的花生油，当油温达到 120℃时，加入上述制备的硬豆腐，炸至硬豆腐呈金黄色时，捞出，沥去残油。然后再将其加入到 2% 左右的烧碱溶液中，室温下浸泡 8～9h，捞出，放入清水中浸泡 15h 左右。用精密 pH 试纸或 pH 计测得溶液的 pH 值为 7 时捞出，沥去水分即为蛋香豆腐。

【质量标准】

① 感官指标：香滑可口，口感细腻。

② 理化指标：含水量≤90%，蛋白质含量≥4%；砷（以 As 计）≤0.5mg/kg，铅（以 Pb 计）≤0.1mg/kg；食品添加剂符合国家标准规定。

③ 卫生指标：细菌总数<5 万个/g，大肠菌群≤70 个/100g，致病菌不得检出。

二十九、高铁血豆腐

【原料与配方】

大豆 100kg，猪血 20kg，精瘦肉、生姜、香葱、食盐、味精、五香粉各适量。

【工艺流程】

猪血和调料
↓
选料→浸泡→磨浆→煮浆→点脑与蹲脑→初压→混合→压榨成型

【操作要点】

① 制豆腐料：与普通豆腐制作工艺相同。

② 猪血处理：把新鲜的猪血通过细纱布过滤，然后加入浓度为 0.8% 食盐，放入冰箱或冷库中贮存备用。

③ 调料制备：先把精瘦肉、生姜、香葱分别捣成浆，然后加入食盐、味精、五香粉等配料，搅拌均匀备用。

④ 混合：将制备好的豆腐料、猪血和各种调料一起加入调料缸内，搅拌使之混合均匀。

⑤ 压榨成型：混合均匀的各种原料，上压榨机进行压榨，并按花格模印，顺缝用刀切成整齐的小块即为成品。

【质量标准】

① 感官指标：含铁量高，营养丰富，口感良好。

② 理化指标：含水量≤90％，蛋白质含量≥4％；砷（以 As 计）≤0.5mg/kg，铅（以 Pb 计）≤0.1mg/kg；食品添加剂符合国家标准规定。

③ 卫生指标：细菌总数＜5 万个/g，大肠菌群≤70 个/100g，致病菌不得检出。

三十、钙强化豆腐

【原料与配方】

大豆 100kg，胶原钙 300g，菜子油 900ml，硫酸钙 100g。

【工艺流程】

制消泡剂→加热豆浆→压榨、过滤→加硫酸钙→成型→成品

【操作要点】

① 制消泡剂：将 300g 胶原钙和 900ml 菜子油混合，并充分搅拌，作为消泡剂。

② 压榨、过滤：添加到可生产 384kg 豆腐的煮后熟豆浆（约60℃）中，煮沸后压榨过滤去渣。

③ 加硫酸钙：再将 100g 硫酸钙加水混合，作为凝固剂添加到豆浆中，搅拌后静置，使之凝固。

④ 成型：除去表面浮水，移入带孔的四方形箱内，加压脱水。将脱水后的豆腐切成一定大小的豆腐块浸入冷水中。

【质量标准】

① 感官指标：豆腐表面光滑，与嫩豆腐相似，而且没有蜂眼，口感好。

② 理化指标：含水量≤90％，蛋白质含量≥4％；砷（以 As 计）≤0.5mg/kg，铅（以 Pb 计）≤0.1mg/kg；食品添加剂符合国家标准

规定。每 100g 豆腐含 0.22g 胶原质和钙。

③ 卫生指标：细菌总数＜5 万个/g，大肠菌群≤70 个/100g，致病菌不得检出。

三十一、翡翠米豆腐

【原料与配方】

大米 100kg，青豆 75kg，油麦菜 50kg，石灰水、消泡剂、凝固剂各适量。

【工艺流程】

原料→浸泡→磨浆→煮浆→成型→成品

【操作要点】

① 浸泡：将大米淘洗干净，装入木桶或钢桶中，掺入清水，再加入石灰水（1kg 大米加石灰水 15ml），搅拌均匀后，浸泡 3～4h，至大米变成浅黄色且略带苦涩味时，取出用清水淘洗干净。将青豆洗净，油麦菜只留新鲜绿色叶片，并洗净。

② 磨浆：将大米、青豆、油麦菜按 2∶1.5∶1 的比例混合均匀，加入适量清水，用石磨或粉碎机磨成浆状。注意磨浆时要把原料中未磨碎的油麦菜筋捞出。

③ 煮浆：将磨好的浆汁倒入干净的锅中（如浆汁太浓稠可加入适量清水），用大火煮沸。边煮边用木棒搅动。浆汁煮至半熟时，改用小火并继续搅动。此时可加入少许豆浆消泡剂，以消除青豆产生的泡沫。

④ 成型：煮至浆汁全熟时，加入豆腐凝固剂，搅拌均匀后，起锅倒入垫有纱布的方形容器内，厚度以 3cm 左右为宜。待浆汁冷却凝固后，用刀划成块状即可。

【质量标准】

① 感官指标：色泽碧绿，口感滑爽。

② 理化指标：含水量≤90%，蛋白质含量≥4%；砷（以 As 计）≤0.5mg/kg，铅（以 Pb 计）≤0.1mg/kg；食品添加剂符合国家标准规定。每 100g 豆腐含 0.22g 胶原质和钙。

③ 卫生指标：细菌总数＜5 万个/g，大肠菌群≤70 个/100g，致

病菌不得检出。

三十二、新型脆豆腐

【原料与配方】

大豆 100kg，熟石膏 5kg，食用油 600g，氢氧化钠（火碱）、消泡剂各适量。

【工艺流程】

泡豆→磨浆→杀沫→滤浆→煮浆→点浆→压豆腐→切片、晒干→油炸→发胀剂→成品

【操作要点】

① 泡豆：把挑选好的 100kg 大豆粉碎去皮（亦可直接浸泡），加冷水 300L 浸泡。室内温度 15℃以下，浸泡 6～7h；室内温度 20℃左右，浸泡 5～5.5h；室内温度 25～30℃，浸泡 4～5h。

② 磨浆：用浆渣分离机进行磨浆，浆要磨 2～3 遍，要求磨细磨均匀；磨第一遍时，边磨边加水 4L（注意磨第二遍或第三遍时，将水加入豆渣中搅拌均匀直接磨浆）。

③ 杀沫：用 400～600g 食用油泥（食用油隔年油根）加入 40L 50℃的热水中，搅拌均匀，倒入豆浆中，待 5～6min 后豆沫可消失。使用消泡剂杀沫时，待豆浆加热到 40℃时，用 50L 热水将 300g 消泡剂化开，倒入豆浆中 3～5min 即可杀沫。

④ 滤浆：把磨好的豆浆过滤完后，用 200L 冷水冲洗磨浆机，洗磨水加入磨浆后的豆浆内洗渣过滤，留作点浆用。

⑤ 煮浆：把杀沫后的豆浆倒入大铁锅内加热煮沸 2～3min 后，用勺扬浆，防止煳锅、溢锅。严禁再向锅内放冷水。

⑥ 点浆：用卤水点浆可以用 1:10 米醋和水配制，或者用 1:30 的醋精和水配制作引子，以后点浆时就使用压豆腐流出的卤水点浆，这种卤水可入缸内反复使用。不断添加新的卤水，夏季 3～5d 要清洗一次卤水缸，换一次新卤水。用卤水点浆的最佳温度（豆腐的温度）为 80℃。所谓熟石膏点浆法，就是将熟石膏用洗磨水化开搅拌均匀，静置 3～5min。把石膏溶液倒入水缸内，把石膏沉淀物倒掉。再将煮

好的豆浆倒入石膏缸内，轻轻搅拌均匀。盖缸闷浆 20min。待温度降到 70℃时压包。

⑦ 压豆腐：将成型后的豆腐脑上面浮出的水倒掉，用温水冲洗包布。然后将豆腐舀到铺有包布的水箱内，以包布包好豆腐脑，手压平整，加盖木板，慢压重压。每 15kg 大豆压力不能低于 150kg；掌握得好，可加大到 180kg，以保证成品豆腐的品质和质量，使含水量减少。夏季压 4～5h，春、冬季压 3h 左右。压好的豆腐放在通风处晾 10min 即可开刀切片。加工脆豆腐时，一定要压力大，压得水分越少越好。一般每 10kg 大豆加工出 12kg 豆腐为好，晒干后得 7kg 半成品即符合标准。

⑧ 切片、晒干：切片规格一般长 10cm、宽 6cm、厚 0.8cm。做好的干豆腐一定要整齐。将豆腐片晾晒，每隔 2～3h 将豆腐片翻动 1 次。第二天豆腐片开始出油，3d 可完全干燥，即成为颜色金黄的半成品脆豆腐。将它装入塑料袋内，在阴凉干燥通风处可存放 1～6 个月不变质。

⑨ 油炸：将食用油（菜子油、棉子油、豆油等任选一种）放入铁锅加热到 150℃（勿烧开），油开始冒烟即可。将半成品脆豆腐片放入油锅炸至膨胀。油炸过程中要不断翻动，直到豆腐片完全膨胀，两面呈金黄色为合格。最后用漏勺捞出豆腐片，沥油后待用。豆腐片在晾晒时已经出油，故油炸时耗油量很少，一般 50kg 半成品豆腐片实际耗油约 1kg。

⑩ 发胀剂的配制：把干净的自来水放入大塑料盆或水缸中（不可使用金属容器），加入氢氧化钠（火碱），搅拌均匀至氢氧化钠完全溶解化开即为发胀剂。

⑪ 成品：把油炸好的半成品豆腐放入发胀剂中浸泡，用木板盖住压上砖块，使豆腐片完全浸泡在发胀剂中不上浮。一般浸泡 15h，用手捏富有弹性、无硬心后捞出，用清水冲洗一遍。再用清水浸泡 1～2h，最后再换水继续浸泡 1h。最后一次换水后用五香佐料、食盐水浸泡，即成五香豆腐。发胀剂可反复多次使用，一般夏、秋季可以每 2～3d 更换 1 次。春、冬季延长至每 5～7d 更换一次。

【质量标准】

① 感官指标：色泽金黄，脆如黄瓜，营养丰富。

② 理化指标：水分≤85％；蛋白质≥5.9％；重金属含量砷＜0.5mg/kg，铅＜1.0mg/kg；添加剂按添加剂标准执行。

③ 卫生指标：细菌总数出厂不超过 5 万个/g，销售时不超过 10 万个/g；大肠菌群近似值出厂不超过 70 个/100g，销售不超过 150 个/100g；致病菌不得检出。

第三节 新型非大豆豆腐

一、魔芋豆腐

【原料与配方】

魔芋 100kg，石灰浆适量。

【工艺流程】

备料→磨浆→凝固→切块→锅煮→成品

【操作要点】

① 备料：主要是魔芋和石灰浆液。魔芋应选 0.5～1kg 大小、新鲜无霉烂的为好，出土太久的要在水中浸泡 1～4d，或用湿沙掩藏预湿。对选好的魔芋要清洗，达到白净，不留外皮，无杂质和泥沙。不易洗刷干净的，要用小刀轻轻地把破皮削去。调制石灰浆液，要用新出窑的石灰块化成的石灰粉，每 10L 水加 150～250g，一般磨浆前 4～12h 调制好。

② 磨浆：取调制好的石灰浆的上层清液，按每千克魔芋用 3～3.5L 石灰清液的比例，点滴磨浆。要掌握好石灰清液的用量，不可过少或过多。过少，魔芋浆液不能凝固成型；过多，做成的魔芋豆腐易发黑。

③ 凝固：当魔芋浆液的液面不见清澈的明水而变成糊状物时，立即倒入豆腐箱内，使厚薄均匀，并将液面抹平整。豆腐箱的大小以魔芋豆腐的厚薄大小而定。

④ 切块：在魔芋浆液凝固成有一定硬度的块状时，用刀将其划成小块，每块以 0.5kg 为宜。

⑤ 锅煮：在干净的铁锅里放入适量的水，用火加热使水温达到 70～80℃，将划成小块的魔芋豆腐坯一块一块地铲进锅里，使其成一定规律的排列，锅中的水要高出魔芋豆腐坯 5cm，以防煳锅。煮时开始用小火，待半熟有硬皮状物时用大火，并用锅铲铲动，直至煮熟变硬为止。一般每锅需煮 2～3h。

【质量标准】

① 感官指标：味道清爽可口。

② 理化指标：水分≤85％；蛋白质≥5.9％；重金属含量砷＜0.5mg/kg，铅＜1.0mg/kg；添加剂按添加剂标准执行。

③ 卫生指标：细菌总数出厂不超过 5 万个/g，销售时不超过 10 万个/g；大肠菌群近似值出厂不超过 70 个/100g，销售不超过 150 个/100g；致病菌不得检出。

二、玉米豆腐

【原料与配方】

玉米 100kg，杂木灰 25kg，槐花米 100g。

【工艺流程】

备料→破碎→煮汁→浸泡→预煮→磨浆→过滤→熬煮→冷却成型→成品

【操作要点】

① 备料：选干净、新鲜、无杂质、干燥、金黄色的玉米粒。取晒干的杂木燃烧后生成的灰，不能用其他草类或叶类烧成的灰，否则做不成豆腐。同时，灰要干净，不能掺有石子或没有燃尽的炭头等杂物。槐花米是将槐树所开花蕾摘下后晒干而成。

② 破碎：将玉米破碎成细粒状，每颗玉米破碎成 4～8 粒（不能粉碎成粉），筛去粉末和玉米表皮。

③ 煮汁：将杂木灰放入特制的筐中，向筐中缓缓冲入热水，直至滤出的水清澈时停止冲水，然后将滤得的灰汁水倒入锅内熬煮 2h

左右，待灰汁色深浓醇时即可出锅。

④ 浸泡：将槐花米磨成粉末，放入适量的灰汁水中；将破碎的玉米倒入水缸中，再倒入处理好的灰汁水，浸泡 4h 左右。

⑤ 预煮：将浸泡好的玉米碎粒连同灰汁水放入干净无油污的铁锅中预煮。预煮时要注意以下几点：第一，加灰汁水的量以用木棒或饭勺能搅动玉米碎粒为宜。第二，煮的时间不宜过久，一般以煮至玉米碎粒稍微膨胀，全部熟透为度。煮得过熟，玉米豆腐是稀的；煮得过生，则不成豆腐。第三，勤搅勤拌，切勿煳锅。

⑥ 磨浆：将煮好的熟玉米碎粒带灰汁水用磨浆机或石磨磨成玉米浆（同制黄豆豆腐一样），不能太干，一般以能从打浆机或石磨中流下为宜。

⑦ 过滤：将玉米浆液用滤布粗滤 1 次，目的是再一次去掉玉米的表皮或其他杂物。滤布的孔不能太细（一般不超过 50 目），以免减少豆腐的产量。

⑧ 熬煮：将滤下的玉米浆倒入干净无油污的铁锅中，用文火慢慢地熬。熬成糊状，即用饭勺舀满后向下倾倒，以糊能成片状流下即可，不能过稀，也不能过干。

⑨ 冷却成型：将熬熟后的玉米糊趁热倒入已垫有一层白布的木箱中，料浆厚度 3.3cm 左右，并将表面整平，让其自然冷却，凝固成型，即为玉米豆腐。按此工艺每千克玉米可生产玉米豆腐 4kg 以上。

【质量标准】

① 感官指标：保留玉米的香气，口感细腻。

② 理化指标：水分≤85%；蛋白质≥5.9%；重金属含量砷＜0.5mg/kg，铅＜1.0mg/kg；添加剂按添加剂标准执行。

③ 卫生指标：细菌总数＜5 万个/g，大肠菌群≤70 个/100g，致病菌不得检出。

三、侗家特色米豆腐

【原料与配方】

大米 100kg，新鲜草木灰 60kg。

【工艺流程】

原料→浸米→磨粉或打浆→煮浆→蒸熟→存放→成品

【操作要点】

① 浸米：将草木灰或食用碱溶于 100L 50℃的温水中，澄清后取上层清液浸泡大米 24h。要求米粒吸水充分、颜色金黄，否则继续加碱浸泡。

② 磨粉或打浆：把浸泡好的大米以清水淘洗，用石磨或机械磨磨成浆。浆汁以黏稠又能流动为宜。

③ 煮浆：浆汁用文火烧煮，边煮边搅拌。以加水量来调至米豆腐比普通米豆腐稍硬为好。煮至半熟时倒入盆内，趁热和成馒头状的团块。

④ 蒸熟：把团块迅速放入甑或蒸笼内以大火蒸至熟透。

⑤ 存放：米豆腐冷却后，盛于缸或盆内加清水浸泡，置于阴凉处。

【质量标准】

① 感官指标：风味独特，清凉适口。

② 理化指标：水分≤85%；蛋白质≥5.9%；重金属含量砷＜0.5mg/kg，铅＜1.0mg/kg；添加剂按添加剂标准执行。

③ 卫生指标：细菌总数＜5 万个/g，大肠菌群≤70 个/100g，致病菌不得检出。

四、大米豆腐

【原料与配方】

碎大米 100kg，石灰粉 5kg。

【工艺流程】

原料→浸泡→磨浆→煮浆→定型→成品

【操作要点】

① 浸泡：先用清水将碎大米淘洗 2～3 次，除去杂质，再加入适量清水浸泡，同时按每千克碎大米加新石灰粉 50g 的比例制成石灰乳，碎大米加入浸泡水中。石灰乳的制法：取石灰粉用清水调成石灰

浆并过滤，滤液即为石灰乳液。碎大米加入浸泡缸时，应随加随搅拌，以达均匀混合，然后静置 4～5h。

② 磨浆：待大米浸泡成黄色时，过滤出大米，用清水洗净，再加 2 倍量的清水，带水用石磨磨成米浆。

③ 煮浆：向干净无油污的铁锅中，按每千克碎大米加 2L 清水的比例加入定量的清水，加进全部米浆，搅拌后用大火烧煮，至半熟时改用小火烧煮，直到煮熟为止。

④ 定型：浆煮熟后，趁热倒入已垫一层白布的模具中，控制料浆厚度在 3.3cm 左右，自然冷却至凝固定型，此时，大米豆腐即成。出售时，按食用者的需求划分小块。此法每千克大米可制取 7kg 左右的豆腐，利润较高。

【质量标准】

① 感官指标：软硬适口，营养丰富。

② 理化指标：水分≤85%；蛋白质≥5.9%；重金属含量砷＜0.5mg/kg，铅＜1.0mg/kg；添加剂按添加剂标准执行。

③ 卫生指标：细菌总数出厂不超过 5 万个/g，销售时不超过 10 万个/g；大肠菌群近似值出厂不超过 70 个/100g，销售不超过 150 个/100g；致病菌不得检出。

五、花生豆腐

【原料与配方】

花生仁 100kg，甘薯粉 100kg，花椒粉、大蒜粉、生姜粉、大料粉、茴香粉、香草粉、肉桂粉、石膏粉各适量。

【工艺流程】

原料→粉碎→配料→调浆→煮浆→成型→成品

【操作要点】

① 原料的制备：选大颗粒、新鲜的、无霉变的花生仁，用温水浸泡 1h，除去表皮，然后将其进行干燥。

② 粉碎：将干燥后的原料利用粉碎机粉碎，或用钢磨、石磨磨细，越细越好，一般都是粉碎两次，也要两次磨浆，细度才能合乎要

求，粉碎好装入木桶或铝桶中待配料。

③ 配料：按1：1的比例加入甘薯淀粉并混合均匀，这样就制成了花生豆腐粉。为了使花生豆腐具有风味特色，可把花椒粉、大蒜粉、生姜粉、大料粉、茴香粉、香草粉、肉桂粉等加入，然后反复搅拌，使之混合均匀备用。

④ 调浆：将配好的花生豆腐粉装入容器中，按1：3的比例加入干净的清水，边加边搅拌，直到使花生豆腐粉完全溶解于水中为止。

⑤ 煮浆：将加好清水搅拌好的花生豆腐浆倒入大锅内，用大火烧开，边升温边搅拌。在直接加热锅内煮，特别防止豆腐浆煳锅，最好是用夹层锅蒸汽加热。当花生豆腐浆煮沸后再煮5min左右，然后压火逐渐降温。当温度在80～90℃时，将石膏粉用温水化开慢慢地加入到豆腐浆表面，使其均匀分布。

⑥ 成型：将点好石膏的豆浆用瓢按成型容器的要求多少分出。成型器内要垫好薄布作包豆腐之用，当浆倒入成型器后，用布包好，可用适当重的石块压在豆腐上，使水分排出即可使豆腐成型。

【质量标准】

① 感官指标：清香可口，柔软细嫩，口感细腻。

② 理化指标：水分≤85%；蛋白质≥5.9%；重金属含量砷＜0.5mg/kg，铅＜1.0mg/kg；添加剂按添加剂标准执行。

③ 卫生指标：细菌总数出厂不超过5万个/g，销售时不超过10万个/g；大肠菌群近似值出厂不超过70个/100g，销售不超过150个/100g；致病菌不得检出。

六、芝麻豆腐

【原料与配方】

芝麻100kg，淀粉50kg。

【工艺流程】

原料处理→加热成型→包装→冷却→成品

【操作要点】

① 原料处理：首先将芝麻用清水洗净，再加上述原料水的一部

分由磨浆机磨成浆，然后掺入剩余的水，并用细纱布过滤，除去渣，得到滤液即是芝麻汁。

② 加热成型：取上述得到的芝麻汁的 60%，添加淀粉，充分混合均匀，然后加热。要求边加热边搅拌，直至呈半透明的糊状物，停止加热。

③ 包装、冷却：随后边搅拌边加入剩余的 40%芝麻汁，充分搅拌后，分别装入用耐热合成树脂制成的包装袋中，排出袋内空气后密封，放入蒸锅中，在 100～105℃ 的条件下蒸煮 30min，然后取出，冷却即为芝麻豆腐。

【质量标准】

① 感官指标：质地细腻，具有芝麻独特的芳香和风味。

② 理化指标：水分≤85%；蛋白质≥5.9%；重金属含量砷＜0.5mg/kg，铅＜1.0mg/kg；添加剂按添加剂标准执行。

③ 卫生指标：细菌总数出厂不超过 5 万个/g，销售时不超过 10 万个/g；大肠菌群近似值出厂不超过 70 个/100g，销售不超过 150 个/100g；致病菌不得检出。

七、花生饼豆腐

【原料与配方】

花生饼 100kg，淀粉 720g，琼脂 300g。

【工艺流程】

原料→浸泡→粉碎→过滤→加热→冷却→成型→压型→成品

【操作要点】

① 原料：要求花生饼新鲜、无杂物。

② 浸泡：按原料与水 1∶6 的比例加水浸泡。浸泡水的 pH 值以 7 为佳。夏季因气温高而使微生物易繁殖，浸泡水易呈酸性，花生蛋白的 pH 值为 4.5 左右，这样容易造成蛋白质溶解度降低，所以，在浸泡过程中应换水，浸泡完毕再用清水洗去酸性。也可在浸泡水中用亚硫酸氢钠将 pH 值调至 8 来解决。但 pH 值不能太高，否则会提高以后工序胶凝的难度。

③ 粉碎：要注意控制转速和时间。通常采用的转速为 4000r/min，粉碎时间为 30min 左右，加水量为原料质量的 5.5 倍。这样既可保证蛋白质的溶出，又使产品有较好的品质。

④ 过滤：用纱布进行过滤，只能去除浆中的渣，无法提净渣中残留的蛋白质，因此可将渣和清水混合，浸泡一段时间再过滤，以提高蛋白质回收率。

⑤ 加热：浆水添加胶凝剂，在 94～96℃ 的温度下加热 30min，移入成型容器中，密封后在 80～90℃ 热水中浸泡 1h，进行第二次加热灭菌（在冷藏室内可贮存 15d，30℃ 存 3d，风味、色泽及口感较好）。胶凝剂组成为每千克原料淀粉 7.2g、琼脂 3g。

⑥ 冷却：加热后迅速用水冷却到 15～20℃。

⑦ 成型：静置一段时间，使蛋白质在胶凝剂作用下凝成"豆腐脑"，蛋白质由分散状逐渐形成网络状结构。

⑧ 压型：在成型容器中铺上纱布，移入花生豆腐脑，然后不断加压，析出水，但不应过量脱水。压型时间以 40min 左右为宜，此时成品外观、质量均较好。压挤时间过长或过短都会影响产品质量。

【质量标准】

① 感官指标：白色或淡黄色，块形完整，软硬适宜，质地细嫩，有弹性，无杂质，具有花生特有的香味。

② 理化指标：含水量≤90%，蛋白质含量≥12%；砷（以 As 计）≤0.5mg/kg，铅（以 Pb 计）≤0.1mg/kg；食品添加剂符合国家标准规定。

③ 卫生指标：细菌总数＜5 万个/g，大肠菌群≤70 个/100g，致病菌不得检出。

第四章　豆腐制品加工实例

第一节　腌、酱、卤豆腐类

一、腌豆腐

【原料与配方】

豆腐 100kg，腌香椿 25kg，白糖、酱油、芝麻酱、香油、食盐、味精各适量。

【工艺流程】

豆腐→切粒→切香椿→调芝麻酱→拌匀→成品

【操作要点】

① 切粒：将豆腐切成方丁，放开水锅内，撒上少许食盐烧开，腌 10min，捞出，滗去水分，放入盘内。

② 切香椿：腌香椿切成细末，撒在豆腐上。

③ 调芝麻酱：芝麻酱用凉开水慢慢调稀，加入香油、味精、白糖、酱油调匀，浇在豆腐上面，吃时拌匀即成。

【产品特点】

豆腐鲜美，清凉爽口。

二、酱豆腐

【原料与配方】

豆腐 100kg，芝麻 1kg，葱、酱油各 10kg，蒜、白糖、味精各 2.5kg，芝麻油、酱牛肉汤各 5kg，辣椒丝适量。

【工艺流程】

豆腐→控干→煎豆腐块→加肉汤→烧煮→成品

【操作要点】

① 控干：把豆腐控干水后，切成长 3～4cm、宽 2cm、厚 1cm 的块。

② 煎豆腐块：葱切成丝，蒜剁碎。在平底锅上抹上油，把豆腐块煎成黄色。

③ 加肉汤：在小锅里倒进肉汤、酱油和白糖，边烧边放进煎好的豆腐块。

④ 烧煮：烧到汤快没有的时候，放进葱、蒜、味精，在微火上熬到没有汤为止。取出装到盆里。吃时撒上芝麻和辣椒丝。

【产品特点】

色泽棕黄，咸香入味。

三、酱汁豆腐（日本）

【原料与配方】

嫩豆腐 1 块，红酱 160g，白酱 40g，鲣鱼末适量。

【工艺流程】

豆腐→去水→搅拌→腌制→切片→成品

【操作要点】

① 去水：豆腐用纱布包好，轻轻压上重物，去其水分。

② 搅拌：红酱、白酱、鲣鱼末搅拌均匀。

③ 腌制：搪瓷盘中放一层混拌酱，一层纱布，一层豆腐，一层纱布，一层混拌酱。放置 1 周腌入味。

④ 切片：取出腌渍豆腐，切成薄片装盘即成。

【产品特点】

咸香适口，酱香浓郁。

四、酱汁豆腐

【原料与配方】

豆腐 100kg，甜面酱 25kg，白糖 375g，鲜汤 37.5kg，虾子、味精各 125g，芝麻油 3.75kg，花生油 125kg（约耗 25kg）。

【工艺流程】

豆腐→烫煮→去水→制酱料→炒制→加配料→成品

【操作要点】

① 烫煮、去水：豆腐切成粗条，入沸水锅中稍烫，捞出，沥尽水分。

② 制酱料：甜面酱用水澥开，滤去渣质。

③ 炒制：炒锅置火上，倒入花生油，烧至沸热时，下豆腐条。炸至表面起壳呈金黄色时，捞出沥油。炒锅留油 10kg，放入滤渣后的甜面酱，加白糖炒透（去豆腥味），装入碗内。

④ 加配料：炒锅上火，舀入鲜汤，下豆腐条、虾子烧沸；待豆腐入味后倒入甜面酱汁，放入味精不停地炒拌，使卤汁紧裹在豆腐上。淋上芝麻油，装盘即成。

【产品特点】

色泽酱红，酱味鲜浓，豆腐入味。

五、卤豆腐

【原料与配方】

豆腐 100kg，猪排骨 50kg，酱油、白糖、精盐、料酒、香油、清汤各适量。

【工艺流程】

煮豆腐→焯猪排骨→调味→切片→成品

【操作要点】

① 煮豆腐：将豆腐完整地放在冷水锅里，盖好锅盖，用旺火煮

至豆腐出现蜂窝状时取出。

② 焯猪排骨：猪排骨用开水焯一下。

③ 调味：将豆腐放入锅内，上面压上猪排骨，加入清汤、酱油、料酒、白糖、精盐，先用旺火烧开，再改用小火烧 20min，然后晾凉。

④ 切片：食用时将豆腐取出，切成片装盘，淋上香油即可。

【产品特点】

滋味鲜美，松软可口。

六、闽卤豆腐

【原料与配方】

嫩豆腐 750kg，猪骨、鸡骨各 250kg，花生油 75kg，精盐、麻油各 10kg，味精 2.5kg，酱油 40kg，黄酒 25kg，白糖 12kg，鲜汤、葱、生姜各适量。

【工艺流程】

蒸豆腐→煮汤→调味→成品

【操作要点】

① 蒸豆腐：将 750kg 嫩豆腐切成两整块，把纱布摊在蒸笼里，豆腐放在纱布上，豆腐上撒上精盐。用旺火蒸，豆腐中间起空洞时取出。

② 煮汤：锅放于炉上，放入鲜汤、猪骨、鸡骨，撇去浮沫，骨摊平，放入豆腐。

③ 调味：烧滚后放入葱、姜、黄酒、精盐、味精、白糖、酱油，盖上锅盖，转文火烧 40min 左右。

④ 成品：收汁淋入麻油取出，冷却后切片装盘即成。

【产品特点】

色泽金黄，味浓鲜美，喷香扑鼻。

七、细卤豆腐

【原料与配方】

豆腐 250kg，大虾仁 50kg，火腿、熟鸡脯肉、熟冬笋、水发冬菇、青豆各适量，葱姜末、精盐、料酒、味精、水淀粉、高汤各适量，猪油 300kg。

【工艺流程】

豆腐→煮透→调料准备→炒制→焖煮→翻炒→成品

【操作要点】

① 煮透：将豆腐放入清水锅内煮透，捞出控干水分，切成 1cm 见方的丁。

② 调料准备：将火腿、鸡脯肉、冬菇、冬笋均切成同青豆一般大小的丁。虾仁洗净放入碗内，加少许精盐、料酒、淀粉抓匀浆好待用。

③ 炒制：炒锅置火上烧热，倒入猪油，烧至四成热时，投入虾仁，用手勺轻轻搅散，随即倒入火腿丁、鸡脯丁、冬笋丁、冬菇丁、青豆，用手勺翻几个身。见虾仁已变色时倒入漏勺内控干油。

④ 焖煮：锅内留底油，置火上烧热，投入葱姜末炝锅，放入高汤、豆腐丁、料酒、精盐，用大火烧开，改小火焖透。

⑤ 翻炒：倒入虾仁等配料，翻炒均匀，用水淀粉勾芡，淋入熟猪油，撒上味精。用手勺推匀，出锅装入盘中即可。

【产品特点】

色泽洁白，清淡软嫩。

八、菜卤豆腐（浙江杭州）

【原料与配方】

老豆腐 2000 块，雪菜卤 100kg，精盐 1.5kg，味精 500g。

【工艺流程】

老豆腐→切块→水煮→沥水→卤煮→成品

【操作要点】

① 切块、水煮：将老豆腐切成约 3cm 见方的块。在沙锅内垫上小竹箅，放入水煮开，加盐，再放入老豆腐，将锅移至小火上。

② 沥水：待老豆腐煮至出现蜂窝时，捞出沥干水。

③ 卤煮：将雪菜卤用纱布滤净，煮开，撇去浮沫，加入煮过的老豆腐，再煮约半小时，加味精即成。

【产品特点】

豆腐如海绵，吸入雪菜卤汁，味道鲜香。

九、卤虎皮豆腐

【原料与配方】

豆腐、花生油各 100kg，葱段、姜片、花椒、大料、酱油、精盐各适量。

【工艺流程】

豆腐→切片→炸豆腐片→调味→成品

【操作要点】

① 切片：将豆腐切成长 3cm、厚 0.5cm 的片待用。

② 炸豆腐片：炒锅置旺火上，倒入花生油烧至八成热时，放入豆腐块，炸至呈金黄色捞出，控净油。

③ 调味：将锅内放入清水，把豆腐块、葱段、姜片、花椒、大料、酱油、精盐一起入锅，用旺火煮 10min，离火浸泡至凉。捞出豆腐块，改刀即可食用。

【产品特点】

色泽光亮，味道鲜美。

十、卤煮豆腐

【原料与配方】

豆腐、高汤各 500g，冬菇、笋片、火腿、香油各 10g，酱油 40g，味精 2g，花椒十几粒，植物油 500g（约耗 75g），料酒、虾子、葱花各少许。

【工艺流程】

豆腐→切块→油炸→调味→淋花椒油→成品

【操作要点】

① 切块：将豆腐切成 4cm 见方、厚 1cm 的方块，再对角割开。笋片、火腿切成长 3.3cm、宽 1.3cm、厚 1.7cm 的片。冬菇一切两半。

② 油炸：锅内加入油，用旺火把豆腐逐块炸成金黄色后捞出。

③ 调味：再在锅内加油，用葱花炝锅，放入虾子一炸，将酱油、高汤、料酒放入，调匀。再将豆腐及配料加入，烧开，撇去浮沫，盛入碗内。

④ 淋花椒油：锅内放入香油，将花椒放入炸一下，捞出花椒。将花椒油淋在豆腐上即成。

【产品特点】

色泽浅黄，质地软嫩，鲜香适口。

十一、卤炸豆腐

【原料与配方】

新鲜豆腐 100kg，韭菜花、辣椒油各 1kg，芝麻酱、葱、姜各 2kg，料包 1 个（内装花椒、大料、砂仁各 400g），卤虾油 200ml，香菜 400g。

【工艺流程】

豆腐→切块→调味料处理→调味→淋油、撒香料→成品

【操作要点】

① 切块：将豆腐切成三角片（厚约 1cm），入热油炸呈金黄色捞出。

② 调味料处理：把芝麻酱搅碎成卤汁状。香菜洗净，顶刀切末。

③ 调味：锅上火，加清水烧开，下入料包煮出香味，再下入炸好的豆腐片，加葱段、姜片提味。煮至豆腐软嫩、汤见白为好。

④ 淋油、撒香料：捞豆腐入碗，浇上汤，淋上芝麻酱、辣椒油和少许卤虾油，放香菜末、韭菜花即可食用。

【产品特点】

豆腐不老不嫩，鲜香适口。

十二、卤油豆腐

【原料与配方】

豆腐 100kg，油适量，老汤 230kg。

【工艺流程】

豆腐→切块→油炸→煮焖→成品

【操作要点】

① 切块：将豆腐用片刀片成 0.5cm 薄片，然后切割成对角线长为 6cm 的菱形豆腐片。

② 油炸：将豆腐片放入 180℃ 的油中炸制。炸制时保持油温 170℃。炸至呈金黄色、外表发硬时捞出，控干油。

③ 煮焖：将控净油的豆腐片放入老汤中煮。待老汤沸腾之后焖 30min，然后捞出。控净汤汁即为成品。

【产品特点】

外形大小及厚薄一致，棕黄色，品质松软，口味鲜美。

十三、五香豆腐

【原料与配方】

豆腐、花生油各 500g，葱段、姜块、葱末、大料、桂皮、五香粉、酱油、白糖、料酒、味精、香油、鲜汤各适量。

【工艺流程】

豆腐→切块→腌渍→制卤汁→油炸→浇卤汁→成品

【操作要点】

① 腌渍：将豆腐切成长方块，放入容器中，加入葱段、姜块（拍破）、料酒、酱油拌匀腌渍 20min。

② 制卤汁：炒锅置火上，倒入鲜汤，放入酱油、料酒、白糖、大料、桂皮、葱段、姜块，上火熬至稠浓时，用漏勺将卤中杂质捞出，放入味精拌匀待用。

③ 油炸：另将锅置火上，倒入花生油烧至八成热时，将腌渍好的豆腐块放入油锅中。炸至外层结成硬皮，用漏勺捞出。油温热沸后，再将豆腐块放入油锅中复炸 1min 左右捞出。趁热将豆腐块倒入卤中，翻动几下捞出，撒上五香粉，将卤汁倒入容器内留用。

④ 浇卤汁：锅内留少许卤汁，加入葱末、香油熬透，浇在豆腐块上即成。

【产品特点】

咸中带甜，鲜香可口。

十四、棋子豆腐

【原料与配方】

豆腐 500g，肥肉、水发香菇各 100g，瘦肉 75g，火腿 50g，水发海米少许，鸡蛋清 2 个，精盐、味精、淀粉、熟猪油、高汤各适量。

【工艺流程】

原料处理→搅碎、制卷→煮汤→调味→成品

【操作要点】

① 原料处理：将肥肉剁烂成泥，瘦肉切成薄片，火腿一半切末，一半切成小薄片，海米、香菇择洗干净。

② 搅碎、制卷：将豆腐去掉表面硬皮，搅碎过罗成蓉。控去水分，放入盆内，加入肥肉泥、鸡蛋清、火腿末、精盐、味精搅拌上劲，放在洁净的白布上，卷紧成卷，用绳子捆扎好，上屉蒸熟。放入冷水内浸凉，去掉白布，顶刀切成圆厚片，呈棋子状。

③ 煮汤：炒锅置旺火上，倒入高汤，放入海米、瘦肉片烧煮 20min 后，捞出海米、肉片不要。在原汤中放入豆腐、香菇，加入精盐烧开，移小火上焖 10min。

④ 调味：将豆腐取出，码在盘子中间，四周围用香菇、火腿片点缀。锅内原汤烧开，撇去浮沫，放入味精，用水淀粉勾薄芡，淋上熟猪油，浇在豆腐上即成。

【产品特点】

鲜香味浓，原汁原味。

第二节　熏、糟豆腐类

一、熏豆腐

【原料与配方】

豆腐 100kg，香油 10kg，酱油 20kg，味精 500g，盐、大料各 600g，料酒 2kg，花椒、桂皮、姜块各 400g，葱段 1kg，糖 3kg，熏

料适量。

【工艺流程】

煮豆腐→切块→煮酱汤→熏豆腐→成品

【操作要点】

① 煮豆腐、切块：将豆腐洗干净，投入沸水锅中煮透，捞出，控干水分。每块豆腐切成 4 块。

② 煮酱汤：锅架火上，放入酱油、料酒、糖、盐、味精、葱段、姜块、花椒、大料、桂皮等。再加适量清水，旺火烧开 10～20min，即成酱汤。然后下豆腐块，煮至上色，入味后捞出，趁热抹上香油。

③ 熏豆腐：熏锅放置火上，锅里放入熏料，常用的是锯末、茶叶、糖、锅巴等和一个铁箅子。再将豆腐放在箅子上，盖严锅盖，用旺火烧。待熏料冒起浓烟后约 5min，再端离火眼。离火熏 8～10min 后取出，改刀切小块，即可装盘食用。

【产品特点】

软嫩鲜醇，富有烟香味。

二、烟熏豆腐

【原料与配方】

老豆腐 100kg，火腿、鸡脯肉、精盐各 8kg，冬笋 12kg，五香粉 0.4kg，花椒 800g，料酒 2kg，白糖 200g。

【工艺流程】

原料处理→浸渍→熏烤→蒸煮→切片→成品

【操作要点】

① 原料处理：老豆腐切成 5cm 的方块，熟火腿、冬笋、熟鸡脯肉分别切成长 5cm 的丝。把火腿、冬笋、鸡丝穿插在豆腐块内。精盐、五香粉、花椒、白糖、料酒加少量冷开水调成滋汁。

② 浸渍：豆腐块放入盆内，倒入调好的滋汁，滋汁的量以刚淹没豆腐块为宜。浸渍 4h，翻盆一次，然后再浸渍 3h，取出晾干。

③ 熏烤：把浸渍后的豆腐块放进熏灶，用松柏枝、糠壳、花生壳、大米熏烤 6h 至干取出。

④ 蒸煮、切片：豆腐块洗净，入笼用旺火蒸 15min，取出切成厚 0.7cm 的片，装盘上席（切豆腐片时一定要横着切，使每片豆腐内都有火腿、鸡脯肉、冬笋）。

【**产品特点**】

细嫩鲜美，熏香浓郁。

三、血豆腐（四川）

【**原料与配方**】

老豆腐 100kg，猪（鸭）血 20kg，五花猪肉 25kg，花椒面 630g，精盐 5kg，海椒面、味精各 250g。

【**工艺流程**】

豆腐→搅碎→制豆腐球→烟熏→清洗→蒸煮→成品

【**操作要点**】

① 搅碎：豆腐放在盆内搅碎成渣状。五花猪肉洗干净，切成 1cm 左右的颗粒。

② 制豆腐球：将新鲜猪（鸭）血加在碎豆腐内，然后加入猪肉粒、精盐、花椒面、海椒面、味精搅转后捏成拳头大小的圆形或蛋形的豆腐球。

③ 烟熏：豆腐球晾至半干后，入烤灶内用松枝、柏枝、花生壳烟熏 3h。视豆腐球表面呈深红色就可以了。

④ 清洗、蒸煮：用清水洗干净血豆腐球，入锅用大火蒸 1.5h。取出切成薄片，装盘上席。

【**产品特点**】

色、香、味俱全，清香可口，风味独特。

四、糟豆腐

【**原料与配方**】

豆腐、香糟各 100kg，精盐 750g，味精 250g，芝麻油 5kg，酱油 2kg。

【工艺流程】

豆腐→煮烫→切丁→盐腌→盖香糟→调味→成品

【操作要点】

① 煮烫、切丁：将豆腐放入沸水锅中烫一下，捞出，沥去水，切成 1.2cm 见方的丁，平铺在盘内。

② 盐腌：将精盐均匀地撒在豆腐上，腌 20min，将豆腐中渗出的水除去。

③ 盖香糟：将香糟装在干净的白纱布袋中（口袋稍大些，以便香糟在袋内能摊开），将香糟袋平铺在豆腐上（将豆腐面都盖住），盖严盘盖。20h 后拿掉盘盖，去掉香糟。

④ 调味：将酱油、味精、芝麻油等加入豆腐内，拌匀即可食用。

【产品特点】

豆腐清香味美，清淡适口。

五、红糟豆腐

【原料与配方】

豆腐 100kg，冬笋（或茭白）、熟猪油各 20kg，红糟汁 12kg，姜末 800g，糖 2kg，料酒 4kg，盐 600g，酱油 10kg，湿淀粉 6kg，鲜汤适量。

【工艺流程】

豆腐→焯煮→切丁→煸炒→调味→勾芡→成品

【操作要点】

① 焯煮：将豆腐洗净，投入沸水中焯至断生，捞出投凉。

② 切丁：豆腐切成 1.5cm 见方的片，片的表面剞上深而不透的花刀，改刀切成指头大小的丁，放入碗内，加入红糟汁和少许湿淀粉拌匀。冬笋剥皮洗净，切成小丁。

③ 煸炒：锅架火上，放油烧至六七成热，下入豆腐丁（带糟汁）、冬笋丁煸炒片刻。

④ 调味：随即放入酱油、料酒、糖、盐、姜末和鲜汤烧开，改用小火烧 10min 左右。见豆腐丁上色入味，再用大火收汁。

⑤ 勾芡：待汤汁一浓，用湿淀粉勾芡，淋入少许明油，即可出

锅食用。

【产品特点】

色泽红艳，软嫩柔滑，糟香味浓。

六、糟煨豆腐

【原料与配方】

豆腐 100kg，胡萝卜 10kg，香糟汁 4kg，葱姜末、酱油、白糖、精盐、味精、淀粉、高汤、香油、猪油各适量。

【工艺流程】

豆腐→焯煮→调味→勾芡→成品

【操作要点】

① 焯煮：将豆腐用开水焯透，捞出沥净水分，打上蓑衣花刀备用。胡萝卜洗净切成象眼片。

② 调味：炒锅置火上，倒入猪油烧至六成热时，放入葱姜末炸出香味，烹入香糟汁，随即添入高汤，放入酱油、白糖、精盐和豆腐烧开。改用慢火，将汤燎稠，豆腐上色，将豆腐铲入平盘内。然后将锅置旺火上，放入胡萝卜片。

③ 勾芡：用水淀粉勾薄芡，淋上香油，撒入味精，浇在豆腐块上即可。

【产品特点】

色泽红亮，糟味清香。

七、糟鸭泥豆腐（江苏）

【原料与配方】

嫩豆腐 1000 块，光鸭 1500kg，猪油 150kg，香糟、黄酒各 250kg，鸡汤 200kg，精盐适量。

【工艺流程】

原料处理→蒸鸭→炒制→成品

【操作要点】

① 原料处理：豆腐在碗内捣碎。整鸭洗净，放少许盐，放在盘内。

② 蒸鸭：把糟和酒拌在一起，装在纱布袋内，缝好袋口，放在装鸭盘内，上屉蒸。鸭子蒸烂后，把鸭子取出，去鸭皮和骨，把鸭肉弄碎。

③ 炒制：起猪油锅，将碎鸭肉、碎豆腐下锅，加鸡汤和蒸鸭子的汤卤 20g、盐少许，炒成稀糊即成。

【产品特点】

豆腐软嫩，鸭肉酥烂，浓香异常，独具一格。

八、糟烩鲜蘑豆腐

【原料与配方】

嫩豆腐 100kg，鲜蘑菇 20kg，盐、味精各 1kg，黄酒糟 7kg，糖、水菱粉各 5kg，清汤 200kg，鸡油 500g。

【工艺流程】

原料处理→水汆→调味→成品

【操作要点】

① 原料处理：豆腐切成长 3.3cm、厚 0.7cm 的三角片。鲜蘑切成圆片。

② 水汆：将豆腐片、鲜蘑片分别放入开水中略汆一下，除去生豆味。

③ 调味：烧热锅，放入清汤、盐、味精、糖、汆好的豆腐片和蘑菇片。烧滚后，撇去浮沫，移在文火上煨入味后，即下水菱粉、酒糟勾成薄芡，浇上鸡油即成。

【产品特点】

质地软嫩，糟香浓醇。

第三节　煎豆腐类

一、煎豆腐

【原料与配方】

豆腐 100kg，大蒜 10kg，花生油 50kg，芝麻酱、酱油、精盐、味精、辣椒油、香油各适量。

【工艺流程】

豆腐→切片→调味料准备→炸豆腐→调味→成品

【操作要点】

① 切片：将豆腐冲洗一下，切成长 3cm、宽 2cm、厚 1cm 的片。

② 调味料准备：大蒜去皮拍碎。取一碗，放入芝麻酱，用香油、辣椒油调开，放入精盐、酱油、味精、蒜末搅拌均匀。

③ 炸豆腐：炒锅置火上，放入花生油烧至七成热时，投入豆腐片，用中火炸成金黄色，捞出控净油，装入盘内。

④ 调味：将调好的调料浇在上面即可。

【产品特点】

制作方便，风味独特。

二、生煎豆腐

【原料与配方】

豆腐、白汤各 300kg，笋片、肉片各 25kg，冬菇片 5kg，红酱油 15kg，食盐、味精、白糖各 1.5kg，葱段少许，猪油 50kg。

【工艺流程】

豆腐→切块、水氽→煎豆腐→调味→成品

【操作要点】

① 切块、水氽：豆腐打成大块，放在台板上 3h，沥去水分，用刀切成厚 1cm、长 3.3cm、宽 2.7cm 的块，投入开水锅中氽一氽。用漏勺捞出，沥去水分，去掉黄碱气、淡水味。

② 煎豆腐：炒锅烧热，用油滑锅后在旺火上放入油 400g，烧至八成热，将豆腐逐块沿锅边推入油中排齐，颠动炒锅煎至豆腐硬皮、呈金黄色。再逐块翻身再煎成硬皮，起锅把油溎出。

③ 调味：加入酱油、盐、味精、白糖、葱段、猪油、白汤。豆腐旁放入冬菇、笋片、肉片。烧滚改至小火加盖焖烧至卤浓、味焖入豆腐。然后端回旺火滚浓卤汁，并一面握锅旋转，一面沿锅边淋入猪油 25g。旋至卤粘牢豆腐、起泡沫，出锅装盆。肉片、冬菇、笋片放

在上面。

【产品特点】

色泽黄亮，中间软嫩，吃口肥、热、香、鲜、浓。

三、干煎豆腐

【原料与配方】

豆腐 100kg，花生油 20kg，盐 1kg，味精 600g，葱末 4kg，姜末 800g，醋 2kg，鲜汤适量。

【工艺流程】

豆腐→焯烫→腌渍→煎豆腐片→成品

【操作要点】

① 焯烫：将豆腐洗净，投入沸水锅中焯烫一下，捞出投凉，片成厚 1～1.2cm 的片，装入盘内。

② 腌渍：同时加入盐、味精、葱末、姜末和适量鲜汤，腌渍半小时左右，使之入味。

③ 煎豆腐片：平锅架在火上，放油烧至五成热，将豆腐摊铺在锅内（不要重叠），用中小火煎。一面煎黄翻身再煎另一面。待豆腐两面都煎成黄色时，烹醋稍焖，即可出锅食用。

【产品特点】

色泽金黄，质嫩鲜咸。

四、闽煎豆腐

【原料与配方】

嫩豆腐 100kg，金针菜、蘑菇、青蒜段各 6.25kg，水发木耳 12.5kg，酱油、绍酒、麻油各 2.5kg，精盐、白糖各 625g，清汤 50kg，猪油 18.75kg，湿菱粉 3.75kg，味精适量。

【工艺流程】

豆腐→切片→配料准备→煎豆腐→煮配料→煮豆腐→勾芡→成品

【操作要点】

① 切片：豆腐切成长 3.3cm、宽 2cm 的长方形厚片。

② 配料准备：金针菜用温水泡软后，去梗洗净，切成长 1.7cm 的段；蘑菇去蒂切成片；木耳去净杂质，洗净。

③ 煎豆腐：烧热锅，放猪油，下豆腐片，用文火两面煎黄后，沥去油。

④ 煮配料：原锅加猪油 6.25kg，下金针菜段、蘑菇片、木耳略炒一下。

⑤ 煮豆腐：放入煎好的豆腐片，烹入绍酒，加酱油、精盐、白糖、味精和清汤，用文火滚烧 5min 左右。

⑥ 勾芡：用湿菱粉勾芡，放入青蒜段，淋入麻油即成。

【产品特点】

色泽金黄，鲜香味美。

五、芹黄煎豆腐

【原料与配方】

豆腐 100kg，芹黄、鲜汤各 50kg，猪肉丝 16kg，水发木耳 10kg，精盐 1.5kg，味精 1kg，猪油 33kg。

【工艺流程】

配料准备→切片→煎豆腐→调味→成品

【操作要点】

① 配料准备：芹黄择洗干净，用刀拍一下，切成长 3.5cm 的段；水发木耳择洗干净，切成丝。

② 切片：豆腐切成厚 0.5cm 的大片，再切成长 5cm 的粗丝。

③ 煎豆腐：炒锅置火上，放入猪油，烧热后投入豆腐丝，将豆腐丝煎成金黄色、有硬皮后捞出。

④ 调味：锅中放入肉丝、木耳丝、芹黄段煸炒。添入鲜汤，加入豆腐丝、精盐、味精焖烧片刻，至豆腐丝回软入味，起锅装盘即成。

【产品特点】

鲜香热爽，质地软嫩。

六、香椿煎豆腐

【原料与配方】

北豆腐 2 块，料酒、毛姜水各 15g，鲜香椿、鸡汤各 100g，酱油、麻油、味精各 10g，食用油适量。

【工艺流程】

豆腐→切片→煎豆腐→成品

【操作要点】

① 切片：将豆腐切成长 4cm、宽 3cm、厚 0.45cm 的片，撒上盐腌半小时；将香椿切成寸段。

② 煎豆腐：将食用油入锅烧至五成热，放入豆腐片，用小火煎至两面黄。加入料酒和酱油、鸡汤、味精、毛姜水。随后将香椿段放入，起中火收干汤。浇上麻油即成。

【产品特点】

豆腐软嫩，香椿味浓。

七、焖肉煎豆腐

【原料与配方】

豆腐 500g，焖肉 200g，葱、酱油、白糖、精盐、味精、水淀粉、猪油、高汤、香油各适量。

【工艺流程】

焖肉→切片→煎豆腐→调味→成品

【操作要点】

① 焖肉：猪肉 1kg，切成长条块，放入锅中加清水烧开撇去浮沫。在锅中焖 1h，取出用冷水洗净。另取一锅放入酱油 50g、精盐少许，在旺火上烧开，去掉浮沫，将肉放入，加料酒、葱段、姜片烧开。用微火焖 4h 即成。

② 切片：将豆腐切成长方形片，焖肉也切成同样的片。

③ 煎豆腐：炒锅置旺火上烧热，放入猪油，将豆腐一片片平放在锅中煎，将两面煎黄盛出。

④ 调味：锅中留少许底油烧热，放入葱花炝锅，放入豆腐、酱油、高汤、白糖和精盐。烧开后移小火上爆 5min，放入焖肉，并用旺火烧至汤半干时撒入味精，用水淀粉勾芡。淋上香油，拌匀出锅即可。

【产品特点】

焖肉肥烂，豆腐酥香。

八、两虾煎豆腐

【原料与配方】

嫩豆腐 100kg，虾子 630g，虾仁 18.8kg，葱末 1.25kg，精盐 380g，白糖、绍酒各 3.75kg，味精 130g，芝麻油 2.5kg，猪油、酱油、湿淀粉各 8.8kg，植物油 23.8kg，鲜汤 62.5kg。

【工艺流程】

嫩豆腐→切块→炸豆腐→焖豆腐→煮虾仁→勾芡→成品

【操作要点】

① 切块：将嫩豆腐切成长 4cm、宽 2cm、厚 0.5cm 的块，滑入漏勺内沥水。

② 炸豆腐：炒锅置旺火上，倒入植物油，烧至沸热时，分次投入豆腐块（亦可将豆腐块投入多量热油中炸），煎至豆腐嫩黄捞出。

③ 焖豆腐：原锅留油 12.5kg，放入葱末、虾子炒香，加绍酒、酱油、精盐、白糖、味精、鲜汤，待沸。平排入豆腐烧沸，加盖转小火焖 5～6min。

④ 煮虾仁：虾仁洗干净，加精盐、湿淀粉拌和，放入猪油锅中拨散滑熘至熟，取出待用。

⑤ 勾芡：豆腐移旺火上收稠汁，用湿淀粉均匀勾芡（不能拨动，只能转动锅子），淋入芝麻油，盛入盘中（可整齐排列）。将熟虾仁撒上即成。

【产品特点】

豆腐酱黄，虾仁洁白，黄白相映，鲜嫩入味。

九、三虾煎豆腐（浙江）

【原料与配方】

老豆腐 100kg，浆好的虾仁、熟瘦猪肉片、虾油、猪油各 10kg，熟竹笋片、绍酒各 5kg，干虾子 500g，葱段 1kg，味精 300g。

【工艺流程】

嫩豆腐→切块→煮虾仁→炸豆腐→调味→摆盘→成品

【操作要点】

① 切块：豆腐切成厚 1cm，长、宽各 5cm 的方块，沥去水分。

② 煮虾仁：猪油放锅中，中火烧至四成热，下虾仁，划开，至刚结壳时捞出。

③ 炸豆腐：前油锅移放旺火上，烧至八成热，下豆腐块，炸至金黄色捞出。

④ 调味：锅留底油仍置旺火上，下肉片、笋片煸一下，烹入绍酒，下炸豆腐块，加清水 5kg、虾油，将结壳的虾仁放于一边，盖锅煮沸。再敞锅煮 5min，放味精、葱段，淋上熟猪油 5kg 起锅。

⑤ 摆盘：将豆腐先盛于盘底。虾仁、肉片盖在豆腐上。最后将干虾子均匀地撒在上面即成。

【产品特点】

豆腐黄壳，虾仁玉白，虾子红润，鲜嫩柔滑。

十、煎琵琶豆腐（广东）

【原料与配方】

嫩豆腐 150kg，火腿丝、精盐各 10kg，鸡蛋 3000 个，鲜番茄 4000 个，熟鸡肉丝、熟干贝丝各 75kg，香菜叶 2.5kg，味精 7.5kg，淀粉 15kg，白糖、麻油各 1kg，猪油 100kg，胡椒粉适量。

【工艺流程】

原料搅拌→蒸琵琶豆腐→煎琵琶豆腐→摆盘→成品

【操作要点】

① 原料搅拌：豆腐用罗滤出细蓉盛于碗内。加鸡蛋清、淀粉拌

匀，再加味精、精盐、白糖、麻油、胡椒粉、干贝丝、鸡肉丝、火腿丝拌匀。

② 蒸琵琶豆腐：取羹匙 16 只，洗净抹干，涂上一薄层猪油，将拌好的豆腐分装在匙内刮平，上放两片香菜叶，上屉蒸熟取出，成琵琶豆腐。

③ 煎琵琶豆腐：烧热锅放入猪油，将琵琶豆腐一件件抹上干淀粉，下锅用文火煎呈金黄色。取出沥去油，摆在盘中。

④ 摆盘：鲜番茄洗净，每个切为四片，去子，一片片围摆在煎好的琵琶豆腐的四周，摆成荷花形即成。

【产品特点】

色泽金黄，甘香、软滑。

十一、汉堡豆腐

【原料与配方】

嫩豆腐 1 块，牛肉 100g，鸡蛋清 1 个，葱头半个，番茄酱、精盐、花生油各适量，黄菊花 1 朵。

【工艺流程】

切碎豆腐→制肉饼→煎肉饼→成品

【操作要点】

① 切碎豆腐：用较重物体轻压在豆腐上面，使之渗出水分，然后切碎。

② 制肉饼：葱头剥去外皮，切成小粒，用少量热油炒至变色，盛出。牛肉剔去筋膜，剁成肉蓉，放入碗内。放入豆腐、葱头末、精盐和鸡蛋清，用手搅拌均匀，并整成稍厚的六瓣放射状花形。

③ 煎肉饼：炒锅置火上，倒入花生油烧热，放入汉堡豆腐，用小火慢煎透两面，煎熟并呈焦黄色即成。把煎好的汉堡豆腐放入盘内，花瓣上淋上番茄酱，中间以一朵黄菊花装饰即可。

【产品特点】

色香味全，好看好吃。

十二、汉堡豆腐（台湾）

【原料与配方】

嫩豆腐半块，鸡蛋清、花生油各 15g，剁碎猪肉蓉 75g，盐少许，洋葱（小）半个，番茄酱适量，黄菊花 1 朵。

【工艺流程】

豆腐切碎→洋葱加工→成型→煎制→装饰→成品

【操作要点】

① 豆腐切碎：豆腐压去水分，切碎。

② 洋葱加工：洋葱切成小粒，用少量热油炒变色，取出。

③ 成型：肉蓉和碎豆腐、炒好的洋葱、鸡蛋清、盐放在一起搅拌均匀，做成稍厚的六瓣放射状的花形。

④ 煎制：烧热油，下花形豆腐用慢火煎熟，两面呈焦黄色。

⑤ 装饰：将煎好的花形豆腐放在盘上，每个瓣上放适量的番茄酱，中间饰以黄菊花即成。

【产品特点】

六瓣黄色花形，茄酱红润，菊饰中央，色、香、味、形俱佳。

第四节　烤豆腐类

一、烤豆腐

【原料与配方】

嫩豆腐 100kg，蒜末 500g，熟猪油、开洋末各 5kg，花椒粉、味精各 100g，精盐 200g，酱油 1kg。

【工艺流程】

豆腐→切块→涂抹→烤豆腐→成品

【操作要点】

① 切块：将大块豆腐从中间横切成 20cm 见方的厚片两块。

② 涂抹：将每片上下两面用酱油、精盐、味精均匀涂抹。

③ 烤豆腐：取烤盘 1 只，倒入熟猪油 1000g，放豆腐块 20kg 置盘中，在豆腐块上撒上开洋末、蒜末；再将另一块豆腐小心盖在上面；余下的熟猪油一起浇在豆腐上。将烤盘入烤箱内，先用旺火，后转中火烤 15～20min，取出，撒上花椒粉即可。

【产品特点】

软糯润滑，香味四溢，鲜嫩味醇。

二、烤豆腐（兰州）

【原料与配方】

嫩豆腐 100kg，鸡蛋 1800 个，干贝、虾米各 7.5kg，火腿丁 15kg，香菇丁 3kg，猪油 45kg，盐 1.5kg，酱油 4.5kg，味精 300g，姜末 150g，鸡汤适量。

【工艺流程】

豆腐蓉→蒸干贝→混合→烤豆腐料→成品

【操作要点】

① 豆腐蓉：豆腐压碎，搅成蓉。鸡蛋取清打散。

② 蒸干贝：干贝洗干净，泡散，上屉蒸透。

③ 混合：将打散的蛋清放入豆腐蓉中，加鸡汤、盐、酱油、味精、姜搅拌。再加虾米、火腿丁、香菇丁、干贝搅拌均匀。

④ 烤豆腐料：铁锅放入猪油，加进拌好的豆腐料，摊平，在火上烧 2min。将事先烧红的铁盖盖上，火力不宜太大。待烤至色黄而胀起时即成。

【产品特点】

色泽淡黄，质地嫩软，风味独特，冬季佳肴。

三、炒烤虾仁豆腐（日本）

【原料与配方】

豆腐 500kg，虾仁、鸡蛋各 125kg，香菇 15kg，冬笋、黑根、胡萝卜、植物油各 75kg，麻油、酱油各 25kg，砂糖 50kg，精盐适量。

【工艺流程】

原料处理→炒制→调味→成品

【操作要点】

① 原料处理：将虾仁洗净切丁，用热油炒熟；冬笋、香菇、黑根、胡萝卜洗净切丝；豆腐压碎控干；鸡蛋打散调匀；备用。

② 炒制：把锅烧热后倒入植物油，待油温六成热时，放入冬笋丝、香菇丝、黑根丝、胡萝卜丝炒透。

③ 调味：加盐、糖、酱油、麻油调好口味。放入虾仁丁、豆腐、鸡蛋炒匀，盛入烤盘内铺平，放进烤箱烤约 10min。取出装盘，趁热食用。

【产品特点】

鲜美可口。

四、烤大虾豆腐（日本）

【原料与配方】

豆腐 500kg，大虾肉 150kg，水发香菇丝、冬笋丝、胡萝卜丝各 75kg，鸡蛋 250kg，花生油 80kg，酱油、糖各 50kg，盐 4kg，香油 25kg。

【工艺流程】

原料处理→炒制→制豆腐坯料→烤制→成品

【操作要点】

① 原料处理：将豆腐洗净，放入盆内，捣成碎泥；大虾肉洗净，切成小碎丁；鸡蛋打入碗内，调搅成液。锅架火上，放大部分油烧至五六成热，下入虾丁煸炒片刻盛入盘内。

② 炒制：锅内再放油，烧至六七成热，放入香菇丝、冬笋丝、胡萝卜丝。炒透后加酱油、盐、糖、香油，翻炒均匀，离火晾凉。

③ 制豆腐坯料：放入豆腐碎泥、炒熟虾丁、鸡蛋液拌匀，即成虾烤豆腐坯料。

④ 烤制：将虾烤豆腐坯料置于烤盘内，摊平，入炉温为 170℃的炉内（或烤箱内）烤 10～15min 即可食用。

【产品特点】

软嫩、鲜美，香气浓郁。

五、烤起司豆腐（西式）

【原料与配方】

豆腐 100kg，牛肉末 24kg，番茄 32kg，水发蘑菇 5kg，葱头 16kg，面包渣适量，黄油、牛奶各 20kg，蒜、盐各 1.2kg，起司 4kg，番茄酱 6kg，白葡萄酒 3kg，胡椒粉 800g。

【工艺流程】

豆腐→切片→配料处理→煮酱→烤制→成品

【操作要点】

① 切片：将豆腐焯烫一下，用洁布包上再用重物稍压，沥去水，然后放开，切成厚 1cm 的片。

② 配料处理：葱头洗净切碎。蒜剁成蓉。番茄去皮，切细小丁。蘑菇切成薄片。起司切成片。

③ 煮酱：锅架火上，放入黄油 16kg，旺火烧至六七成热，下入葱头、蒜，爆出香味后，加入牛肉末煸炒变色。加入番茄丁、蘑菇片炒匀。然后加入番茄酱、盐、胡椒粉、白葡萄酒调味。煮至将干时停火。

④ 烤制：在烤盘内涂上一薄层黄油，放入豆腐片，注入牛奶，倒入炒过的牛肉末，上撒起司片、面包渣，加入剩下的黄油，放入已经预热的烤炉中，烤至呈焦褐色即可取出食用。

【产品特点】

焦香、软嫩、鲜美，风味独特。

六、血豆腐

【原料与配方】

豆腐 300g，大青菜叶 10 张，猪血 100g，腊肉 200g，猪油 50g，精盐适量，花椒粉、大料粉各少许。

【工艺流程】

豆腐→搅匀→加猪血→包馅、熏干→成品

【操作要点】

① 搅匀：豆腐沥干水，加花椒粉、大料粉、精盐搅匀。

② 加猪血：宰猪时，将猪血趁热倒入搅匀的豆腐内，加入新鲜切碎的猪油而成馅。

③ 包馅、熏干：大青菜叶洗净，把馅捏成鹅蛋大圆形，用大青叶包裹，放在火炉上熏干。食时去叶，切片与腊肉一起放在饭面上蒸熟。

【产品特点】

血豆腐嫩、腊肉香，荤素兼备。

第五节　炸豆腐类

一、清炸豆腐

【原料与配方】

豆腐 100kg，花生油 200kg（实耗 20kg），盐 600g，味精 400g，酱油 6kg，椒盐适量。

【工艺流程】

豆腐→切片→腌渍→炸豆腐→成品

【操作要点】

① 切片：将豆腐洗干净，切成片，放入碗内。

② 腌渍：加入盐、酱油、味精腌渍（为十多分钟），使调料均匀粘在豆腐表面并渗入内部。

③ 炸豆腐：锅架火上，放油，烧至七八成热，逐片投入豆腐浸炸，开始响声很大，当响声变小或无声响时，豆腐呈现黄色即可倒入漏勺，控净余油，装入盘内。食时，随带椒盐蘸食。

【产品特点】

外脆里嫩，麻香适口。

二、干炸豆腐

【原料与配方】

豆腐 100kg，面粉（或面包渣、馒头渣）12kg，花生油 200kg（实耗 20kg），酱油 8kg，盐、味精各 400g，椒盐适量。

【工艺流程】

豆腐→切片→腌渍→炸豆腐→成品

【操作要点】

① 切片：将豆腐洗净，用沸水焯烫一下，切成长 2.5cm、宽 1.2cm、厚 1.2cm 的菱形块。

② 腌渍：放入碗内，加入盐、酱油、味精，腌渍入味。

③ 炸豆腐：锅架火上，放油烧至七八成热，将腌渍过的豆腐块均匀粘上面粉（或挂淀粉厚糊），投入锅内，炸至响声变小，豆腐块向上浮起并发脆发黄时，及时倒入漏勺，控净余油，装盘，随带椒盐一碟蘸食。

【产品特点】

酥脆，软嫩，干香，味厚。

三、软炸豆腐

【原料与配方】

豆腐 100kg，鸡蛋 52kg，花生油 200kg（实耗 20kg），盐 800g，味精 400g，淀粉 10kg，椒盐适量。

【工艺流程】

豆腐→切条→腌渍→发蛋→炸豆腐→成品

【操作要点】

① 切条：将豆腐洗净，用沸水浸烫一下，切成长方粗条或长方薄片，放入碗内。

② 腌渍：加入精盐、味精拌匀，腌渍入味。

③ 发蛋：将鸡蛋磕入碗内，用筷子顺一个方向快速抽打成泡沫状，加入淀粉搅匀成糊。

④ 炸豆腐：锅架火上，放油烧至六七成热，将豆腐条均匀蘸糊

下锅，炸至外表稍挺、七八成熟时，捞出；锅内油温升至八成热以上时，将豆腐条回锅复炸，再炸至外表膨松呈黄色、全部成熟时，盛入盘内，食时随带椒盐蘸食。

【产品特点】

鲜咸麻香，色泽金黄，松脆软嫩。

四、酥炸豆腐

【原料与配方】

豆腐 100kg，黄瓜 40kg，花生油 200kg（实耗 20kg），精盐 1.2kg，味精 200g，葱段 2kg，姜块 800g，花椒油、料酒、白糖各 4kg，香料袋 1 个，花椒盐、鲜汤各适量。

【工艺流程】

豆腐→制五香豆腐生坯→配料准备→炸豆腐→装盘→成品

【操作要点】

① 制五香豆腐生坯：将豆腐洗净，用沸水浸烫一下，捞出装盘，加入盐、味精、葱段、姜块、料酒、白糖、香料袋（装入大料、花椒、桂皮或小茴香等）和适量鲜汤，上屉蒸熟后，取出滗去汤汁，稍凉即成五香豆腐生坯。

② 配料准备：黄瓜切成长 2cm、宽 1cm、厚 0.3cm 的片，然后用少许盐腌一下，挤去盐水，用花椒油拌匀。

③ 炸豆腐：锅架火上，放油烧至七八成热，将煮蒸好的豆腐生坯投入，炸至酥脆、金黄色时捞出控去余油，切成厚 0.5cm 的片，码在盘内。

④ 装盘：再将拌好的黄瓜片均匀地放在盘边，食时随带花椒盐蘸食。

【产品特点】

外松脆、内软嫩，鲜咸香浓。

五、裹炸豆腐（上海）

【原料与配方】

老豆腐 100kg，开洋末、火腿末各 2kg，肉末 10kg，鸡蛋 52kg，干面粉 30kg，味精 600g，猪油、食用油、湿淀粉、白汤各适量，麻油 6kg，椒盐、番茄酱各少许。

【工艺流程】

老豆腐→制糊→制夹心豆腐→调糊→包糊→炸豆腐→复炸、装盘→成品

【操作要点】

① 制糊：老豆腐先切去四面皮，用刀面逐排贴成蓉泥放在容器中，加入鸡蛋 26kg（打匀）、白汤、湿淀粉、味精、麻油拌匀，拌至糊形。

② 制夹心豆腐：取用浅汤盆（或盘）先涂上麻油（防粘），放入一半豆腐，摊平，铺上肉末、开洋末、火腿末，铺平后盖上豆腐，贴平、贴光，放入笼屉中，上笼蒸至豆腐结块、手指撳下有弹性，出笼覆出，冷后待用（这是夹心豆腐，也可以拌料蒸成）。

③ 调糊：碗中放入干面粉加入少量水调匀，调至细腻无粒，加入鸡蛋 26kg 调匀，放入湿淀粉调成薄浆糊状。

④ 包糊：盆上先浇上猪油摊开（防粘），倒入一部分糊拨开，糊上放上豆腐，在豆腐上面浇上糊拨匀、拨平，使糊包牢豆腐。

⑤ 炸豆腐：炒锅烧热，放入 600kg 油在旺火上烧至六成热，端起挂好糊的豆腐，快速稳妥地推入油中，抽出盆子，将糊屑捞出（以免污染油锅），待一面炸硬后用漏勺翻身，炸成两面金黄色，用漏勺捞出。

⑥ 复炸、装盘：再将油烧至七成热，复放入再炸脆两面，捞出，切成长方块，排装盆中带椒盐及番茄酱佐吃。

【产品特点】

色泽金黄，外脆里嫩，口味鲜香。

六、炸豆腐托

【原料与配方】

豆腐 100kg，肥膘肉 20kg，面包（或馒头）60kg，鸡蛋 36kg，花生油 200kg（实耗 20kg），香油 4kg，盐 1.4kg，味精 600g，葱末

2kg，姜末 800g。

【工艺流程】

豆腐→制馅料→制托生坯→炸豆腐托→成品

【操作要点】

① 制馅料：将豆腐洗净，片去硬皮；肥膘肉洗净，均切成碎末，一起放入碗内。加入鸡蛋、香油、盐、味精、葱末、姜末，拌匀成馅。

② 制托生坯：将面包切成长 4～5cm、宽 2.5～3cm、厚 1cm 的片，均匀涂抹上豆腐馅料，即为豆腐托生坯。

③ 炸豆腐坯：锅架火上，放油烧至七成热，将豆腐托投入油锅里炸，油温如升得过高时，即端离火眼炸（防止炸煳），油温降到七成热以下时，再将锅回到火上，把油温烧到八成热以上时，再炸片刻，见豆腐托呈金黄色时，即可捞出，控净余油，装盘食用。

【产品特点】

香脆软嫩，鲜咸可口。

七、脆炸豆腐角

【原料与配方】

豆腐 100kg，净鱼肉 50kg，鸡蛋 65kg，虾米 8.4kg，精盐 1.7kg，胡椒粉 17g，泡打粉 170g，干淀粉 17kg，味精、香菜末、葱花各 0.83kg，花生油 330kg。

【工艺流程】

豆腐→制馅→煎馅→炸制→成品

【操作要点】

① 制馅：豆腐加上剁烂的鱼肉、虾米、精盐、味精、胡椒粉一起搅拌，再加鸡蛋 21kg、香菜末、葱花搅拌均匀。

② 煎馅：盘子上面均匀地涂上一层油，放上拌好的豆腐，抹平，上屉用旺火蒸熟后，冷却，切成三角形。

③ 炸制：用清水 16.7kg 和淀粉、泡打粉、鸡蛋调成稀浆。将三角形豆腐块蘸上稀浆，下沸油锅中炸至硬脆，呈金黄色即成。以盐

佐食。

【产品特点】

色泽金黄，外脆里嫩，口味鲜香。

八、炸豆腐泡

【原料与配方】

豆腐 100kg，植物油 14～15kg。

【工艺流程】

豆腐→切块→油炸→成品

【操作要点】

方法一：将豆腐切成 1.5cm 见方的小块（1kg 约 320 块），投入 60℃的油锅中徐徐胀泡，然后捞出投入第二个油锅中（油温 140～150℃），炸好后捞出，即为成品。

方法二：将豆腐块放入 150℃的热油中，炸 15min 后出锅（出锅温度约 180℃）。这种方法可使 1kg 白坯炸出 500～550g 豆腐泡，每 100kg 白坯耗油 14～15kg。

方法三：将白坯切成 3cm 见方的豆腐块，投入 180℃的油锅中（投料后的油温仍要保持在 170℃左右），炸 3min 后，用铲子铲锅底，防止煳锅，并要勤翻动，使炸品火色均匀。待豆腐泡浮起、外壳变硬、呈金黄色时，捞出控油，即为成品。此法每千克豆腐块可炸 600g 豆腐泡（每千克 70 个左右）。

【产品特点】

色泽金黄，鼓起大小均匀，内呈蜂窝状，有香气。

九、油炸冻豆腐

【原料与配方】

豆腐 90kg，砂糖 1.6kg，食盐 500g，酱油 1.4kg，鲣鱼汁 180g，谷氨酸钠 90g，炒芝麻 200g，加味胡萝卜 5kg，蘑菇 1.8kg，海带 900g。

【工艺流程】

制豆腐→制糊→成型→油炸→成品

【操作要点】

① 制豆腐：在豆乳中加凝固剂制成豆腐（含水分80%）放水槽内冷却后捞起。

② 制糊：取90kg豆腐与3.77kg调味料（砂糖、食盐、酱油、鲣鱼汁、谷氨酸钠）混合，用高速搅拌机粉碎搅拌10min，得到糊状物。在糊状物中加炒芝麻、加味胡萝卜、蘑菇、海带，均匀混合。

③ 成型：将混合物装入型箱，用锅蒸，使中心达到84~88℃。保持15min使之凝固。将凝固后的豆腐取出，切成边长16mm的豆腐块，用180~190℃的植物油油炸。

④ 油炸：将油炸豆腐冷却至2~3℃后，放入-20℃的冷库中冷冻24h。取出后解冻，得到油炸冻豆腐。

【产品特点】

油炸冻豆腐可直接食用，也可用来加工汤菜。风味、口感均好。

十、胡桃豆腐

【原料与配方】

嫩豆腐1块，鸡脯肉2条，虾仁、猪肥膘肉、菱粉各50g，鸡蛋4个，大胡桃仁24个，葱姜汁、黄酒各25g，精盐、味精各5g，花生油1kg。

【工艺流程】

剁蓉→调羹→切块→调糊→油炸→成品

【操作要点】

① 剁蓉：鸡脯肉剔去筋皮，同猪肥膘肉、虾仁一起剁成蓉。

② 调羹：豆腐用筛过细，放鸡虾蓉中，加葱姜汁、蛋清、黄酒、精盐、味精、菱粉5g、水适量，搅拌均匀上劲。取出拌好的豆腐料一调羹，待用。

③ 切块：取盘子一只，内壁涂匀猪油，倒入拌好的豆腐料抹平，上屉用小火蒸熟取出，冷却后切成24块长3.3cm、宽1.7cm的长

方形。

④ 调糊：胡桃仁先用开水泡一泡，剥去外皮后，于温油中炸脆捞出，沥去油。用蛋清和菱粉调成糊。

⑤ 油炸：取炸好的胡桃仁逐个挂上蛋清糊并粘上拌好的待用豆腐料，镶在蒸好的每块豆腐料上。油锅烧至五成热，下镶好胡桃仁的豆腐料块，用小火炸透，捞出即成。

【产品特点】

色泽黄白，香酥软嫩。又名镶桃豆腐，系淮扬风味。

十一、炸荸荠豆腐

【原料与配方】

豆腐 4 块，大荸荠 8 个，鸡蛋清 3 个，鸡蛋 1 个，干淀粉 10g，湿淀粉 60g，面粉 15g，香油 25g，熟油 750g（约耗 50g），姜末、葱末、精盐、味精、料酒、花椒盐各适量。

【工艺流程】

制馅→制酥糊→制生坯→油炸→成品

【操作要点】

① 制馅：将豆腐用刀抹成泥，放入碗内，磕入鸡蛋 1 个，加精盐、葱末、姜末、料酒、味精，用筷子搅匀成馅。

② 制酥糊：将鸡蛋清放在碗里，用筷子搅匀，加入湿淀粉、面粉和香油，搅拌成酥糊，待用。将荸荠洗净去皮，每个切成 3 片，共计 24 片。

③ 制生坯：在每片荸荠片上撒上一点干淀粉，放上豆腐馅，即成荸荠豆腐生坯，放在盘中。

④ 油炸：炒勺放置旺火上，加入油，待油烧至五成热时，将荸荠豆腐生坯逐个地裹上酥糊，下勺炸至黄色时捞出。最后，再全部投入八成热油中炸，炸至呈金黄色时捞出，控净余油。装盘。食时佐以花椒盐。

【产品特点】

色泽金黄，焦香嫩脆。

十二、高丽豆腐

【原料与配方】

豆腐 150g，油菜叶 50g，鸡蛋清 2 个，精盐、味精、淀粉、面粉各少许，花椒盐 1 小碟，植物油 1kg。

【工艺流程】

切块→腌制→打蛋→炸油菜丝→油炸→成品

【操作要点】

① 切块：将豆腐放开水锅中焯透，捞出挤干水分，切成 1cm 见方的块。油菜叶择洗干净，控干水分，切成细丝。

② 腌制：将豆腐块放在大碗内，加入精盐、味精轻轻拌匀，腌入味。

③ 打蛋：把鸡蛋清放入深盘内，取 3 根竹筷，使劲向一个方向搅打，直打至竹筷能直立于鸡蛋清中即好。然后加入干淀粉、面粉拌匀后待用。

④ 炸油菜丝：炒锅置火上，倒入猪油烧热，放入油菜丝，炸成油菜松，撒上一点精盐，铺在盘底。

⑤ 油炸：原锅回火上，烧至四成热时，将豆腐块蘸匀面粉，裹满糊，逐块放入油锅中炸，油温不要太高，并用手勺不停地翻动，在炸制中必须保持小火，低油温，炸约 4min，呈乳白色捞出，控净油，码在油菜松上即成。上桌时随带一小碟花椒盐蘸食。

【产品特点】

美观大方，柔软鲜香。

十三、雪丽豆腐

【原料与配方】

豆腐 100kg，蛋清 78kg，面粉、淀粉各 10kg，熟猪油（或未炸过东西的花生油）200kg（实耗 20kg），盐 800g，味精 600g，花椒盐适量。

【工艺流程】

豆腐→切条→腌渍→加蛋糊→炸制→成品

【操作要点】

① 切条、腌渍：将豆腐用沸火焯烫一下，用刀切成长 5～6cm、宽 1.2cm、厚 1.2cm 的长条，装入碗内，加入盐和味精，腌渍入味。

② 制蛋糊：将鸡蛋清放入碗内，用筷子顺一个方向快速抽打成泡沫状，加入淀粉搅匀成糊，即为雪丽糊。

③ 炸制：锅架火上，放油烧至六成热时，将腌渍好的豆腐条蘸匀面粉，挂匀雪丽糊，投入油锅，用中火浸炸，如油温升得过高时，即端离火眼炸（防止炸黄），炸至外表松软、内部熟透时，捞出，控净余油，码入盘内，撒入花椒盐即可食用。

【产品特点】

色泽洁白如雪，松软鲜香。

十四、雪花豆腐

【原料与配方】

豆腐 100kg，枣泥馅 50kg，青红丝少许，蛋清 60kg，白糖、淀粉、面粉各适量，花生油 250kg。

【工艺流程】

做夹馅豆腐→制糊→油炸→成品

【操作要点】

① 做夹馅豆腐：将豆腐切成大薄片，放入开水锅中煮透，捞出控干水分，取一片铺在案板上，撒上少许面粉，将枣泥馅抹在上面，再覆盖上一层豆腐（两片豆腐中间夹馅），将豆腐片照此法一一做完。再将夹馅豆腐片改切成四块。

② 制糊：鸡蛋清放入盘内，用筷子抽打成糊状，加入淀粉和少许面粉搅拌好。青红丝放入白糖内拌匀备用。

③ 油炸：炒锅置火上，倒入花生油，烧至七成热时，用匙把豆腐块上挂满糊，轻轻放入油锅内，用手勺不断推动，炸成浅黄色捞出控油，装入盘，撒上拌好的青红丝白糖即可。

【产品特点】

色彩斑斓，老少皆宜。

十五、玛瑙豆腐

【原料与配方】

豆腐、花生油（约耗 100g）各 750g，虾仁 200g，熟猪肥膘肉 50g，鸡蛋清、鸡蛋黄各 2 个，料酒、味精、花椒盐各适量，干淀粉 5g。

【工艺流程】

豆腐塌泥、拌馅→装盘→蒸制→切条→搅蛋糊→炸制→成品

【操作要点】

① 豆腐塌泥、拌馅：取豆腐 750g，去掉上下老皮后，塌成泥，挤去水分。将虾仁 200g、熟猪肥膘肉 50g 分别剁成泥，加入豆腐泥中，再加入鸡蛋清 1 个、料酒、味精拌成馅。

② 装盘：取汤盘一只，并抹上一层油，倒入豆腐生馅抹平，将熟鸡蛋黄 2 个切成小丁均匀地嵌在上面，即成玛瑙豆腐生坯。

③ 蒸制、切条、搅蛋糊：将玛瑙豆腐生坯上笼蒸熟取出，倒出盘中并切成 3 条，冷却待用。另取碗一个打入蛋清 1 个并加入干淀粉 5g，搅成蛋清糊备用。

④ 炸制：炒锅上火，放入花生油 750g，烧至七成热时，放入蘸上蛋清糊的玛瑙豆腐，炸至淡黄色时，捞起沥油。待油温升至八成热时，复炸至色呈金黄。起锅沥油，切成厚片装盘，撒上花椒盐食用。

【产品特点】

形似玛瑙，外香脆、里鲜嫩。

十六、香橼豆腐

【原料与配方】

豆腐 100kg，鲜冬笋、白果肉、油面筋、素火腿、干淀粉各 12.5kg，水发香菇 7.5kg，青菜汁 6.3kg，素油 150kg，酱油、白糖、精盐、味精各适量。

【工艺流程】

制豆腐泥→制馅→制豆腐丸→油炸→成品

【操作要点】

① 制豆腐泥：将豆腐切去边皮，捏碎，放入盆内，加入精盐、味精、干淀粉、青菜汁拌匀成豆腐泥。香菇、白果、冬笋、素火腿、油面筋均匀切成小丁。

② 制馅：炒锅放旺火上烧热，放入少许素油烧至七成热时，放入"五丁"，加入酱油、白糖、精盐、味精和少许清水烧沸，放稠汁成馅，盛入碗中待用。

③ 制豆腐丸：将几个瓷杯杯壁抹上素油，逐个放入豆腐泥，中间挖一个凹腔，放入五丁馅，再覆上豆腐泥抹圆，上屉用火蒸约10min 取出，倒出豆腐。

④ 油炸：炒锅放火上烧热，倒入素油烧至六成热时，放入豆腐，炸呈金黄色时捞出，装入盘中，即可食用。

【产品特点】

形如香橼，皮脆馅嫩。

十七、火夹豆腐

【原料与配方】

豆腐 200g，火腿 75g，鸡蛋清 6 个，葱段、姜片、精盐、料酒、味精、淀粉、面粉各适量，花生油 250g。

【工艺流程】

豆腐切片腌渍→火腿切片→制高丽糊→成型→炸制→成品

【操作要点】

① 豆腐切片腌渍：将豆腐片成厚 0.3cm、宽 2cm、长 4cm 的连刀片，成豆腐夹。将豆腐片放入碗中，加入葱段、姜片、精盐、料酒、味精腌渍入味，拣出葱、姜不要，撒上干淀粉拌匀待用。

② 火腿切片：将火腿切成与豆腐片同样大小的 20 片薄片。

③ 制高丽糊：把鸡蛋清放入汤盘中，用三根竹筷子使劲向一个方向搅拌，直打至竹筷子能直立于鸡蛋清中即好，然后加入干淀粉和面粉，搅拌均匀成为高丽糊。

④ 成型：将每片豆腐夹内放入一片火腿，再将豆腐夹裹上一层

薄薄的干淀粉。

⑤ 炸制：炒锅置火上，倒入花生油烧至四成热时，用竹筷夹起火夹豆腐逐块滚上高丽糊，放入油锅中（油温不要过高），并用手勺不停地轻轻翻动，炸 6min 左右捞出控油装盘即可。

【产品特点】

色泽洁白，鲜嫩而香。

十八、夹板豆腐（重庆）

【原料与配方】

豆腐 1 块，面包 250g，鸡蛋 1 个，食用油 1kg，豆粉、盐各适量，胡椒粉、味精各少许。

【工艺流程】

制豆腐馅→制夹心面包→油炸→成品

【操作要点】

① 制豆腐馅：豆腐挤去水分，加鸡蛋（去黄）、豆粉、味精、盐、胡椒粉搅拌均匀。

② 制夹心面包：面包切成厚 6.7mm 的大块，在一面涂抹厚 3.3mm 的拌好的豆腐，再盖上一块面包，合口处以豆粉汁抹严。

③ 油炸：锅放油烧热，下夹豆腐馅的面包炸呈黄色，捞出沥去油，切成手指粗的条即成。

【产品特点】

外酥脆、内软嫩，鲜香可口，颇有西餐风味。

十九、千层豆腐

【原料与配方】

硬豆腐（或嫩豆腐）4 块，半肥瘦猪肉 100g，鲜虾仁 10 个，笋肉、胡萝卜、鲜冬菇、葱白共 100g，油 1kg，生菜叶数块，鲜红番茄 1 个，面粉适量。调料 1：酒、水各 15g，盐、胡椒粉各少许。调料 2：麻油 10g，鸡蛋清半个，栗粉 8g。调料 3：鸡蛋 1 个，面粉 40g，栗粉 8g，水 10g，盐少许。调料 4：砂糖、醋、酱油、豆瓣酱各 10g，葱蓉、姜蓉各少许。

【工艺流程】

制馅→切片→制夹豆腐→调糊→油炸→上盘→成品

【操作要点】

① 制馅：把猪肉和虾仁分别剁烂，一起放入碗内，下调料 1 调味混合。蔬菜切末以调料 2 调味后搅入猪肉、虾蓉中。

② 切片：把豆腐抹干水分，横片成 5 等份。

③ 制夹豆腐：在一干碟上撒少许干面粉，铺下豆腐片，在豆腐片上撒下少许面粉，然后薄薄下一层肉蓉，轻轻抹平，再铺叠另一片豆腐，如此铺下到第五片铺上之前，必须先撒下面粉少许，使之能与肉蓉粘紧。

④ 调糊：把调料 3 放碗内调成粉糊，抹在豆腐的四周边上，使豆腐和肉蓉不易散开。

⑤ 油炸：烧热油，用铲子轻轻把豆腐放入，用慢火炸至微黄色，再改用猛火炸至呈黄色，捞出去油。

⑥ 上盘：将豆腐切片排在生菜垫底的碟上，饰以鲜红番茄，调料 4 放小碟或小碗中混合同桌供餐。

【产品特点】

肉味、虾味俱佳，菜叶清新，堪称一道不腻口的佐餐上品。

二十、蕉条豆腐

【原料与配方】

老豆腐 100kg，瘦猪肉 33kg，香菜少许，姜丝、蒜末、盐、味精、酱油、醋、花椒粉、面粉、香油各适量，花生油 166kg。

【工艺流程】

豆腐→切条、腌渍→油炸→炒配菜→成品

【操作要点】

① 切条、腌渍：将豆腐切成长 9cm、厚 3cm 见方的条，用开水焯一下，捞出放入盆内，撒上精盐、花椒粉、味精略腌入味。

② 油炸：取一小碗，放入酱油、醋、味精、香油，调拌成汁。炒锅

置旺火上，倒入花生油，烧至八成热时，将腌好的豆腐，每条先蘸上面粉，放入油锅内炸至老黄色捞出，控净油，整齐地码在盘子的一端。

③ 炒配菜：把瘦猪肉洗净，切成细丝，炒锅内留少许底油烧热，放入肉丝煸炒变色，加入姜丝、蒜末、酱油炒熟，撒上香菜段，迅速翻炒几下，放在盘子的另一端，然后把调好的味汁浇在菜上即可。

【产品特点】

鲜美异常，别具一格。

第六节　酿豆腐类

一、酿豆腐

【原料与配方】

北豆腐、猪肉末各 200kg，鸡蛋 65kg，水发海米、川冬菜、香菜各少许，葱姜末、酱油、白糖、精盐、料酒、味精、水淀粉、香油、花生油各适量。

【工艺流程】

切菜→炒料→酿豆腐→烧煮→成品

【操作要点】

① 切菜：将豆腐整块放入盐水中煮开（煮时不要盖锅盖），捞出晾凉，切成小三角块；将海米洗净剁碎；香菜择洗干净，切成小段；川冬菜洗净剁碎；鸡蛋磕入碗内打散。

② 炒料：炒锅置旺火上烧热，倒入花生油烧热，放入葱姜末炸出香味，放入肉末煸炒变色，加入海米末、川冬菜炒透，放入酱油、白糖、精盐、料酒、味精调好口味，最后倒入鸡蛋液和少许水淀粉炒匀，盛入盘内晾凉待用。

③ 酿豆腐：将豆腐三角的底部用刀划一小口，酿入炒好的肉馅。

④ 烧煮：将酿好的豆腐块码在沙锅内，加入适量清水，放置旺火上烧开，改用小火煮 10min 左右，盛入盘内。再将汤汁烧开，放入少许精盐和味精调味，用水淀粉勾薄芡，淋上香油，撒上香菜段，

浇在豆腐上即可食用。

【产品特点】

香味浓郁，鲜美可口。

二、酿豆腐（广西壮族风味）

【原料与配方】

豆腐 1kg，猪肉 400g，葱、水发冬菇、猪油各 100g，胡椒粉 1g，淀粉 75g，味精、精盐各 30g，上汤 250g，酱油 15g，香油适量。

【工艺流程】

制泥→制馅→做丸子→煎丸子→调味→蒸丸子→成品

【操作要点】

① 制泥：豆腐用筷子搅成泥，加盐 15g 搅匀，用净粗眼白布沥去水分。猪肉剁成泥，葱切成碎末。冬菇去蒂，洗净，挤干水分，剁成泥。

② 制馅：将猪肉泥加冬菇泥、葱末、淀粉 40g、盐 5g、酱油 10g、胡椒粉 0.5g、猪油 25g 搅成胶状馅。

③ 做丸子：取豆腐泥 10g 放在手心上，再取馅 7.5g 放在豆腐泥中央，包成丸子，如此逐一做好。

④ 煎丸子：锅置中火上烧热，加猪油 25g，将豆腐丸子逐个放入锅中煎呈金黄色，再加猪油 25g，翻煎另一面。

⑤ 调味：另锅放入上汤、味精、精盐、酱油、猪油煮沸，将煎好的丸子倒入煮 5min，至汤汁略干，出锅，丸子排于碗内。

⑥ 蒸丸子：倒入原汁，上屉用猛火蒸 5min，取出合在盘内。将蒸丸子的汤汁滗在锅里，加水淀粉勾芡，浇在丸子上，再淋上香油，撒上胡椒粉即成。

【产品特点】

汤汁浓厚，鲜嫩滑润，口味鲜美。

三、素酿豆腐

【原料与配方】

豆腐 400g，净冬笋、水发香菇、烤麸、豌豆、豌豆苗、炸花生仁、面粉各 25g，酱油 40g，白糖 2.5g，味精 3g，湿淀粉 20g，鸡蛋 1 个，姜末 1.5g，白汤 300g，芝麻油 500g。

【工艺流程】

切料→备料→制馅→油炸→调味→勾芡→成品

【操作要点】

① 切料：豆腐切成长 6.7cm、宽 2cm、厚 1.3cm 的长条，共 12 条。香菇、冬笋、烤麸、豌豆等均切成 0.3cm 见方的丁。

② 备料：花生仁去皮膜，擀成碎末。豆苗去掉根茎，洗净，消毒。

③ 制馅：炒勺内放芝麻油 25g，用旺火烧至八成热，下姜末 0.5g，炸出香味，再放入香菇丁、冬笋丁、烤麸丁、豌豆丁、酱油 20g、味精 1.5g、白糖 1g 炒熟，随后，放入白汤 100g、湿淀粉 10g 搅炒均匀，掺入花生仁末拌成馅。鸡蛋加面粉和少许水调成稠糊。

④ 油炸：将豆腐条下入油锅中炸呈金黄色，捞出，将其一端划个小口，用小勺把中间掏空，装入馅，开口处用稠糊粘好，在热油中炸一下，捞出沥去油。

⑤ 调味：炒勺内放芝麻油 10g，用旺火烧热，下姜末，加白汤 100g、酱油 5g、白糖 0.5g，再放入炸豆腐，烧沸后移锅在微火上煮 3min，然后，将豆腐码入碗中，汤汁倒在上面，上屉蒸约 15min 取出，汤汁滗入勺内，豆腐扣在盘内。

⑥ 勾芡：将放有汤汁的勺置旺火上，加白汤、酱油、白糖、味精、湿淀粉调稀勾芡、淋上芝麻油，浇在豆腐上，再撒上豌豆苗即成。

【产品特点】

豆腐金黄，豆苗碧绿，质地柔软，滋味鲜香，清淡爽口。

四、红烧酿豆腐

【原料与配方】

豆腐 700g，瘦肉 300g，鳊鱼肉 125g，虾米 25g，葱末 4g，油 200g，味精 6g，盐 15g，时菜 150g，鸡汤 250g，湿淀粉 50g，酱油

7.5g，麻油少许。

【工艺流程】

切块→切配料→酿豆腐→煎煮→上盘→成品

【操作要点】

① 切块：豆腐切成骨牌形 10 件。

② 切配料：猪肉 150g 切成丝；其余猪肉与虾米、鱼肉分别剁成蓉。

③ 酿豆腐：将鱼蓉加清水、盐，搅打成鱼胶，再加猪肉蓉、虾米蓉、葱末搅拌均匀，分成 10 份，分别酿入豆腐中。

④ 煎煮：烧热油锅，下入酿豆腐煎呈金黄色，再放入猪肉丝、鸡汤，用文火焖熟，以酱油、味精调味，放入湿淀粉勾芡，浇上麻油。

⑤ 上盘：将时菜炒熟，放在盘中垫底，将浇上麻油的酿豆腐放在菜上即成。

【产品特点】

豆腐软嫩，馅心鲜香。

五、煎酿豆腐

【原料与配方】

豆腐 10 小格，半肥瘦猪肉、淀粉、花生油各 200g，虾米、姜各 25g，咸鱼肉 50g，面包 2 片，葱 4 根，生菜 1 棵，黑胡椒粉、砂糖各 10g，精盐 40g，酱油 70g，料酒 20g。

【工艺流程】

辅料→制馅
　　　　↓
豆腐→切块→酿袋→制粉芡、煎焖→勾芡→成品

【操作要点】

① 辅料加工：猪肉洗净，葱洗净去头尾，姜去皮，虾米放温水中浸软，面包切去外皮。这五样材料分别剁碎成末。咸鱼剁碎盛小碗中，加 150g 清水搅匀成咸鱼汁，用洁净细纱布滤去鱼骨和渣滓。生菜洗净去头，菜叶每叶撕开，平均摊开在洁净的菜碟上。

② 豆腐切块：豆腐切成 6.6cm 正方块，每 1 块对角切一刀，成两块三角形，在斜面轻轻划一刀，使豆腐成为一个三角形的袋状，撒 100g 干淀粉在开口的袋中，以便酿入肉馅。

③ 制馅：剁碎的猪肉、葱、姜、虾米和面包等，放大碗中，搅匀，再加黑胡椒粉、20g 精盐、砂糖、20g 酱油、料酒、75g 淀粉和搅匀的咸鱼汁。

④ 酿袋：用汤匙把这些肉馅酿入撒了干淀粉的三角形豆腐的袋中。

⑤ 制粉芡：25g 淀粉盛小碗中，加 100g 清水搅匀。

⑥ 煎焖：锅洗净抹干，烧红，加 150g 花生油，把酿好的豆腐肉面向下放入锅中，用慢火煎到肉呈金黄色，加 1 饭碗水和 50g 酱油，盖密锅盖，焖约 15min，到锅中剩下约 200g 汁液时，小心盛出豆腐，把肉面向上整齐排列在放了生菜叶的碟子上。

⑦ 勾芡：将浸透的淀粉芡搅匀后，加入锅中的汁液中煮成稠汁，再加 50g 花生油，搅匀后，淋在各块豆腐上。

【产品特点】

色泽金黄，外焦内嫩，酥香可口。

六、煎酿豆腐（广东东江）

【原料与配方】

豆腐 500g，鲮鱼肉、淀粉、白糖、生猪油、虾米、葱花、精盐、胡椒粉各适量。

【工艺流程】

制馅→酿馅→煎制→成品

【操作要点】

① 制馅：将鲮鱼肉绞烂成蓉，加淀粉、胡椒粉、白糖、精盐、清水搅匀，打至起胶，葱花、虾米撒在上面，做馅料用。

② 酿馅：将豆腐切成方形，在中间开一小口，取适量馅料填进。

③ 煎制：取平底锅，以小火烘热，均匀地淋上一层猪油，将填上馅料的豆腐块平铺在锅底，煎至上下两面金黄即成。

【产品特点】

金黄微焦，质地嫩滑，鲜美酥香。

七、红椒酿豆腐

【原料与配方】

豆腐 250g，红辣椒 16 个，水发海米、水发香菇、冬笋各少许，面粉、淀粉、姜末、花椒粉、精盐、酱油、味精、葱末、香油各适量，花生油 750g。

【工艺流程】

制馅→酿豆腐→油炸→成品

【操作要点】

① 制馅：将豆腐去皮，切成小块，放入开水锅中氽一下，捞出控干水，放案板上，用刀面按成细泥，盛入小盆内，水发海米、水发香菇、冬笋均洗净剁成末，放入豆腐泥内，加入精盐、酱油、味精、姜末、香油一起搅拌成馅心。

② 酿豆腐：将红辣椒洗净，在蒂部切开，去子、瓤，从切口处灌入馅心，面粉、淀粉一同放入碗内加入少许清水调成稀糊。

③ 油炸：炒锅置旺火上，放入花生油烧至七成热时，把锅端离火口，将酿好馅的红辣椒在面糊中施过，逐个投入油锅中，端锅上火，用中火炸呈金黄色时，滗去锅内余油，将花椒粉、葱末同撒入锅中与红辣椒一起颠锅翻炒几下，出锅装盘即可。

【产品特点】

鲜色美观，鲜辣可口。

八、黄瓜酿豆腐

【原料与配方】

豆腐 100g，黄瓜 500g，鲜藕、蘑菇各 50g，蛋清 2 个，葱姜末、精盐、味精、水淀粉、香油各适量。

【工艺流程】

制馅→酿黄瓜→蒸煮→成品

【操作要点】

① 制馅：将黄瓜洗净，顺切两半，再切成长 3cm 的段，去掉瓤、子备用。将蘑菇洗净杂质，鲜藕去皮洗净，均切成末，把豆腐压成泥，放入碗内，再把蘑菇末、藕末一同放入，加入葱姜末、精盐、香油、鸡蛋清，调拌均匀。

② 酿黄瓜：将调好的馅分别酿在黄瓜中，码入盘内。

③ 蒸煮：上笼蒸 10min 左右取出。将原汁滗入锅内，加入少许清水烧开，用水淀粉勾薄芡，撒上味精，浇在黄瓜上即可。

【产品特点】

色泽淡雅，清香异常。

九、酿冬瓜豆腐

【原料与配方】

豆腐 250g，小冬瓜（1 个）500g，猪瘦肉 150g，水发海米、水发冬菇、熟火腿、清水马蹄各少许，葱姜末、精盐、料酒、味精、鸡油、清汤各适量。

【工艺流程】

制馅→酿冬瓜→蒸煮→成品

【操作要点】

① 制馅：将豆腐切成小方丁，放入开水中焯一下捞出，控干水分，猪瘦肉剁烂成蓉，水发海米、香菇、火腿、清水马蹄均剁成碎末，同猪肉蓉一起放入碗内，加入精盐、味精、葱姜末、料酒，搅拌均匀，最后放入豆腐丁拌匀待用。

② 酿冬瓜、蒸煮：将冬瓜由根蒂处开一个方口，取出瓜瓤瓜子，冲洗干净，在冬瓜外皮上刻上各种图案，放开水锅中焯透捞出，用清水漂凉放在汤盘内，把豆腐肉蓉馅放进去，加入清汤，再将冬瓜盖好，上笼用旺火蒸 30min，出笼上桌，揭开冬瓜盖，淋入鸡油即可。

【产品特点】

清淡鲜香，夏令佳味。

十、冬菇酿豆腐

【原料与配方】

豆腐 250g，水发冬菇（选用直径 1.5cm、圆形、完整者）100g，胡萝卜、油菜各 150g，熟猪油 25g，香油 5g，盐 3g，姜汁 4g，味精 2g，料酒 10g，湿淀粉 20g，鲜汤适量。

【工艺流程】

制馅料→腌渍→蒸煮→酿冬菇→调味→成品

【操作要点】

① 制馅料：将豆腐洗净，用刀压成碎泥，放入碗内，加入盐 2g、味精 1g、姜汁 2g、湿淀粉 10g，调成馅料。

② 腌渍：冬菇去蒂，洗净，放入碗内，加入盐 1g、姜汁、料酒、鲜汤少许、熟猪油少许，拌匀，腌渍 10～15min 入味。

③ 蒸煮：上屉用旺火沸水足汽蒸 5～10min，取出，晾凉，挤去水分，撒淀粉拌匀。

④ 酿冬菇：胡萝卜、油菜洗净，均切成碎末。将调匀的豆腐馅酿在冬菇伞盖的底部，然后抹平，上面撒上胡萝卜末、油菜末，用刀按实，码入盘内，上屉用旺火沸水足汽蒸 5～7min，取出备用。

⑤ 调味：锅架火上，放入鲜汤、熟猪油、盐，烧开后，放入味精拌匀，用湿淀粉勾芡，淋入香油，浇在冬菇酿豆腐上即可食用。

【产品特点】

色彩美丽，豆腐鲜嫩，清淡不腻，美味可口。

十一、虾蓉酿豆腐

【原料与配方】

豆腐 250g，虾肉 100g，猪肥膘肉 50g，鸡蛋清 1 个，花生油 500g（实耗 60g），盐 4g，糖 15g，醋、料酒各 10g，葱末、香油各 5g，姜末 2g，味精 1.5g，淀粉 20g。

【工艺流程】

豆腐切片→辅料加工→成型→炸制→挂浆→成品

【操作要点】

① 豆腐切片：将豆腐洗净，切成直径 2.5～3cm 的片。

② 辅料加工：虾肉和猪肥膘肉放在一起，剁成虾蓉，放入碗内，加入料酒、葱末、姜末、味精、盐 1.5g、香油和少许淀粉拌匀。蛋清放入碗内，用筷子抽打成雪白浓厚泡沫状，加少许淀粉拌匀成糊。

③ 成型：将豆腐圆片两面撒匀淀粉，放在案板上，以一片作底铺上虾蓉，用另一片作盖夹住虾蓉，即成为酿豆腐生坯。

④ 炸制：锅架火上，放油烧至五成热，将酿豆腐坯蘸匀蛋清糊，投入锅内，用铁筷子划散，滑炸至外脆内熟成金黄色时捞出，控油，盛入盘内。

⑤ 挂浆：另用一锅架在火上，放水少许，加糖熬化成浆，见糖浆起泡时，下入醋和盐，拌和一下即可浇在炸好的豆腐上，盛盘食用。

【产品特点】

外焦里嫩，鲜香味浓，酸甜适口。

十二、百花酿豆腐

【原料与配方】

豆腐 500g，虾蓉 125g，猪肥膘 25g，火腿、胡萝卜各 15g，香菜叶、料酒各 5g，葱姜汁 30g，精盐 3g，味精 1g，湿淀粉 10g，熟鸡油 2g，鸡汤 100g。

【工艺流程】

原料处理→制馅、酿制→蒸煮→勾芡→成品

【操作要点】

① 原料处理：将豆腐切成圆形棋子块（14 块），中间用小铁勺掏空。另将胡萝卜切成长 0.3cm 的细柳叶片；火腿切成末。

② 制馅、酿制：虾蓉放在碗内，倒入葱姜汁搅匀后放料酒、精盐、味精搅好，然后逐一抹入豆腐空内（上呈半圆形），中间撒火腿末作"花蕊"，周围用胡萝卜片作"花瓣"，外围用香菜叶作"花叶"。

③ 蒸煮：待全部制好后摆入盘内，上屉蒸约 7min，取出滗去

水分。

④ 勾芡：炒勺放旺火上，注入鸡汤烧沸，再加入盐、味精，用湿淀粉勾芡，淋入熟鸡油，浇在蒸好的豆腐上即成。

【产品特点】

荤素相配，虾味突出，咸鲜适口。

十三、柱侯文酿豆腐

【原料与配方】

豆腐 8 块，鲮鱼肉 190g，干虾仁 15g，葱少量，柱侯酱 45g，酒、麻油各 2.5g，盐 5g，胡椒粉少许，油适量。

【工艺流程】

制鱼蓉胶→制虾蓉→拌匀→酿豆腐→烧煮→成品

【操作要点】

① 制鱼蓉胶：鱼肉剁烂，加盐 2.5g 拌匀，搅成鱼蓉胶。

② 制虾蓉：干虾仁浸软，洗净，剁成蓉；葱切成末。

③ 拌匀：虾仁蓉、葱末加在鱼蓉胶中拌匀，加胡椒粉少许。

④ 酿豆腐：豆腐对角切开，呈三角形块，共 16 件，从切口处正中深切一刀，然后将拌好的虾鱼料酿入缝中，全部酿好后，放在盘内。

⑤ 烧煮：烧热油，下柱侯酱爆香，继加酒、盐、麻油、胡椒粉、清水拌和，煮沸即排入酿好的豆腐，用慢火文浸，约 8min 即成。逐件上碟，以胡椒粉调味，汁水亦可同碟供用。

【产品特点】

豆腐软嫩，馅心鲜香。

十四、一品酿豆腐

【原料与配方】

豆腐、高汤各 200g，肥膘肉 20g，清水马蹄 30g，虾仁、水发香菇、竹笋、黄瓜各 50g，鸡蛋清 3 个，油菜心、罐头鲜蘑、罐头樱桃、水淀粉、番茄酱、白糖、精盐、料酒、味精、鸡油各适量。

【工艺流程】

制豆腐片→制馅→酿豆腐→调味→成品

【操作要点】

① 制豆腐片：将豆腐抓碎成泥，用细孔筛子滤过，放入碗内，加入鸡蛋清、鸡油、精盐、料酒、高汤搅拌均匀，放在盘中，摊成两片（薄厚一致），上笼用火蒸熟取出。

② 制馅：将虾仁、肥膘肉洗净，分别用刀砸成泥，清水马蹄剁成末，一同放入碗内，加少许番茄酱、白糖、料酒、精盐搅拌成馅。

③ 酿豆腐：把每片豆腐从侧面片成两片，一片平铺在大盘内，放入适量馅心，上面盖上另一片豆腐，将馅包在两片豆腐内，上面用黄瓜、香菇、竹笋拼摆出蟹、竹、梅等图案，豆腐底边周围用香菇镶嵌成云纹状的花纹，豆腐周围根朝外码一圈焯过的油菜心，在菜心上紧贴豆腐周围隔着码一圈鲜蘑和樱桃，上笼蒸 3min 取出。

④ 调味：炒锅放火上，添入鸡汤烧开，加入精盐、味精调好味，用水淀粉勾薄芡，淋上鸡油，浇在豆腐和油菜上面即成。

【产品特点】

图案艳丽，清淡爽口。

十五、三鲜酿豆腐

【原料与配方】

豆腐 250g，水发海参、虾仁、冬笋肉各 50g，香菜末 20g，鸡蛋 1 个，花生油 500g（实耗 60g），酱油 25g，盐、味精各 2g，淀粉 15g，料酒、湿淀粉、香油各 10g，葱花 5g，姜末 2g，清汤适量。

【工艺流程】

原料处理→调糊→油炸→制虾浆→制馅→酿豆腐→调味→成品

【操作要点】

① 原料处理：将豆腐洗净，切成长 6cm、宽 4cm、厚 2cm 的长方块。虾仁、水发海参、冬笋肉均洗净，切成小丁。

② 调糊：鸡蛋打开，分开蛋黄、蛋清，分别放入两个小碗内，蛋黄碗内加些淀粉，调成糊。

③ 油炸：将豆腐块放入烧至七成热的油锅内，炸成金黄色，捞出控油，再用热水泡软，取出晾凉，用刀从一侧开个口，并用小匙把豆腐块内掏空。

④ 制虾浆：虾仁丁放入碗内，加蛋清、淀粉、料酒、盐 0.5g 拌匀浆好，再投入五成热的温油内，滑至嫩熟。

⑤ 制馅：海参丁和冬笋丁放开水锅中焯烫断生，捞出盛入碗内，放入滑好的虾仁，再放入酱油 10g、盐 1g、味精 0.5g、姜末、香油 5g 等拌匀，成为馅料。

⑥ 酿豆腐：将这些馅料分别酿入豆腐块内，用蛋黄糊抹在豆腐块上，并将开口处封好封牢，入屉，放置架在火上的水锅上，旺火烧开，足汽速蒸，从开锅后计，蒸 5～7min，下屉，滗出汤汁，将豆腐块码入盘内。

⑦ 调味：锅架火上，下入蒸豆腐原汤、料酒、盐、酱油、味精和少许清汤，烧开，撒上葱花，用湿淀粉勾稀芡，淋入香油，浇在瓤豆腐上，撒上香菜末，即可上桌食用。

【产品特点】

外柔内嫩，鲜香清醇。

第五章　豆腐干和豆腐皮加工技术

第一节　概　　述

　　豆腐干是一种半脱水豆制品，含水率为豆腐的 $40\%\sim50\%$。豆腐干的制作过程基本同豆腐，但在豆浆浓度、点浆凝固、成型等方面不同。豆腐干在成型、压榨后，要经过切片、油炸、调味烧煮、冷却等工序。豆腐皮又名"百叶"或"千张"。豆腐皮与"豆油皮"不同，前者属于大块豆腐干坯子切片而成，或由豆腐脑压成的薄片制成。

　　豆腐干按加工工艺不同可分为卤制豆腐干、油炸豆腐干、熏制豆腐干、炸卤豆腐干、炒制豆腐干、蒸煮豆腐干及其他种类。卤制豆腐干以豆腐干为原料，添加调味料卤制而成的产品，如白干、名干、香干、臭干等。其中臭干是经臭卤（用于制作臭豆腐的、含有特定微生物种群的具有特殊臭味的原汁）浸制成的产品。油炸豆腐干是豆腐干经植物油炸制而成的，如炸豆腐干、油丝等。熏制豆腐干是豆腐干经造型、盐水煮制、烟熏等工序加工而成具有熏香味的产品，有熏干、熏卷等。除此之外，还有花干、素肚、素蟹、烩干尖、甜辣干等炸卤豆腐干和炒制豆腐干。我国豆腐干的制作历史悠久，形成了许许多多各具特色的地方产品，如河南汝南鸡汁豆腐干、福建长汀豆腐干、宁波香豆腐干、江口豆腐干、柏杨豆干、广灵豆腐干等，已经成为中国人民的传统食品之一。四川的香香嘴、湖南的步步为赢、安徽的采石矶等品牌在区域市场内取得了绝对的优势。

第二节 加工技术

一、豆腐干的加工技术

1. 豆制干的加工工艺流程

原料大豆→精选→浸泡→冲洗→磨浆→滤浆→煮浆→点脑→蹲脑→破脑→浇制→压榨→出包→切块→包装

2. 操作要点

① 原料：选择无霉变或未经热变性处理，蛋白质含量高，色泽光亮、子粒饱满、无虫蛀和鼠咬新大豆为佳。

② 精选：用水漂洗出相对密度较小的草屑、霉豆等，再用淌槽或旋水分离器、震动式水洗机等除去泥土和相对密度较大的沙石等。

③ 浸泡：经过精选的大豆，通过输送系统送入泡料槽或池中加水浸泡。大豆浸泡的用水量最好为大豆的 1.0～2.3 倍。

④ 磨浆：大豆浸泡完毕，弃去泡豆水，经碰擦冲洗并沥尽余水后，即可进入磨内研磨。研磨时必须随时定量进水。加水时的水压要恒定，水的流量要稳，要与进豆相配合，只有这样才能使磨出来的豆浆细腻均匀。水的流量过大，会缩短大豆在磨片间的停留时间，出料快，磨不细，豆糊有颗粒，达不到预期的要求。水的流量过小，豆在磨片间的停留时间长，出料慢，结果会因磨片的摩擦发热而使蛋白质变性，影响产品得率。进豆时的加水量，一般为每千克泡好的豆加 2～5kg 水。

⑤ 滤浆：滤浆又称为过滤或分离，是把豆糊中的豆面分离除去，制得以蛋白质为主要分散质的溶胶体——豆浆。另外，滤浆过程也是豆浆浓度的调节过程，根据豆糊浓度及所生产产品的不同，滤浆时的加水量也不同。豆腐干一般采用熟滤浆法，即把经研磨的豆糊先加热煮沸，然后再过滤。

⑥ 煮浆：煮浆就是通过加热，使豆浆中的蛋白质发生热变性。一方面是为点浆工序创造必要的条件；另一方面还可以减轻异味，提高大豆蛋白的营养价值，杀灭细菌，延长产品的保鲜期。

⑦ 凝固与成型：凝固就是大豆蛋白质在热变性的基础上，在凝固剂的作用下，由溶出状态变成凝胶状态的过程。在生产过程中，它是通过点脑与蹲脑两道工序来完成的。

⑧ 点脑：点脑时豆浆浓度要求大致如下：北豆腐 $7.5\sim8.0°Bé$，南豆腐 $8\sim9°Bé$，豆腐干 $7\sim8°Bé$，干豆腐 $7\sim7.5°Bé$。豆腐干的点脑温度宜偏高一些，常在 $85℃$ 左右。点脑时，豆浆的 pH 值最好控制在 7 左右。pH 值偏高时（高于 7.2）可用卤浆水调节，pH 值偏低时（低于 6.8）可用 1.0％的氢氧化钠溶液调节。

在点脑时，豆浆的搅拌速度和时间，直接关系着凝固效果。搅拌得越剧烈，凝固剂的使用量越少，凝固的速度越快。搅拌速度慢，凝固剂的使用量就多，凝固的速度缓慢。一定要使缸面的豆浆和缸底的豆浆循环翻转，在这种条件下，凝固剂才能充分起到凝固作用，使大豆蛋白质全部凝固。如果搅拌不当，只是局部的豆浆在流转，那么往往会使一部分大豆蛋白质接受了过量的凝固剂而使组织粗糙，另一部分大豆蛋白质接受的凝固剂量不足，而不能凝固，给产量和质量都会带来影响。因此，大型豆腐干生产线一般采用打花机，能够在比较短的时间内对豆花均匀地搅拌处理，保证豆腐花的产量和质量。

⑨ 蹲脑：蹲脑过程宜静不动，否则，已经形成的凝胶网络结构会因振动而使内在组织裂隙，凝固无力，外形不整。蹲脑时间应该适当，太短则凝固不充分；太长则凝固物温度下降太多，不利于以后各工序的正常进行，也不利于成品质量。一般情况下，油豆腐类蹲脑时间为 $10\sim15min$；干豆腐为 $7\sim10min$；老豆腐为 $20\sim25min$；嫩豆腐约为 $30min$。

⑩ 成型：老豆腐只需轻轻破脑，脑花团块在 $8\sim10cm$ 范围较好；豆腐干破脑程度稍重，脑块大小在 $0.5\sim0.8cm$ 为宜，而干瓦腐（薄百页）、豆腐脑则需打成碎末状。豆腐干的成型主要包括上脑、压榨、

出包和冷却等工序。

a. 上脑：豆腐干成型一般可分为两种，即板干和模型豆腐干，它们的区别主要是在成型器具上。前者成型器具只有压板、套框和包布，北方使用比较多，上板前得放好底板，放上套框，铺好包布网即可。后者成型器具有压板，竹帘、花格和套框，上板前先捏好底板，再放好竹帘、花格和套框，最后铺一层包布浇脑。此方法南方用得比较多。上板时要求与水豆腐相似，轻快、均匀，厚薄适度，一般豆脑厚度以 5～6mm 为宜。

b. 压榨和出包：豆腐干的压榨，一般是将 30～40 板叠垛后上榨压制。压榨器械主要是榨丝机或液压机。上压时要求先轻后重、压力均匀、压正不偏、干湿适度，压榨时间一般在 20～30min。含水量要求控制在 60%～65%。压制好的豆腐干可以人工揭开包布或利用剥皮机将上、下包布剥离。后者制得豆腐干免整理，操作方便，节省人工，破损率低，占地面积小。

⑪ 切块：切块方法有手工切制和机械切制两种。多刀切制机是机械切制的常用设备。机械切制边形整齐，不连刀，效率高，豆干的横向切断是利用偏心轮带的断刀，根据尺寸要求切断，刀刃可以转动位置、角度，切出不同斜度的形状，切块宽度是通过切刀切断的，该刀架共有四种不同宽度的刀，需要哪种刀就把这种刀调到最低点，切出所需要的宽度。

⑫ 包装：豆腐干制品的包装一般采用真空包装法，通过减少包装袋中氧气含量，抑制好氧菌的繁殖来达到保鲜目的的。双室真空包装机是利用一个真空盖在两个真空室上相互交替工作，从而达到提高工作效率的作用，当一个真空室在抽真空室时，另一个真空室可以摆放包装物。适用于较大规模生产型企业的豆腐干制品包装。

二、豆腐皮的加工工艺

豆腐皮是将豆腐铺于长条白布上，将白布连同豆腐一起叠成多层，压去水分而制成。其营养价值和操作要点与豆腐基本相同，将豆腐皮晾干后，可长期保存不变质。

1. 豆腐皮的加工工艺流程

原料处理→泡豆→磨浆→过滤→煮浆→点浆→浇浆→压榨→剥下→煨制→成品

2. 操作要点

① 原料处理、泡豆、磨浆、过滤、煮浆：与豆腐制法相同。

② 点浆：豆浆煮沸后，在点浆前须在热浆中加 1/4 左右的水，以降低浆的浓度，并可减慢凝固剂的作用速度，使压榨时水分易排出。

③ 浇浆：将做豆腐皮的木制模型方框放在底板上，把长条包布的一端平铺在模型内，四角摊平，不折不皱，用大勺把豆浆均匀倒在包布上。浆要尽量摊薄，再把包布轻轻覆盖在上面，反复折叠，一层包布一层浆，依次浇下去，每个模型约浇制 30 张左右。

④ 压榨：把浇制好的模型搬到闸架上，并移到压榨位进行压榨。压时逐步收紧撬棍加压，14min 后松撬脱模，把压过的豆腐皮连同包布底朝上翻置，再放进模型里，二次上闸架再压 10min。

⑤ 剥下：将压榨后的模型搬下，逐层揭开包布，剥下豆腐皮。

⑥ 煨制：剥下的豆腐皮放入锅内加汤料煮。汤料配制一般为每百张豆腐皮用食盐、花椒、茴香各 50g。熬煮半小时左右即可出锅。

第三节　常见质量问题

根据卫生防疫部门的检测结果，微生物污染是此类豆制品的主要卫生问题。干豆腐、豆腐干和百叶都属于豆干类制品，水分含量在 55％～65％。虽然水分含量远低于豆腐脑、南豆腐、北豆腐等豆腐类制品，但是水分活度不足以抑制大多数微生物的生长，常见的质量问题仍然是由于微生物引起的腐败变质。

此外，有些厂家为了延长豆制品的保质期，在这些食品的制作过程中常加入食品添加剂，而有些食品添加剂具有毒性。吊白块的违法使用成为豆腐干的重要质量问题。由于吊白块对人体健康危害严重，所以国家明令禁止将吊白块作为食品添加剂使用。目前市售豆制品吊白块检出率较高，主要原因是：吊白块具有增白、保鲜、提高韧性的作用，加入后使腐竹、干豆腐等豆制品不易煮烂，色感满意；此外吊白块具有凝固蛋白的作用，加入后可提高腐竹、豆腐皮等豆制品的产量 10％左右。

第四节　质量标准

一、豆腐干质量标准

1. 感官指标

① 色泽指标：良质豆腐干呈乳白色或浅黄色，有光泽。次质豆腐干比正常豆腐干的颜色深。劣质豆腐干色泽呈深黄色略微发红或发绿，无光泽或光泽不均匀。

② 组织状态指标：良质豆腐干质地细腻，边角整齐，有一定的弹性，切开处挤压不出水，无杂质。次质豆腐干质地粗糙，边角不齐或缺损，弹性差且易被折断，切口处可挤压出水珠。劣质豆腐干质地粗糙、无弹性，表面黏滑，切开时粘刀，切口挤压时有水流出。

③ 气味指标：良质豆腐干具有豆腐干特有的清香气味，无其他任何异味。次质豆腐干的豆腐干特有香气平淡。劣质豆腐干有馊味、腐臭味等不良气味。

④ 滋味指标：良质豆腐干滋味醇正，咸淡适口。次质豆腐干本身滋味平淡，偏咸或偏淡。劣质豆腐干有酸味、苦涩味及其他不良滋味。

豆腐干应具有该类产品特有的颜色、香气、味道，无异味，无可见外来杂质，并还应符合表 5-1 的规定。

表 5-1　豆腐干类产品的感官要求

项目	要求						
	卤制豆腐干	油炸豆腐干	熏制豆腐干	炸卤豆腐干	炒制豆腐干	蒸煮豆腐干	其他类
外观形态	形状完整，厚薄均匀，无焦煳						
色泽	具有该产品特有的色泽						
风味	咸淡适中，口感细腻，具有卤制品特有的风味	香味浓郁，具有油炸后应有的香味	咸淡适中，具有特殊的熏香味	咸淡适中，具有炸卤制品特有的风味	咸甜适中，具有炒制品特有的风味	咸淡适中，具有蒸制品特有的风味	具有该产品应有的风味
杂质	无肉眼可见杂质						

2. 理化指标

应符合表 5-2 的规定。

表 5-2　豆腐干类产品的理化指标

项目	要求							
	卤制豆腐干		油炸豆腐干	熏制豆腐干	炸卤豆腐干	炒制豆腐干	蒸煮豆腐干	其他豆腐干
	卤制	臭豆腐干						
水分/(g/100g)	75.0	85.0	63.0	70.0	75.0	75.0	75.0	75.0
蛋白质/(g/100g)	14.0	7.0	17.0	15.0	13.0	14.0	12.0	12.0
食盐(以 NaCl 计)/(g/100g)	4.0							

3. 卫生指标

应符合表 5-3 的规定。

表 5-3　豆腐干的卫生指标

项目	要求							
	卤制豆腐干		油炸豆腐干	熏制豆腐干	炸卤豆腐干	炒制豆腐干	蒸煮豆腐干	其他豆腐干
	臭豆腐干	卤制						
过氧化值（以脂肪计）/（g/100g） ≤	—	应符合 GB 16565 规定	—	—	—	—	—	—

续表

项目	要求							
	卤制豆腐干		油炸	熏制豆	炸卤豆	炒制豆	蒸煮豆	其他豆
	臭豆腐干	卤制	豆腐干	腐干	腐干	腐干	腐干	腐干
酸价（以脂肪计）（KOH）/(mg/g) ≤	—	应符合GB 16565规定	—	—	—	—	—	—
苯并(α)芘/(µg/kg) ≤	—	应符合GB 2762规定	—	—	—	—	—	—
铅(Pb)/(mg/kg) ≤	应符合 GB 2711 规定							
总砷(以 As 计)/(mg/kg) ≤	应符合 GB 2711 规定							
硒(Se) /(mg/kg) ≤	应符合 GB 2762 规定							
黄曲霉毒素 B_1/(µg/kg) ≤	应符合 GB 2751 规定							
微生物	应符合 GB 2712 规定	应符合 GB 2711 规定						
食品添加剂	应符合 GB 2760 规定							

二、豆腐皮的质量标准

① 豆腐皮感官指标：呈薄膜状，薄厚均匀，形状完整，质地柔韧。

② 豆腐皮的理化指标为：水分 ≤ 20.0g/100g，蛋白质 ≥43.0g/100g。

③ 卫生指标应符合表 5-3 的规定。

第五节　豆腐干类

一、白豆腐干

【原料与配方】

大豆 100kg，盐卤 3kg。

【工艺流程】

泡豆→磨糊→滤浆→煮浆→点浆→成型→压榨→切干（或包干）

【操作要点】

① 泡豆、磨糊：同豆腐制作。

② 滤浆：在滤浆工序时多添加 60℃温开水，不论滤浆几次，添加温开水的总量为 400kg。

③ 点浆（点脑）：每 100kg 大豆磨出的豆浆，点脑时需用盐卤 3kg，并加冷水 10kg 一并调制成卤水。点卤时，卤水以细流加入，同时使浆液（浆温以 75～80℃为宜），上下翻滚，使卤水与浆水均匀混合。但翻动不宜过猛。当浆成脑后约需蹲脑 10min。

④ 成型：先将模型放在榨盘上，铺置包布后，再将豆腐脑掏泼在包布上并摊开，然后将包布的四角叠起来包脑。再放上一层木板和模型，继续掏泼豆腐脑。至豆腐脑掏泼完为止。

⑤ 压榨、切干（或包干）：将模型放稳，压榨 20min，除去大量水分，成大块白豆腐干。将压榨后大块白豆腐干的包布解除，用板尺按 6.5cm×6.5cm×1.2cm 规格切成方块，即为白豆腐干成品。每 100kg 干豆可制出约 250 块成品。

【质量标准】

① 感官指标：色白，味道平淡，清香，品质柔软有劲。

② 理化指标：水分≤75%，蛋白质≥14%；砷≤0.5mg/kg，铅≤1mg/kg；添加剂的允许含量按标准执行。

③ 微生物指标：细菌点数出厂时不超过 5 万个/g，大肠菌群近似值出厂时不超过 70 个/100g，致病菌出厂或销售均不得检出。

二、卤汁豆腐干

历史悠久的苏州特产卤汁豆腐干由于配料和工艺十分讲究，故盛名经久不衰。苏州卤汁豆腐干具有软、糯、鲜、甜、香之特点，入口鲜甜软糯，兼有蜜饯风味。中空、富含卤汁，呈酱红色，卤汁晶莹，外观诱人。以小方盒包装，携带与馈赠亲友十分便利。

【原料与配方】

白豆腐干 100kg，酱油 20kg，盐 400g，桂皮、大料各少许，花椒 100g，草果 100g，花生油 100kg（约耗 2.5kg）。

【工艺流程】

原料处理→油炸→煮干→成品

【操作要点】

① 原料处理：将豆腐干切成 5cm 见方的块，下冷水锅煮开捞起晾干。香料装入纱布袋中。

② 油炸：炒锅放在旺火上，放入花生油，烧至七成热时，将豆腐干投入锅中，见炸至豆腐干外层起泡色黄时捞出。

③ 煮干：锅放在中火上，放入炸过的豆腐干和盐、香料袋、酱油，加水至刚没过豆腐干，烧沸后，再改用小火卤 10min 即成。食用时整块切成片状装盘，浇入原卤汁少许。

【质量标准】

① 感官指标：色泽酱红，有光泽，香气正常，鲜甜略咸，无异味，块形完整均匀，质地疏松，有弹性，软糯，卤汁丰富，无杂质。

② 理化指标：水分≤63%，蛋白质不得低于 15%，总糖不得低于 17%，食盐不得超过 3%。

③ 微生物指标：细菌总数出厂时不超过 5 万个/g，大肠菌群近似值出厂时不超过 70 个/100g，致病菌出厂或销售均不得检出。

三、模型豆腐干

【原料与配方】

大豆 100kg，25°Bé 盐卤 10kg，水 800～1000kg。

【工艺流程】

泡豆→磨糊→滤浆→煮浆→点浆→蹲脑→破脑→抽泔→摊袋→上脑→压榨→划坯→出白→成品

【操作要点】

① 点浆：将 25°Bé 的浓盐卤加水冲淡至 15°Bé 后做凝固剂。其点浆的操作程序与制盐卤老豆腐时相似，但在点浆时速度要快些、卤条

要粗一些，当花缸中出现有蚕豆颗粒那样的豆腐花、既看不到豆腐浆、又见不到沥出的黄泔水时，可停止点卤和翻动。最后在豆腐花上洒少量盐卤，俗称盖缸面。采用这种点浆方法凝成的豆腐花，质地比较老，即网状结构比较紧密，被包在网眼中的水分比较少。

② 蹲脑：蹲脑时间掌握在15min左右。

③ 破脑：用大铜勺，口对着豆腐花，略微倾斜，轻巧地插入豆腐里。一面插入，一面顺势将铜勺翻转，使豆腐花亦随之上下地翻转，连续两下即可。在操作时，要使劲有力，使豆腐花全面翻转，防止上下泄水程度不一。同时要轻巧顺势，不使豆腐花的组织严重破坏，以免使产品粗糙而影响质量。

④ 抽泔：将抽泔箕放在破脑后的豆腐花上，使泔水渐渐积在抽泔箕内。再用铜勺把泔水抽提出来，可边浇制豆腐干、边抽泔，抽泔时要落手轻快，不要碰动抽泔箕。

⑤ 摊袋：先放上一块竹编垫子，再放一只豆腐干的模型格子。然后，在模型格子上摊放好一块豆腐干包布。布要摊得平整和宽松，使成品方正。

⑥ 上脑：将豆腐花舀到豆腐干的模型格子里后，要尽可能使之呈平面状。待豆腐花高出模型格子2～3mm时，整平豆腐花，使之厚薄、高低一致，然后用包布的四角覆盖起来。

⑦ 压榨：把浇制好的豆腐干，移入液压榨床或机械榨床的榨位上，在开始的3～4min内，压力不要太大。待豆腐泔水适当排出，豆腐干表面略有结皮后，再逐级增加压力，继续排水，最后紧压约15min。到豆腐干的含水量基本达到质量要求时，即可放压脱榨。如果开始受压太大，会使豆腐干的表面过早生皮，影响内部水分的排泄，使产品含水量过多，影响质量。豆腐干的点浆、板泔、浇制和压榨这四个环节都有豆腐花的泄水问题，如果点浆点老了，在板泔时不能板得太足，点浆点得嫩了，板泔时就应适当板得足些。另外，在浇制和压榨时也应根据点浆和板泔的情况掌握好泄水程度。

⑧ 划坯：先将豆腐干上面的盖布全部揭开，然后连同所垫的竹编一起翻在平方板上，再将模型格子取去。揭开包布后，用小刀先切

去豆腐干边沿，再顺着模型的凹槽划开。

⑨ 出白：把豆腐干放在开水锅里，把水烧开后用文火焐 5min 后取出，自然晾干。这个过程俗称为出白。经出白可使豆腐干泔水在开水中进一步泄出，从而使豆腐干坚挺而干燥。

【质量标准】

① 感官指标：不粗，表皮不毛、不胖，两面条斜切 11 刀，拉长 120mm，干丝不断。规格：成品每 10 块重 325～362.5g，外形四角方正，厚薄均匀。

② 理化指标：水分≤75％，蛋白质≥16％；砷≤0.5mg/kg；铅≤1mg/kg；添加剂的允许含量按标准执行。

③ 微生物指标：细菌点数出厂时不超过 5 万个/g，大肠菌群近似值出厂时不超过 70 个/100g，致病菌出厂或销售均不得检出。

四、布包豆腐干

【原料与配方】

大豆 100kg，25°Bé 盐卤 10kg，水 800～1000kg。

【工艺流程】

泡豆→磨糊→滤浆→煮浆→点浆→蹲脑→破脑→抽泔→摊袋→上脑→压榨→成品

【操作要点】

① 点浆：将 25°Bé 的浓盐卤加水冲淡至 15°Bé 后做凝固剂。其点浆的操作程序与制盐卤老豆腐时相似，但在点浆时速度要快些、卤条要粗一些，一般可掌握在像赤豆粒子那样大，铜勺的翻动也要适当快一些。当花缸中出现有蚕豆颗粒那样的豆腐花、既看不到豆腐浆、又见不到沥出的黄泔水时，可停止点卤和翻动。最后在豆腐花上洒少量盐卤，俗称"盖缸面"。采用这种点浆的方法凝成的豆腐花，质地比较老，即网状结构比较紧密，被包在网眼中的水分比较少。

② 蹲脑：蹲脑时间掌握在 15min 左右。

③ 破脑：用大铜勺，口对着豆腐花，略微倾斜，轻巧地插入豆腐里。一面插入，一面顺势将铜勺翻转，使豆腐花亦随之上、下翻

转。连续两下即可。在操作时，要使劲有力，使豆腐花全面翻转，防止上、下泄水程度不一，同时要轻巧顺势，不使豆腐花的组织严重破坏，以免使产品粗糙而影响质量。

④ 抽泔：将抽泔箕轻放在破脑后的豆腐花上，使泔水渐渐积在抽泔箕内，再用铜勺把泔水抽提出来，可边浇制豆腐干，边抽泔。抽泔时落手要轻快，不要碰动抽泔箕。

⑤ 摊袋：先放上一块竹编垫子，再放一只豆腐干的模型格子。然后，在模型格子上摊放好一块豆腐干包布。布要摊得平整和宽松，使成品方正。

⑥ 上脑：布包豆腐干是用 100mm 见方的小布，一块一块地包起来的。浇制包布的方法：先用小铜勺把豆腐花舀到小布上，接着把布的一角翻起包在豆腐花上，再把布的对角复包在上面，然后顺序地把其余两只布角对折起来。包好后顺序排在平方板上，让它自然沥水。待全张平方板上已排满豆腐干，趁热再按浇制的先后顺序，一块一块地把布全面打开，再把四只布角整理收紧。

⑦ 压榨：把浇制好的豆腐干移入土法榨床的榨位后，先把撬棍栓上撬尾巴，压在豆腐干上面 3～4min，使泔水适量排出。待豆腐干表面略有结皮，开始收缩榨距，增加压力直至紧撬。约 15min 后，即可放撬脱榨，取去布包，即成正品。

【质量标准】

① 感官指标：块形四角方正，厚薄均匀，不粗，表皮不毛、不胖。质地坚实，刀切后内在表面有光亮，豆香味足，吃口既坚又糯。

② 理化指标：水分≤70%，蛋白质≥17%；铅≤1mg/kg；砷≤0.5mg/kg；添加剂符合国家规定。

③ 微生物指标：细菌总数出厂时不超过 5 万个/g，大肠菌群近似值出厂时不超过 70 个/100g，致病菌出厂或销售时均不得检出。

五、家制酱油干

【原料配方】

大豆 100kg，酱油、糖色、水各适量。

【工艺流程】

大豆去杂→浸泡→磨浆→滤浆→点浆→成型→压榨→煮干

【操作要点】

① 原料处理：大豆浸泡、磨糊、滤浆等操作与普通白豆干工序相同。

② 点浆：点浆时，先把石膏加 5 倍的水化开，徐徐加入豆浆内（豆浆以 75℃ 左右为宜），并不停地搅动，使之充分混匀。

③ 成型：成型前，将模型放在榨盘上，铺置好包布，将豆脑均匀摊在包布上，然后将包布四角叠起包紧，上放具（6.5×6.5）cm 大小凸起方格的模板和模型。同样方法包完为止。

④ 压榨：豆脑包完后，一起压榨 30min 左右。时间长短应视压力和豆干坯含水量而定，一般制酱干的豆干坯比白豆干含水量低。

⑤ 煮干：将压好的豆干坯放入酱油水（每 1kg 水加 1.3kg 酱油和 0.25kg 糖色混匀）内，煮开即断火，白干坯仍留在酱油水中浸泡数分钟即成（浸泡时间视着色情况而定）。

【质量标准】

① 感官指标：色泽棕褐，质地坚实，有韧劲，酱香浓郁。

② 理化指标：水分不超过 75%，蛋白质不低于 13%；砷不超过 0.5mg/kg，铅不超过 1mg/kg；添加剂含量符合规定。

③ 微生物指标：细菌总数出厂时不超过 5 万个/g，大肠菌群近似值出厂时不超过 70 个/100g，致病菌出厂或销售均不得检出。

六、鸡汁豆腐干（河南汝南）

汝南鸡汁豆腐干原名五香豆腐干，自 300 年前创制以来，以其独特的风味一直受到人们的欢迎。在其沿传的历史中，几经精心改良，至今更是香飘万里。

【原料与配方】

① 大豆 100kg，25°Bé 盐卤 10kg，水适量。

② 汤料：酱油、老母鸡汤、芝麻油、生姜、大葱、大料、小茴香、花椒、丁香、良姜、豆蔻、砂仁、肉桂、炒果各适量。

【工艺流程】

制浆、成型 → 出白 → 煨汤 → 成品

【操作要点】

① 制浆、成型：从制浆到成型的操作方法与一般香豆腐干相仿。

② 出白：在煨汤前先把豆腐干坯子放在热水锅里浸泡 5min，去除坯子内的部分黄泔水。这样可使豆腐干在加香料煨煮时香味渗透入骨。

③ 煨汤：汤系由天然酱油、老母鸡汤、芝麻油、生姜、大葱、大料、小茴香、花椒、丁香、良姜、豆蔻、砂仁、肉桂、炒果等配合烧煮而成。煨汤方法：可以一次煨汤 30min 后晾干；也可以采用循环烧煮法。烧煮 5min 后晾干，再烧煮，再晾干，都会使香味、鲜味、咸味渗透到香豆腐干里面去。

【质量标准】

① 感官指标：外形四方，呈褐黑色，表面透亮，内呈褐黄色，质地坚韧，咬嚼有劲，咸淡适口，味道鲜美而醇厚。一般可存放 2～3 个月。

② 理化指标：水分≤75%，蛋白质≥13%；砷≤0.5mg/kg，铅≤1mg/kg；添加剂含量符合规定。

③ 微生物指标：细菌总数出厂时不超过 5 万个/g，大肠菌群近似值出厂时不超过 70 个/100g，致病菌出厂或销售均不得检出。

七、猪血豆腐干

猪血豆腐干是陕西汉阴著名传统风味食品，已有 300 多年的生产历史。汉阴一带加工制作猪血豆腐干的传统习惯不仅久远，而且普遍。猪血豆腐干是在制成豆腐料后，加入一定量的猪血、精瘦肉和其他调料精制而成，是一种富含铁质并且风味独特的新型豆制品。

【原料与配方】

大豆 100kg，盐卤片 5kg，猪血、精瘦肉、生姜、香葱、食盐、味精、五香粉各适量。

【工艺流程】

大豆→选料→泡料→磨料制浆→煮浆→点脑→蹲脑→初压→混合（猪血、调料）→压榨成型→烘干→包装

【操作要点】

（1）制豆腐料

① 选料：选颗粒饱满、无虫蛀的大豆。

② 泡料：根据季节的不同，春、秋季浸泡 12～14h。夏季 6～8h，冬季 14～16h。夏季浸泡至九成开，搓开豆瓣中间稍有凹心，中心色泽略暗；冬季泡至十成开，搓开豆瓣呈乳白色，中心浅黄色，pH 为 6。

③ 磨料制浆、煮浆：浸泡好的大豆要进行水选或水洗，然后滴水，下料进行磨浆，加入沸水并进行搅拌。按豆∶水为 1∶8 加水，以加速蛋白质的逸出。最后离心过滤，得到豆乳。把豆乳加热至沸 2～3min，使蛋白质变性，同时起到灭酶、杀菌作用。

④ 点脑、蹲脑：用卤水进行点脑，一般先打耙后下卤，卤水量先大后小。脑花出现 80% 停止下卤。点脑后静置 20～25min 蹲脑。

⑤ 初压：蹲脑后开缸放浆上榨，压榨时间为 20min 左右。压力按两板并压为 60kg，制成含水量较低的豆腐料。

（2）猪血预处理、调料处理　把鲜猪血过滤，然后加入 0.8% 的氯化钠，放入冰箱（或冷库）待用。先把精瘦肉、生姜、香葱分别捣成浆，然后加入食盐、味精、五香粉等配料，搅拌均匀备用。

（3）混合、压榨成型　把制好的豆腐料、猪血、调料一起加入配料缸，搅拌，使之混合均匀。混合均匀的原料，上榨进行压榨，并按花格模印，顺缝打刀，切为整齐的小块。

（4）烘干　把豆腐块放入烘箱中烘干，一般采用热风干燥。干燥后使其含水率为 10%～12%。干燥温度 50～60℃，时间 8～10h。

【质量标准】

① 感官指标：色泽为深褐色，带有肉制品及豆制品的烤香，风味独特，质地软硬适中。

② 理化指标：水分为 10%～12%；砷≤0.5mg/kg，铅≤1mg/kg；添加剂含量符合规定。

③ 微生物指标：细菌总数出厂时不超过 5 万个/g，大肠菌群近似值出厂时不超过 70 个/100g，致病菌出厂或销售均不得检出。

八、长汀豆腐干（福建）

长汀豆腐干是福建西部长汀县的传统名食，为著名的"闽西八大干"之一，也是我国一种大众化的素菜，在国内外市场上颇负盛名。长汀豆腐干为边长 5cm 的正方形，厚薄约 1cm，色似咖啡，半透明，咸甜兼备，咀嚼香脆，营养丰富，佐餐下酒皆宜。

【原料与配方】

黄豆 100kg，盐卤片 4～5kg，酱油 40kg，白糖 4kg，精盐、味精各 2.4kg，桂皮 800g，甘草 1.6kg，小茴香、大料各 640g，公丁香 200g。

【工艺流程】

大豆→选料→浸豆→磨浆→过滤→煮浆→点卤→制液→浸焖→成品

【操作要点】

豆腐干的生产流程中浸豆、磨浆、过滤、煮浆这四道环节与制作豆腐相同。不同的工序如下：

① 点卤、造块：制豆腐干的豆浆应用 25°Bé 的盐卤水做凝固剂，每 100kg 的黄豆用量 4～5kg。浆温掌握在 80℃ 时点卤为好。点卤方法与豆腐相同。豆腐花上架包好压榨时，要比普通食用的豆腐稍微老硬一些。压榨时间 20min 左右，比豆腐多 1 倍时间。含水量掌握在有一定韧度和弹性时即可。松榨后，趁热按每块长 5cm×宽 5cm 规格划成方形的小豆腐块。

② 制液：豆腐干加工过程，要配制好浸泡用的浆液（又称卤汁）。其原料选用甘草、大料、小茴香、公丁香、桂皮。操作要点：把甘草、大料、小茴香、公丁香及桂皮置于锅中，放适量水煮沸，让其出味，然后用纱布过滤，除去残渣，取其清液即成浆液。

③ 浸焖：把划好的小方块豆腐坯，放入卤汁中浸泡，浸泡 2～3h，若卤汁味差一点的可浸 4～5h。然后把卤汁连同豆腐干倒进锅

里，投入适量的白糖、食盐、味精和酱油，文火煨焖 10～20min，使其上味。成品味香色纯，有一定韧性和弹性，即可上市。出品的豆腐干，待干燥后用塑料薄膜袋按每袋 20 块包装。

【质量标准】

① 感官指标：色似咖啡，半透明，咸甜兼备，咀嚼香脆。

② 理化指标：蛋白质含量≥13％，水分含量≤75％，添加剂含量符合有关规定。

③ 微生物指标：细菌总数出厂时不超过 5 万个/g，大肠菌群近似值出厂时不超过 70 个/100g，致病菌不得检出。

九、枫泾豆腐干

枫泾豆腐干产于上海枫泾镇，迄今已有百余年生产历史，然而真正把天香豆腐干作为特色品种来生产、经营，则是从 60 多年前的夏隆顺豆腐店开始的。

【原料与配方】

大黄豆 100kg，桂皮、酱色、味精各少许，白糖适量。

【工艺流程】

原料处理→煮干

【操作要点】

① 原料处理：将大豆用水泡涨，拣洗干净，带水磨成浆，点浆制豆腐，压干。划匀后，采取 4 排包法。每板 240 块，冷却。

② 煮干：将锅放火上，将豆腐码入锅内（每锅约可码 3000 块），码好后，加适量水和桂皮、酱色、白糖、味精，用大火连烧带焐。熟后，第 2 天回锅一次，即可出锅晾干供食。

【质量标准】

① 感官指标：酱色，软绵有韧性，香喷喷，甜滋滋，味极鲜美。

② 理化指标：水分含量≤75％，蛋白质含量≥13％，添加剂含量符合有关规定。

③ 微生物指标：细菌总数出厂时不超过 5 万个/g，大肠菌群近似值出厂时不超过 70 个/100g，致病菌不得检出。

十、香豆腐干

【原料与配方】

大豆 100kg，食盐 14kg，茴香 1.5kg，花椒、酱油各 250g，红糖适量。

【工艺流程】

制豆腐脑→压制成型→制调料→上色→烘干→成品

【操作要点】

① 制豆腐脑、压制成型：从原料处理直至点浆工序，都与豆腐制法相同。将豆腐脑舀进制豆腐干的模型中，用白布包紧、重压、沥水、成型、切成小块。

② 制调料、上色：将食盐、茴香、花椒等辅料装入一小布袋内，放入锅内煮沸。将沥去水分成型的豆腐干放入调料液中浸煮 20～30min 后，再加入酱油、红糖上色。

③ 烘干：将上过色的豆腐干改用文火烘干后，用蜡纸或油纸包装后即为香豆腐干。

【质量标准】

① 感官指标：色泽为淡咖啡色，外形整齐，组织内部质地细腻、柔嫩，具有豆腐干特有的香气。

② 理化指标：水分≤70％，蛋白质≥14％；砷≤0.5mg/kg，铅≤1mg/kg；添加剂含量符合规定。

③ 微生物指标：细菌总数出厂时不超过 5 万个/g，大肠菌群近似值出厂时不超过 70 个/100g，致病菌出厂或销售均不得检出。

十一、模型香豆腐干

【原料与配方】

大豆 100kg，25°Bé 盐卤 10kg，盐 280g，茴香 140g，水 800～1000kg，桂皮 400g，鲜汁 5.6kg。

【工艺流程】

大豆→选料→浸豆→磨浆→过滤→煮浆→点浆→破脑→摊袋→上

脑→压榨→煨汤→成品

【操作要点】

① 点浆：香豆腐干用盐卤的浓度与点浆方法和模型豆腐干相仿，但凝集的豆腐花比模型豆腐干要适当嫩一些，这样有利于提高豆腐干的韧度。涨浆时间为 15min 左右。

② 破脑：板泔的方法与模型豆腐干相仿，但要板得足些，使豆腐花翻动大，豆腐花泄水多。应用点嫩板足的办法，使做成的香豆腐干质地坚韧、有拉劲，成品入口有嚼劲，达到香豆腐干坚韧的特色。

③ 摊袋：放上一块竹编垫子，再放上一只模型格子，再放上一块豆腐干包布，并要摊得平整、宽松。

④ 上脑：模型格子较模型豆腐干的模型格子薄，这样有利于在压榨时坯子泄水，提高香豆腐干质地坚实和韧劲，上脑成型的方法与模型豆腐干基本相仿。

⑤ 压榨：香豆腐干能否达到坚韧，压榨是最后一环。它的压榨方法与模型豆腐干相仿，但要压榨得较为强烈，使其坯子有较大的出水，达到产品坚韧要求。

⑥ 煨汤：煨煮香豆腐干的料汤，系用盐、茴香、桂皮、鲜汁及若干水配制而成。料汤煮开后，把香豆腐干白坯浸入在料汤内，先煮沸，然后用文火煨。煨汤时间最短不能少于 20min。

【质量标准】

① 感官指标：不粗、表皮不毛、质地坚韧，对角折而不断，色泽均匀。规格：每 10 块重 200～325g，块形四角方正，厚薄均匀。

② 理化指标：含水量≤70%，蛋白质≥18%；砷≤0.5mg/kg；铅≤1mg/kg；添加剂含量符合规定。

③ 微生物指标：细菌总数出厂时不超过 5 万个/g，大肠菌群近似值出厂时不超过 70 个/100g，致病菌出厂和销售时均不得检出。

十二、布包香豆腐干

【原料与配方】

大豆 100kg，25°Bé 盐卤 10kg，水 800～1000kg。

汤料配方：盐500g，茴香125g，桂皮357g，鲜汁5kg，水适量。

【工艺流程】

大豆→选料→浸豆→磨浆→过滤→煮浆→点浆→制坯→划坯→布包→压榨→煨汤→成品

【操作要点】

① 点浆：将25°Bé盐卤加水冲淡至15°Bé用做凝固剂，点浆时速度要快些，卤条要粗一些，像赤豆粒那么大。铜勺的翻动也要快一些。花缸中出现有蚕豆粒样的豆腐花，既看不到豆腐浆，又看不到沥出的黄泔水时，可停止点卤和翻动。上面再洒少许盐卤即可。

② 制坯：把豆腐花包布摊放在香豆腐干坯子的大套圈里，舀入豆腐花，把布拉平后，再把布的四角覆盖好，即可上榨加压，使一部分水分排泄出去。所得的坯子较老豆腐老一些，但坯子含水量仍较高，约为85%，然后把坯子翻出在平方板上。

③ 划坯：按香豆腐干的大小，划成块状，备布包。

④ 布包：用100mm见方的小布，把划好的坯子用布包按对角收紧包好后，按顺序整齐排列于平方板上，准备上榨。

⑤ 压榨、煨汤：压榨的方法与压榨豆腐干的方法相同，但要压得干一些，其水分要低于豆腐干。待符合要求后，放撬脱压，剥下包布即为香豆腐干白坯。按汤料配方将汤料放入锅内，煮开后，把白坯浸入料汤内，先煮沸，然后用文火煨。时间不少于20min，最多可煨1~2h。时间越长，色、香、味越佳。每100kg大豆能制布包香豆腐干5000块。

【质量标准】

① 感官指标：外形四角方正，厚薄均匀，不粗，表皮不毛、不胖。豆香味足，吃口既坚又糯，入口有嚼劲。

② 理化指标：水分≤75%，蛋白质≥16%；砷≤0.5mg/kg；铅≤1mg/kg；添加剂含量符合规定。

③ 微生物指标：细菌总数出厂时不超过5万个/g，大肠菌群近似值出厂时不超过70个/100g，致病菌出厂或销售均不得检出。

十三、宁波香豆腐干

【原料与配方】

大豆 100kg，味精 200～250g，糖精 5g，食盐 4～5kg，麻油 800～1000g，茴香、桂皮各 400～600g。

【工艺流程】

原料→豆浆→点浆→涨浆→板淌→抽淌→成型→出白、烧煮→整理→成品

【操作要点】

① 制浆、抽淌：从制豆浆到抽淌，与制其他豆腐干相同。

② 成型：把豆腐花舀在套圈里拔坯后，才上撬压榨，将坯子压榨到能划坯成块即可。然后把整块的坯子翻在平方板上。用模棍划块，成 50mm×50mm×25mm 体积的香干坯子，再用布包紧坯子。上撬时，每板排成 8 块×8 块，用木框套上。然后在每块豆腐干上面加铅印，依次类推，一板加一板地压在上面。待把一缸的坯子包完，再上撬压榨。等豆腐干坚韧紧实后，放撬脱榨，拆去包布冷却。

③ 出白、烧煮：把豆腐干放在开水里煮一下，这样可使豆腐干内的黄淌水排出。先将糖精、盐、茴香、桂皮等配料放在锅内烧开，然后将白坯豆腐干倒入，汤水要以浸没白坯为准，再加入味精进行煨汤。煨汤完毕后取出冷却，豆腐干表面涂上麻油。

④ 整理：将宁波香干一块块竖放排好，剔除缺角次品。

【质量标准】

① 感官指标：不粗，表皮不毛，四角方正，质地坚韧，厚薄均匀，色泽光亮，有麻油香和鲜味。每 10 块重 500～550g，每块 50mm 见方、厚 25mm。

② 理化指标：水分≤75%，蛋白质≥16%；砷≤0.5mg/kg，铅≤1mg/kg；添加剂含量符合规定。

③ 微生物指标：细菌总数出厂时不超过 5 万个/g，大肠菌群近似值出厂时不超过 70 个/100g，致病菌出厂或销售均不得检出。

十四、天竺香干

【原料与配方】

大豆 100kg，味精 1kg，糖精 10g，茴香、桂皮各 1～3.125g，盐 5kg。

【工艺流程】

制坯→白坯烧煮→包扎→成品

【操作要点】

① 制坯：与其他豆腐干相同，但模型格子小一点。

② 白坯烧煮：先将配料糖精、盐、茴香、桂皮放入锅内和汤一起烧开，再将白坯倒入。然后加味精，最后煨汤，捞出，冷却。

③ 包扎：每扎 10 小块，要扎得整齐、松紧适中。

【质量标准】

① 感官指标：不粗，表皮不毛、不断、不碎，质地坚韧，颜色均匀，有香鲜味。每扎 10 块，共重 750～775g，每块 35mm 见方、厚 5mm。

② 理化指标：水分≤75%，蛋白质≥14%；砷≤0.5mg/kg，铅≤1mg/kg；添加剂含量符合规定。

③ 微生物指标：细菌总数出厂时不超过 5 万个/g，大肠菌群近似值出厂时不超过 70 个/100g，致病菌出厂或销售均不得检出。

十五、孟字香干

孟字香干已有 200 多年历史，创于天津"信和斋孟记酱园"，在香干上印有"孟"字为记，"孟"字香干驰名"天津卫"。孟字香干的特点是：香味醇厚，五香味浓，外呈黑红色发亮，内呈茶色，质地柔韧，对折不裂，可切成细条，炒菜或凉拌均宜。

【原料与配方】

大豆 100kg，盐卤 5kg，酱油、糖色、大料、桂皮各适量。

【工艺流程】

分制坯工艺和煮干工艺。

① 制坯工艺流程：选豆→泡豆→磨糊→过滤→煮浆→分离→点卤→上豆脑→打块→包布→热印"孟"字→上榨→对榨→香干白坯

② 煮干工艺流程：香干白坯→煮干→焖锅→晾干→煮干→焖锅→煮干→焖锅→晾干→包装→成品

【操作要点】

① 制坯：把白坯切成 5cm×5cm×4cm 的块，在四方布里放上孟字印版，再将豆腐块放入，包裹起来，摆在木板上，上榨加压。压至厚 2cm 时卸榨，将木板包裹起来的香干翻个（孟字印版朝上）。每块间隔 1cm 左右，摆在木板上，然后将另一块木板的包干拿下，放在前一块板上面的包干上。两块包干的孟字印版相对码齐，再上榨加压至 2cm 以下厚薄，卸榨揭布，即为香干白坯。该坯呈黄色，味香，质地密实，有韧性，弹性较强，对折不断裂。

② 卤制：将酱油、糖色、大料、桂皮等 10 多种香料放入煮锅内，加水煮沸。然后，放入白坯（汤料超过白坯）加热。见汤料上面有小花（即轻沸），停止加热，闷锅 4h。然后将坯子捞起，放在案板上通风晾凉。凉透后，再按上法进行第二次煮干，并闷锅 4h，捞出晾凉。销售前再进行第三次煮干，闷 12h，捞出晾凉即成。

【质量标准】

① 感官指标：外表呈黑红色，香味醇厚，五香味浓，有光泽，质地柔韧，对折不断，可切成细丝。常温下 1 周内不干、不黏、不变质。

② 理化指标：水分≤75%，蛋白质≥14%；砷≤0.5mg/kg，铅≤1mg/kg；添加剂含量符合规定。

③ 微生物指标：细菌总数出厂时不超过 5 万个/g，大肠菌群近似值出厂时不超过 70 个/100g，致病菌出厂或销售均不得检出。

十六、陕南红香血干（陕西）

【原料配方】

北豆腐 100kg，新鲜猪血 10kg，食盐、五香粉各 2kg，胡椒 500g，肥瘦猪肉、猪油各 5kg，花椒、大蒜各适量。

【工艺流程】

原料前处理→混匀、冷置→拌匀、成型→熏制→晾晒→保藏

【操作要点】

① 原料前处理：将豆腐捏细成糕状，胡椒研末，猪肉切成3～4mm见方的丁，大蒜去皮后砸成泥，猪油加热化为流质。

② 混匀、冷置：将处理后的原料按配方混合均匀。混匀后的原料放在木盆中，盖上筛子或白布包，置于温度为10℃的室内3～4d。

③ 拌匀、成型：将冷置后的原料再搅拌并以手捏做呈球形，放入铺有干净稻草的大孔竹筛中，会自然成为馒头状。

④ 熏制：将竹筛放在木架的格子上，扣上一只缸盆，木架格底下放一装有杉、松叶的火盆，点燃出烟熏制，2d后出缸。

⑤ 晾晒：第一次出缸后，白天取出晾晒，晚上放回继续熏制，4～5d后即不再熏，再经7～8d晾晒后即为成品。

⑥ 保藏：低温防潮保存，最好放入干燥的大米或麦、豆，这样可贮藏到第二年的端阳节。

【质量标准】

① 感官指标：外观紫红，馒头状，有一股浓香味。洗净后用文火煮1h，凉后切成厚2～3mm的片，味道醇厚可口。与腊肉等原料配合炒食或凉拌成菜，佐酒下饭，均称美味。

② 理化指标：水分不超过70%，蛋白质不低于15%；砷不超过0.5mg/kg，铅不超过1mg/kg；添加剂含量符合规定。

③ 微生物指标：细菌总数出厂时不超过5万个/g，大肠菌群近似值出厂时不超过70个/100g，致病菌出厂或销售均不得检出。

十七、五香豆腐干

【原料与配方】

大豆100kg，五香料（大料、花椒各120g，小茴香160g，陈皮80g，桂皮320g）800g，食盐、酱色各适量。

【工艺流程】

煮制→点浆→上脑→压榨→划坯→卤煮→成品

【操作要点】

① 煮制：把这浸泡好的黄豆上磨，加水制成豆浆，煮熟，然后点浆。

② 点浆：一般采用卤水（氯化镁、氯化钠、氯化钙）点浆，其浓度为 25°Bé。1kg 卤水对 4kg 清水，然后装进卤壶里。点浆时一手把住壶，一手把住勺子，把卤水缓缓地点入浆内，勺子在浆内不停地搅动，使豆浆上下翻滚。视浆花凝结程度，掌握点浆的完成情况。点浆后的豆腐花在缸内静置 15～20min，使之充分凝集。

③ 上脑：将豆腐干木制方框模型放在模型板上，再在模型框上铺上包布，把豆腐花快速轻轻地舀入模型内，再把包布的四角盖在舀入豆浆花表面上。

④ 压榨：把上脑好的模型框逐一搬到木制"千斤闸"架的石板上（用电动机制动的铁制压榨机也可），移入榨位，将模型框层层重叠，共放 5～8 层。在最上一层的模型框上铺压一块面板，使豆腐闸的撬棍头对正面板，再把撬棍另一端拴在撬尾巴上，用脚踩压撬棍，撬头就压榨面板，使豆腐花内的黄浆排出。过一段时间再用脚踩一次，不断收缩撬距，直至撬紧。黄浆水不断排泄出来。压榨 15～20min，就可放撬脱榨。

⑤ 划坯：将模型框子逐一取下，揭开包布，底朝上翻在操作面板上，去掉模型框，揭去包布，成型的豆腐干坯即脱胎出来。用刀先修去坯边，再把豆腐坯按 5cm×5cm 大小用刀切成整齐的小方块。

⑥ 卤煮：切成小块的豆腐干放进盛有卤汤的锅里卤煮，煮后晒（或晾）干，这样反复煮 3h 即成五香豆腐干。卤汤的配料为：每 1000 块豆腐干，用食盐 100g、酱色 75g、五香粉 50g，加适量的水，卤煮时间每次不得少于 20min。

【质量标准】

① 感官指标：块形整齐，色泽深褐，质地坚实，味道芳香。

② 理化指标：水分≤75%，蛋白质≥14%；砷≤0.5mg/kg，铅≤1mg/kg；添加剂含量符合规定。

③ 微生物指标：细菌总数出厂时不超过 5 万个/g，大肠菌群近

似值出厂时不超过 70 个/100g，致病菌出厂或销售均不得检出。

十八、广灵五香豆腐干（山西）

广灵县传统名产五香豆腐干已有 100 多年的制作历史，享誉雁北、大同、河北等地。这种五香豆腐干为条状，色泽白里透黄，质地硬中有韧，咸香耐嚼，越嚼越香。在 1981 年山西省副食品鉴定会上，获出口产品第一名。

【原料与配方】

黄豆（或黑豆）适量，食盐 0.5kg，小茴香 50g，花椒 25g，大料 75g，干姜 50g，石灰水、麻油各适量。

【工艺流程】

去皮→泡豆→磨浆→煮浆→点浆→开浆→模压→切块→晾晒→冲洗→汤煮

【操作要点】

① 去皮：将黄豆或黑豆上磨压成大瓣后去皮剩黄（仁）。

② 泡豆：用冷水泡豆 12h。

③ 磨浆：将浸泡后的豆黄，加四分之一的水过磨，越细越好。

④ 煮浆：过磨之后，将豆汁（俗称豆奶）置锅内煮沸。待泡沫浮上时，用 1.5g 比 5kg 的石灰水和 5g 比 5kg 的麻油混合汤，浇入锅内，将泡沫杀下去，一次即可。

⑤ 点浆：压沫后，用陈浆（中性酸度）轻轻点入锅内，待到锅内豆汁（奶）呈现出蝇翅状时即止。

⑥ 开浆：点浆结束，锅底加火，大滚到熟。

⑦ 模压：待豆奶结成碎块状即成"豆腐脑"时，便可盛入模内，负重挤压。

⑧ 切块：切成长 3 寸、宽 1 寸、厚 0.5 寸的长条，重约 75g。

⑨ 晾晒：切块后，即可置之日下晾晒，待其水分减少三分之一为宜。

⑩ 冲洗：晒好的豆腐块须用温水冲洗 3 次，以期去垢涤杂，不使污染。

⑪ 汤煮：每 5kg 豆腐干汤的配制比例是：食盐 0.5kg，小茴香 50g，花椒 25g，大料 75g，干姜 50g。煮时，以水温 75℃ 左右为宜，切忌水开，煮 2～3h 为宜。

【质量标准】

① 感官指标：条状，色泽白里透黄，质地硬中有韧，咸香耐嚼，越嚼越香。

② 理化指标：水分≤75％，蛋白质≥14％；砷≤0.5mg/kg，铅≤1mg/kg；添加剂含量符合规定。

③ 微生物指标：细菌总数出厂时不超过 5 万个/g，大肠菌群近似值出厂时不超过 70 个/100g，致病菌出厂或销售均不得检出。

第六节　豆腐皮类

一、豆腐皮

【原料与配方】

豆腐脑 100kg。

【工艺流程】

搅碎→沥水→折叠→成品

【操作要点】

① 搅碎：将豆腐脑放在一容器内，用木棍搅碎。

② 沥水：准备几块干净白布，先铺上一块布，然后倒上一层豆腐脑摊平，再铺上一块布，再倒上一层豆腐脑摊平。如此反复数层后，上面放上一块木板，先用轻石压去一部分水分，再用重石压干水。

③ 折叠：待水压干，一层层将布揭开，同时把豆腐皮一张一张叠起即可。

【质量标准】

① 感官指标：厚薄均匀，柔软且有筋力，清香爽口。

② 理化指标：水分≤50％，蛋白质≥37％；砷≤0.5mg/kg，

铅≤1mg/kg；添加剂含量按标准执行。

③ 微生物指标：细菌总数出厂时不超过5万个/g，大肠菌群近似值出厂时不超过70个/100g，致病菌出厂或销售时均不得检出。

二、新型豆腐皮

【原料与配方】

分离大豆蛋白粉100kg，大豆油80kg，马铃薯淀粉10kg，豆乳400kg，聚磷酸盐1.50kg。

【工艺流程】

备料→搅拌→糊状物→成型→干燥→成品

【操作要点】

① 备料、搅拌、糊状物：将分离大豆蛋白粉、大豆油、马铃薯淀粉、豆乳混合，搅拌15min，得到糊状物。豆乳的加工方法是将大豆放在水中浸泡一夜，磨碎、过滤，使其固体成分含量保持在7%左右。

② 成型：在糊状物中添加2%～3%的聚磷酸盐，将糊状物成型，用电炉加热，使之膨化成海绵状，取出后干燥。对于长70mm、宽50mm、厚10mm的糊状物，通常需干燥190s左右。这样加工所得到的制品，其水分含量为15.7%左右，膨化度为3.9倍。

【质量标准】

① 感官指标：具有传统手工豆腐皮的口感、风味、香味和色泽。类似冻豆腐，多孔而富有弹性，口感松软。

② 理化指标：水分为15.7%；砷≤0.5mg/kg，铅≤1mg/kg；添加剂含量按标准执行。

③ 微生物指标：细菌总数出厂时不超过5万个/g，大肠菌群近似值出厂时不超过70个/100g，致病菌出厂或销售均不得检出。

三、百叶

【原料与配方】

大豆100kg，盐卤片适量。

【工艺流程】

大豆→豆浆→石膏点浆→浇制→压榨→剥百叶→成品

【操作要点】

① 点浆：在熟浆里加 1/4 的清水，以降低豆浆浓度和温度，点浆方法与制作豆腐相同。

② 浇制：将百叶箱屉置百叶底板上，摊百叶布于箱屉内，四角要摊平整，不折、不皱。用大铜勺舀起缸内豆腐花，再用小铜勺在大勺内把豆腐花搅碎，均匀浇在箱屉内的百叶布上，再把百叶布的四角折起来，盖在豆腐花上，一张百叶即浇制完成。依次浇下去即可。

③ 压榨：把浇制好的薄百叶移到榨位上压榨。先将撬棍压在百叶上，逐步将撬棍加压。约 10min 后，再把百叶箱屉全部脱去，将底部的 30 张百叶翻上再压，全过程约 20min。

④ 剥百叶：将盖布四角揭开，然后将布的二对角处拉两下，使薄百叶与布松开，然后翻过来，一手揪住百叶角，另一手将百叶布拉起即可。

【质量标准】

① 感官指标：色泽淡黄，双面光洁，厚薄均匀，四边整齐，不破、不夹块，有韧性，有香气，无异味、无杂质。薄百叶全张完整，每千克 40～44 张；厚百叶每千克 10～12 张。

② 理化指标：水分≤50%，蛋白质≥37%；砷≤0.5mg/kg，铅≤1mg/kg；添加剂符合国家规定。

③ 微生物指标：细菌总数出厂时不超过 5 万个/g，销售时不超过 10 万个/g，大肠菌群近似值出厂时不超过 70 个/100g，销售时不超过 150 个/100g。致病菌出厂或销售均不得检出。

四、厚百叶（手工）

【原料与配方】

大豆 100kg，石膏 4kg 左右，水约 1000kg。

【工艺流程】

点浆→浇制→压榨→脱布→成品

【操作要点】

① 点浆：制厚百叶的豆浆浓度应淡些，一般掌握每千克大豆出豆浆 10kg 左右。这样在点浆时不要加冷水。采用石膏做凝固剂，也是用冲浆的方法，点浆的温度控制在 60～70℃为宜。

② 浇制：要把豆腐花不停地搅动，豆腐花要多一些，不可打得太碎，要浇得均匀。如果有大块的豆腐花，会使厚百叶有夹块，质量不理想。把豆腐花浇在底布上，然后盖上面布，准备压榨。

③ 压榨：用土榨床加压脱水。压榨厚百叶的特点是压力不要太猛，但压榨的时间要长，这样既能压榨出一部分水分，并使厚百叶柔软有韧性。如果施压太猛烈，会把豆腐花挤入布眼，使百叶很难剥下，从而影响质量。一般压榨时间约 30min。

④ 脱布：即剥百叶，由于厚百叶含水量高，韧性差，易破碎，所以要顺势剥下，不宜强拉硬剥，否则会影响质量。大豆 50kg 可制得厚百叶 55kg。

【质量标准】

① 感官指标：色泽洁白，质地既有韧性而又软糯，无石膏脚，两面光洁，不破，有韧性，拎角不断。每张重 425～500g。

② 理化指标：水分≤68%，蛋白质含量≥22%；砷≤0.5mg/kg，铅≤1mg/kg；添加剂含量按标准执行。

③ 微生物指标：细菌总数出厂时不超过 5 万个/g，大肠菌群近似值出厂时不超过 70 个/100g，致病菌出厂或销售均不得检出。

五、机械制薄百叶

【原料与配方】

大豆 100kg，25°Bé 盐卤 10kg，水 1000kg。

【工艺流程】

点浆→破脑→浇制→压榨→脱布→成品

【操作要点】

① 点浆：每千克大豆产豆浆在 9kg 左右。点浆是用 25°Bé 盐卤用水冲淡到 12°Bé，做凝固剂。点浆时，卤条约像赤豆那样粗，随着

铜勺的搅动。当豆浆中呈大豆般豆腐花翻上来、花缸里见不到豆腐浆时，可停止点卤和铜勺的翻动。同时，也应在浆面洒些盐卤。

② 破脑：为适应机械浇制薄百叶，必须用工具把豆腐花全部均匀地搅碎，使呈木屑状。

③ 浇制：在浇制时要把花缸内的豆腐花不停地旋转搅动，不使豆腐花沉淀阻塞管道口以及造成豆腐花厚薄不均的现象。随着百叶机的转动，把浇百叶的底布和面布同时输入百叶机的铅丝网履带上，豆腐花也随即通过管道浇在百叶的底布上，然后盖上面布。经过 6～8m 的铅丝网布输送，让豆腐花内的水自然流失，使含水量有所减少。此时可以按规格要求把豆腐花连同百叶布折成百叶，每条布可折叠成百叶 80 张左右。

④ 压榨：折叠后的薄百叶，依靠百叶叠百叶的自重压力沥水1min，再摊入压榨机内经压 1～2min。待水分稍许泄出后加大压力，压榨 6min 左右，其含水量达到质量要求，即可放压脱榨。

⑤ 脱布：即剥百叶。可通过脱布机滚动毛刷的摩擦作用，使百叶盖布和底布脱下来，百叶随同滚筒毛刷剥下来。通过剔次整理，即为成品。

【质量标准】

① 感官指标：色泽黄亮，张薄如纸，入口软糯，油香味足。全张只准有花洞 2 个，半张只准有花洞 1 个，花洞直径不超过 15mm，裂缝不超过 2 条，裂缝长度不超过 50mm。每张百叶面积为 320mm×600mm，长与宽可各有 5mm 伸缩。10 张重 500～600g。

② 理化指标：水分≤50%，蛋白质≥37%；砷≤0.5mg/kg，铅≤1mg/kg；添加剂含量按标准执行。

③ 微生物指标：细菌总数出厂时不超过 5 万个/g，大肠菌群近似值出厂时不超过 70 个/100g，致病菌出厂或销售时均不得检出。

六、芜湖千张

芜湖千张是安徽省的一种传统豆制品，已有 100 多年的历史。

【原料与配方】

黄豆 100kg，盐卤 4～5kg。

【工艺流程】

选料→磨浆→上锅→点卤→浇制→压榨→剥叶

【操作要点】

其选料、磨浆、上锅与豆腐相同，不同的工艺如下。

① 点卤：将豆浆入锅，猛火蒸煮后，起锅倒入浆桶或缸内进行闷浆。当浆温在 80℃ 时点卤。采用 25°Bé 的盐卤水做凝固剂，每 100kg 黄豆用量 4～5kg。点卤后成豆腐花。

② 浇制：将特制的百叶箱套在底板上，用白布套上，四角摊平，不折、不皱，然后把豆腐花勺舀起缸，搅碎均匀浇在箱套的布上，把布四角折起，盖在豆腐花上，一张百叶即浇成，依次浇制。

③ 压榨：把浇制好的薄百叶，移到榨位上压榨。先轻轻逐步加压，约 10min 后，再把百叶箱套全部脱出，将底部 30 张百叶翻上再压，全过程 20min。

④ 剥叶：将盖皮四角揭开，使薄百叶与布松开，再翻布，一手掀住四角，一手将百叶布拉起即可。每 100kg 黄豆可加工成品 200～220 张。

【质量标准】

① 感官指标：色泽洁白，质地既有韧性而又软糯，无石膏脚，两面光洁，不破，有韧性，拎角不断。每张重 425～500g。

② 理化指标：水分≤50％，蛋白质含量为 36.8％；砷≤0.5mg/kg，铅≤1mg/kg；添加剂含量按标准执行。

③ 微生物指标：细菌总数出厂时不超过 5 万个/g，大肠菌群近似值出厂时不超过 70 个/100g，致病菌出厂或销售均不得检出。

七、家制千张

【原料与配方】

去杂大豆 100kg，石膏 2.7kg。

【工艺流程】

大豆→选料→浸泡→磨制→滤浆→煮浆→加凝固剂→浇片→压制→成品

【操作要点】

① 浸泡：取去杂大豆加清水浸泡，浸泡时间为冬季 16h 左右，夏季约 3h，春、秋季 5h 左右。

② 磨制：按干豆每千克加水 5kg 磨成豆糊，经过滤去渣留浆。豆浆用蒸汽（或煮）加热至沸，断热 5min 左右，再通蒸汽至沸。

③ 滤浆：取石膏 2.7kg，加入相当于石膏质量 20 倍的水化开搅匀，同时将缸内热豆浆移出一桶。一边把石膏水徐徐加入缸内，一边把移出的豆浆倒入，使缸内浆液混匀。

④ 浇片：待缸内浆液静置片刻形成豆脑后，用竹垂直刺豆脑，使形成米粒状颗粒的豆脑水。

⑤ 压制：用漏勺将豆脑水均匀地漏在长条形布上（布长数米、宽 20～30cm），每 35cm（或 40cm）与豆脑水叠成一层。待叠起数层后压去水分即成千张。

【质量标准】

① 感官指标：色泽淡黄，质地细软，富有豆香气。

② 理化指标：水分≤68%，蛋白质含量≥22%；砷≤0.5mg/kg，铅≤1mg/kg；添加剂含量按标准执行。

③ 微生物指标：细菌总数出厂时不超过 5 万个/g，大肠菌群近似值出厂时不超过 70 个/100g，致病菌出厂或销售均不得检出。

八、豆片

【原料与配方】

大豆 100kg，盐卤适量。

【工艺流程】

大豆→浸泡→磨浆→滤浆→煮浆→点浆→蹲脑→打花→泼制→压制→揭片→切制→成品

【操作要点】

从大豆浸泡到煮浆过程与制豆腐基本相同。

① 点浆：用盐卤为凝固剂，故卤水浓度 12°Bé，豆浆浓度控制在 7.5～8°Bé。加适量冷水，将煮沸后的豆浆温度降到 85℃时点浆。

② 蹲脑：点浆后蹲脑 10～12min，然后开缸，用葫芦深入缸内搅动 1～2 次，静置 3～5min 后，适量吸出黄浆水，即可打花。

③ 打花：把打花机头插入缸内转动，将豆脑打成米粒大少就可以泼制。手工泼片时不用打花。

④ 泼制：泼片时要把缸内的豆脑不停地转动和搅动，不使豆脑沉淀阻塞管道口。随着泼片机的转动，把泼豆片的底布和上面的盖布同时输入豆片机的铅丝网带上。豆脑通过管道和刮板均匀地泼在底布上，随后上布自动盖上。泼制豆脑的厚度为 5～6mm。泼好的豆脑经过自然脱水，放上压盖和重物预压。

⑤ 压制：首先在特制箱套内预压，预压的目的是使豆片基本定型，加压时不会跑脑、变形。预压时间 5～8min，压力为 10kg。预压后取走箱套，放在油压榨内加压，加压时间约 15min，压力在 10～15t。

⑥ 揭片、切制：压好的豆片都粘在片布上，需要用专用揭片机，把片揭下并把上、下面布卷在小轴上，以便再用。豆片经揭片机揭下后要进行人工整理，去掉软边，切成 55cm×40cm 的整齐的豆片。根据产品的需要再切成各种丝、条。

【质量标准】

① 感官标准：色白、薄如卷帕，质地柔韧，细嫩清香。

② 理化指标：水分≤70%，蛋白质含量≥15%；食盐≤5%；砷≤0.5mg/kg，铅≤1mg/kg；添加剂含量按标准执行。

③ 微生物指标：细菌总数出厂时不超过 5 万个/g，大肠菌群近似值出厂时不超过 70 个/100g，致病菌出厂或销售均不得检出。

九、白豆腐片

【原料与配方】

大豆 100kg，卤水适量。

【工艺流程】

泡豆→磨糊→滤浆→煮浆→点脑→泼片→压榨→揭片→冷却→白豆腐片

【操作要点】

加工过程中泡豆至煮浆工序与制豆腐基本相同，不同点如下。

① 滤浆：应多加温开水，100kg 大豆和温开水添加量总计 300kg。

② 点脑：凝固剂为卤水，一般点脑温度应控制在浆温如 90℃。点脑要嫩些，尽量保持不沸浆。

③ 泼片：先将模型放在架子上，铺布泼脑，每泼一次折好，再铺一层布，继续泼脑，依次进行。泼脑要求均匀，这样压榨后成片厚薄均匀一致。

④ 压榨、揭片、冷却：将豆浆清水沥出，成片后进行揭片，冷却后即为白豆腐片成品。

【质量标准】

① 感官指标：外形为白色薄片，味淡，含水分少，呈半脱水状，凝胶的网络结构比较紧密，网络内存在的水分较少。每张约 30cm²。

② 理化指标：水分≤70%，蛋白质含量≥15%；食盐≤5%；砷≤0.5mg/kg，铅≤1mg/kg；添加剂含量按标准执行。

③ 微生物指标：细菌总数出厂时不超过 5 万个/g，大肠菌群近似值出厂时不超过 70 个/100g，致病菌出厂或销售均不得检出。

十、油皮

【原料与配方】

大豆 100kg，水 1250kg。

【工艺流程】

制浆→挑皮→烘干→包装→成品

【操作要点】

① 制浆：提取油皮一般是在豆制品生产的煮浆后、点浆前进行。

② 挑皮：煮沸后的豆浆，放入专用的挑皮浆槽内，静置 8～9min 后，表面结一层软皮，将软皮展开挂在竹竿上，准备风干或烘干。油皮与腐竹的形状不同，要求湿皮不能折叠，展开得越平越好。

③ 烘干：油皮干燥有两种方法一是自然风干，另一个是烘房烘

干。油皮干燥后，用水适当喷雾回软，停 10～15min 后摊平，装入包装箱内。包装箱内要放防潮纸，防止油皮吸水变质。

【质量标准】

① 感官指标：黄色透明，黄泽油润。

② 理化指标：水分≤20％，蛋白质≥40％，脂肪≥18％。

③ 微生物指标：细菌总数＜1000 个/g，大肠菌群＜30 个/100g，致病菌不得检出。

第七节　素制品类

一、卤制品

卤制品系指大豆加工成半成品后放在卤水（食盐水或添加各种调味料的卤水）中经浸泡、煮沸而制成的不同风味的产品。常见的卤制品有香干、五香干、兰花干、茶干、苏州干、酱干、五香豆腐片、五香豆腐丝、圆豆腐、黄豆腐等。下面重点介绍几种卤制品的加工方法。

（一）苏州干

苏州干是苏州风味产品。色泽比香干稍深，比香干薄且坚硬。除具有五香味外，还有甜鲜味，适合南方人食用。

【原料与配方】

小干 100kg，酱油 15kg，食盐水 1500kg，大料 1kg，桂皮 1kg，味精 0.1kg，白干 100kg，白糖 1.5kg。

【工艺流程】

切块→油炸→控油→煮沸→晾凉→成品

【操作要点】

① 切块：把小干切成（3×3）cm 方块。

② 油炸：把切好的方块投入 180℃热油锅中榨汁，保持油温 170℃，2min 后铲锅底，防止扒锅。

③ 控油：油炸至金黄色捞出，控油。

④ 煮沸：投入沸腾的老汤（酱油、食盐、大料、桂皮、味精、

白干、白糖煮沸而成）内煮 30min，捞出，控汤，冷却而成。

【质量标准】

① 感官指标：外形为正方体小块，色泽红亮，味道适宜，口感韧硬，并稍带甜咸鲜味。

② 理化指标：水分≤70%，蛋白质≥15%，食盐≤5%，厚度≤2mm。

③ 微生物指标：细菌总数≤5 万个/g，大肠菌群≤70 个/100g，致病菌不得检出。

（二）五香豆腐片

【原料与配方】

白豆腐片 110kg，食盐 5kg，花椒 200g，大料 400g，桂皮 500g，水 100kg。

【工艺流程】

制坯→煮汤→卤制→成品

【操作要点】

① 制坯：称取白豆腐片 110kg，每张叠三折，叠折后每三张捆一捆。

② 煮汤：在水中加入花椒、大料、桂皮、食盐，煮沸后成卤汤。

③ 卤制：捆扎好的豆腐片放入卤汤中煮 40min，取出沥水即为成品。

【质量标准】

① 感官指标：外形为正方体小块，色深，具有花椒、大料、桂皮等五香味。

② 理化指标：水分≤65%，蛋白质≥16%，脂肪≥5%，食盐≤4%。

③ 微生物指标：细菌总数≤5 万个/g，大肠菌群≤70 个/100g，致病菌不得检出。

（三）蒲包圆干

【原料与配方】

小干 100kg，酱油 1.6kg，白砂糖 5kg，食盐 2kg，大料 0.5kg，

味精 0.2kg，桂皮 0.2kg，水 100kg。

【工艺流程】

冲浆→点浆→灌包→压制→脱包→水焯→卤煮→入坯→混料→煮沸→热闷→颠凉→成品

【操作要点】

① 点浆：以石膏作凝固剂，在豆浆温度 85～90℃时冲浆，或在 75～80℃时点浆，使凝固效果适中。

② 灌包：点浆后蹲脑 15min 左右，然后将脑块灌入蒲包，压制成型，脱包取干。

③ 水焯：坯子冷却后进行水焯，再捞起颠凉冷透，澄出黄浆水。

④ 热闷：待老卤煮沸，去除泡沫方可入坯，同时按不同品种配放香甜咸鲜佐料及糖色，微煮沸，留残火任其自灭，热闷 8～10h，最后再微煮沸，捞出不断颠凉冷透即成。

【质量标准】

① 感官指标：成品绵筋板扎，色泽深透，香味持久。

② 理化指标：水分≤70%，蛋白质≥15%，食盐≤5%，脂肪≥5%。

③ 微生物指标：细菌总数≤5 万个/g，大肠菌群≤70 个/100g，致病菌不得检出。

（四）口蘑香干

【原料与配料】

豆腐干 100kg，水发口蘑 75kg，料酒 5kg，酱油 15kg，精盐 1.5kg，白砂糖 5kg，花椒 1kg，大料 1kg，桂皮 800g，五香粉 1kg，葱段、姜块各 3kg，肉汤 400kg。

【工艺流程】

洗净→熬煮→卤煮→晾凉→成品

【操作要点】

① 洗净：将豆腐干洗净，控去水分；口蘑洗净泥沙。

② 熬煮：将口蘑放入肉汤锅内，加入料酒、酱油、精盐、白砂糖、花椒、大料、桂皮、五香粉、葱段、姜块烧开，熬煮半小时，放

入豆腐干烧开，用小火卤煮 2h 左右。

③ 晾凉：待豆腐干入透味，捞出晾凉即可。

【质量标准】

① 感官标准：质地软嫩，鲜香味美。

② 理化指标：水分≤70％，蛋白质≥15％，食盐≤5％。

③ 微生物指标：细菌总数≤5 万个/g，大肠菌群≤70 个/100g，致病菌不得检出。

（五）茶香干

【原料与配方】

豆腐干 100kg，绿茶叶 4kg，酱油 30kg，精盐 2kg，味精 5kg，大料 1.5kg，桂皮 2kg，葱段 1kg，姜片 1kg，冰糖 5kg，白糖 2kg。

【工艺流程】

洗净→卤煮→晾凉→成品

【操作要点】

① 洗净：将豆腐干洗净控去水分。

② 卤煮：将绿茶叶放入锅内，加清水 400kg、酱油、精盐、味精、桂皮、大料、葱段、姜片、冰糖、白糖烧开，放入豆腐干烧开后，再改中火卤煮约 3h。

③ 晾凉：豆腐干上色、味道渗透即捞出，晾凉即成。

【质量标准】

① 感官标准：成品为正方体小块，具有浓厚的茶香气味。

② 理化指标：水分≤70％，蛋白质≥15％，食盐≤5％，脂肪≥5％。

③ 微生物指标：细菌总数≤5 万个/g，大肠菌群≤70 个/100g，致病菌不得检出。

（六）湖南干

【原料与配方】

中干 100kg，酱油 8kg，白糖 3kg，食盐 4kg，大料 0.2kg，桂皮 0.4kg，水 100kg。

【工艺流程】

切块→卤煮→沥水→成品

【操作要点】

① 切块：将中干切成（7×7）cm 的正方形块。

② 卤煮：放入以酱油 8%、白糖 3%、食盐 4%、大料 0.2%、桂皮 0.4%配成的卤汤锅中加热煮制 20min。

③ 沥水：捞出沥干，即为成品。

【质量标准】

① 感官指标：成品棕色，富有弹性，具有五香味，口感稍咸。

② 理化指标：水分≤65%，蛋白质≥15%，食盐≤5%。

③ 微生物指标：细菌总数≤5 万个/g，大肠菌群≤70 个/100g，致病菌不得检出。

二、油炸制品

油炸制品包括油豆腐、炸豆腐、炸豆腐泡、豆腐果、油豆果炸油丝、油炸豆腐条、炸素虾、炸干子、炸素卷、炸丸子等。

（一）炸豆腐泡

【原料与配方】

豆浆（固形物 7.5%～8%）100kg，凉水 10kg，小苏打 100g，卤水 300kg。

【工艺流程】

大豆→制豆浆→点脑→蹲脑→上脑→压榨→切块→油炸→成品

【操作要点】

① 制豆浆：按照豆腐片生产工艺将大豆进行浸泡、磨浆，使豆浆浓度为 7.5%～8%。在 95℃下煮浆，然后滤浆，待浆液温度降到 80℃时加入凉水，降到约 70℃时进行点脑。

② 点脑：点脑可采用两种方法。其一是在每 100kg 豆浆中加 10kg 凉水和 100g 小苏打及 300kg 浓度为 12°Bé 的卤水点脑；其二是在 100kg 豆浆内加 15kg 凉水，不加小苏打，用卤水点脑。加凉水的目的：一是降温；二是豆腐点脑后保浆，促使炸制的豆腐泡内部蜂窝

组织明显增大。

③ 蹲脑、上脑、压榨：点脑后的豆浆经过较长时间的蹲脑，然后上模再进行压榨，压榨好的坯子应表面亮而无麻点。每 100kg 原料可出 200kg 坯子。

④ 切块：将豆腐干坯子切成 2cm 见方的小块。

⑤ 油炸：油炸时先在温油中放坯子，在热油中炸熟。即第一次放在 60℃ 的温油中使豆腐坯逐渐胀泡，第二次放在 140～150℃ 的热油中炸泡，炸好后捞出，控净榨油即为豆腐泡。

【质量标准】

① 感官指标：色绎金黄，体轻，柔软有弹性，气味香并具有豆香。

② 理化指标：水分≤52%，蛋白质 17%～24%，脂肪 16%～24%；砷（以 As 计，mg/kg）≤0.5，铅（以 Pb 计，mg/kg）≤1.0。

③ 微生物指标：细菌总数（个/g）≤5 万（出厂）或≤10 万（销售）；大肠菌群（个/100g）≤70（出厂）或≤150（销售）；致病菌不得检出。

（二）豆腐丸子

【原料与配方】

豆腐 100kg，淀粉 24kg，食用油 19kg（实耗率 9%），精盐 1.5kg，酱油 1.9kg，葱花 1.9kg，姜末 1kg，花椒 0.1kg，味精 0.5kg，香油 0.3kg。

【工艺流程】

绞馅→拌馅→油炸→成品

【操作要点】

① 绞馅：将豆腐绞碎。

② 拌馅：将绞碎的豆腐碎块、淀粉及其他调味品混入 10kg 食用油，搅拌均匀成馅。

③ 油炸：将馅搓成丸子坯放入热油（180℃ 左右）中炸制（油温保持 170℃ 左右），用铲子沿锅底铲动，防止扒锅，待丸子炸呈棕黄

色后捞出。

【质量标准】

① 感官指标：油炸丸子呈球形，直径约 3cm，大小形状均匀，外焦里嫩，酥松适口，不黏不散，有五香味。

② 理化指标：水分≤60%，蛋白质 28%，脂肪 17%；砷（以 As 计，mg/kg）≤0.5，铅（以 Pb 计，mg/kg）≤1.0。

③ 微生物指标：细菌总数（个/g）≤5 万（出厂）或≤10 万（销售）；大肠菌群（个/100g）≤70（出厂）或≤150（销售）；致病菌不得检出。

（三）炸豆卷

【原料与配方】

白豆腐片 120kg，豆腐 180kg，淀粉 51kg，食用油 51kg（实耗 24kg），精盐 6kg，酱油 12kg，花椒粉 0.3kg，葱花 15kg，姜末 6kg，味精 1.2kg，香油 1.8kg。

【工艺流程】

绞碎→拌馅→选皮→卷馅→切段→油炸→成品

【操作要点】

① 绞碎：将豆腐绞碎并添加葱花和姜末。

② 拌馅：用 4kg 食用油把绞碎的豆腐、淀粉及其他调味品一起搅拌均匀成馅。

③ 选皮：挑选优质的豆腐片，切成（30×5)cm 的长方形片。

④ 卷馅：先在长方形片上刷附一层淀粉液，并在其中铺附和好的馅，卷成长卷，并将长卷的外皮封口处按牢粘严。

⑤ 切段：将卷好的长卷用刀斜切成 3cm 长的卷块，并在中间斜切两道口。

⑥ 油炸：将切成型的生豆卷放入油锅中炸制，油温需保持在 170℃左右，需 3～5min，待炸品着色均匀并自然上浮，捞出即为成品。

【质量标准】

① 感官指标：炸豆卷外形为长 3cm、直径 2cm 的斜卷块，外观

棕黄色，外焦里嫩，口感香脆。

② 理化指标：水分≤62%；蛋白质 17%；脂肪 9%；砷（以 As 计，mg/kg）≤0.5；铅（以 Pb 计，mg/kg）≤1.0。

③ 微生物指标：细菌总数（个/g）≤5 万（出厂）或≤10 万（销售）；大肠菌群（个/100g）≤70（出厂）或≤150（销售）；致病菌不得检出。

（四）炸素虾

【原料与配方】

小豆腐干 100kg，虾油 8kg，精盐 2kg，面粉 20kg，花椒粉 0.2kg，味精 0.2kg。

【工艺流程】

切条→油炒→拌匀→油炸→成品

【操作要点】

① 切条：将小豆腐干切成（6×0.5）cm 的小条，再从长条的一端开始切条，使条宽 0.5cm。

② 油炒：将切好的小条放入沸油锅中，使其表面过油后立即捞出。

③ 拌匀：将虾油、精盐放入面粉糊里搅拌均匀，使小条周围挂满面糊。

④ 油炸：将锅内的油加热至 180℃时，放入挂糊小条，防止小条粘连扒锅，炸至酥脆、呈棕色，捞出即成。

【质量标准】

① 感官标准：油炸后小条外观为棕色，小条长 7cm、宽 1cm，外形近似小虾，口感里外酥脆，鲜虾味较突出。

② 理化指标：水分≤60%；蛋白质 28%；脂肪 17%；砷（以 As 计，mg/kg）≤0.5；铅（以 Pb 计，mg/kg）≤1.0。

③ 微生物指标：细菌总数（个/g）≤5 万（出厂）或≤10 万（销售）；大肠菌群（个/100g）≤70（出厂）或≤150（销售）；致病菌不得检出。

（五）虾油条

【原料与配方】

小干 100kg，淀粉 10kg，面粉 5kg，虾油 3kg，食用油 15kg，精盐 2kg，味精 0.5kg。

【工艺流程】

配料→切条→搅拌→油炸→成品

【操作要点】

① 切条：将小干切成长 5cm、宽 0.5cm 的小条。

② 搅拌：将面粉、淀粉、调味品等调成糊状，然后将小条放入搅拌。调糊不可太黏，以拌条后发散并成条为好。

③ 油炸：将油加热至 180℃时，放入挂糊小条油炸，要防止小条之间粘连及炸品扒锅。炸至酥脆、呈茶色即可。

【质量标准】

① 感官指标：虾油条外形条状，外观茶色，口感鲜脆，有虾油味。

② 理化指标：水分≤55%，蛋白质 28%；脂肪 17%；砷（以 As 计，mg/kg）≤0.5；铅（以 Pb 计，mg/kg）≤1.0。

③ 微生物指标：细菌总数（个/g）≤5 万（出厂）或≤10 万（销售）；大肠菌群（个/100g）≤70（出厂）或≤150（销售）；致病菌不得检出。

（六）苏白豆腐

【原料与配方】

大干 100kg，淀粉 35kg，食油 13kg，精盐 0.7kg，味精 0.5kg，五香粉 0.1kg。

【工艺流程】

配料→切片→搅拌→油炸→成品

【操作要点】

① 切片：将大干切成（2×1×0.3）cm 的片状。

② 搅拌：先将淀粉用凉水泡开，沉淀除杂，然后放入调味品搅拌均匀，最后放入豆腐片挂匀糊料。

③ 油炸：将挂糊的豆腐片先放入100℃的温油中炸一遍，使表面发硬后捞出，然后放入140℃的热油中复炸。待炸至豆腐片将要涨大时，猛火促油增热至180℃左右；使豆腐片蹦花，直至蹦花停止，炸品上浮后捞出控油即成。

【质量标准】

① 感官指标：外观呈金黄色，香气正常，无异味，无杂质。

② 理化指标：水分≤55％；蛋白质≥17％；砷（以 As 计，mg/kg）≤0.5；铅（以 Pb 计，mg/kg）≤1.0。

③ 微生物指标：细菌总数（个/g）≤5 万（出厂）或≤10 万（销售）；大肠菌群（个/100g）≤70（出厂）或≤150（销售）；致病菌不得检出。

（七）樱桃豆腐

【原料与配方】

中干 100kg，番茄酱 2kg，白糖 7kg，醋 1kg，淀粉 0.5kg，香油 0.2kg。

【工艺流程】

配料→切块→油炸→挂汁→成品

【操作要点】

① 配料：将中干切成边长 1cm 的正方体块状。

② 切块：中干小块放入 160℃的热油中炸制，待外皮发硬后捞出。

③ 油炸：用急火将水加热至 80℃，把白糖放入溶解，再投入其他辅料及调味料熬煮，并使调料均匀成汁，将油炸后的豆腐块放入挂汁，用铲翻动搅匀。

【质量标准】

① 感官指标：外观呈红橙色，块形整齐，口感酸甜，味道鲜美。

② 理化指标：水分≤55％；蛋白质≥17％；砷（以 As 计，mg/kg）≤0.5；铅（以 Pb 计，mg/kg）≤1.0。

③ 微生物指标：细菌总数（个/g）≤5 万（出厂）或≤10 万（销售）；大肠菌群（个/100g）≤70（出厂）或≤150（销售）；致病

菌不得检出。

（八）金丝

【原料与配方】

优质薄干豆腐片 100kg，食用油 15kg。

【工艺流程】

配料→切丝→水炸→油炸→成品

【操作要点】

① 切丝：将豆腐片切成 20cm 见方的豆腐片，再用机器切成丝状。

② 水炸：将豆腐丝投入 40℃ 的五香盐水中焯丝，捞出控水。

③ 油炸：把控净水的豆腐丝放入 100℃ 左右热油中炸制（炸时要翻动豆腐丝，使其着色均匀），炸至手感发硬时捞出控油，即为成品。

【质量标准】

① 感官指标：外观呈金黄色，为长 20cm、粗 0.2cm 的细丝，丝条均匀，乱而不碎，口味鲜美。

② 理化指标：水分 50%，蛋白质 20%，脂肪 24%；砷（以 As 计，mg/kg）≤0.5，铅（以 Pb 计，mg/kg）≤1.0。

③ 微生物指标：细菌总数（个/g）≤5 万（出厂）或≤10 万（销售）；大肠菌群（个/100g）≤70（出厂）或≤150（销售）；致病菌不得检出。

三、熏制品

熏制品包括熏干、熏把、熏豆腐、熏素肚、熏素肠、熏素鸡和熏辣干等。

（一）熏干

【原料与配方】

中干 100kg，豆油 2kg，辣椒粉 1kg，五香粉 0.2kg，味精 0.5kg，白砂糖 2kg，锯末 1kg，盐水、纯碱各适量。

【工艺流程】

备料→切块→泡咸→拉碱→熏制→拌匀→成品

【操作要点】

① 切块：豆腐干切成（6×2×2）cm 的长方体坯块。

② 泡咸：坯块倒入浓度为 2% 的盐水箱中浸泡 10min，捞出。

③ 拉碱：在水槽内放入浓度为 2% 的纯碱加热至沸，使碱溶化，然后把坯块放入槽内约 5min 使坯块表面光滑，最后将坯块在通风处晾干。

④ 熏制：取白砂糖 2kg，添加 1kg 锯末，再用 500g 清水调拌均匀制成熏料。熏制时先把熏炉炉底烤红，再将坯块放入炉内，熏料均匀地撒在炉底，盖上炉盖熏制 5～10min，底面熏好后把坯块翻过来熏另一面，两面熏成茶色。

⑤ 拌匀：将豆油加热，倒入辣椒粉和五香粉炸制成辣油，然后添加味精，最后倒入熏好的豆腐干，拌匀即为成品。

【质量标准】

① 感官指标：外观褐色，块形均匀，有熏香味。

② 理化指标：水分≤67%，食盐≤2%，蛋白质≥16%，脂肪≤15%。

③ 微生物指标：细菌总数（个/g）≤5 万（出厂）或≤10 万（销售）；大肠菌群（个/100g）≤70（出厂）或≤150（销售）；致病菌不得检出。

（二）素肠

【原料与配方】

白豆腐片 100kg，食油 8kg，酱油 2kg，精盐 1kg，葱 2kg，鲜姜 0.5kg，花椒粉 0.1kg，味精 1.5kg，香油 0.3kg，纯碱 0.3kg。

【工艺流程】

备料→切块→煮馅→拌馅→包肠→煮肠→熏肠→刷油→成品

【操作要点】

① 切块：取 60kg 白豆腐片切成（10×2）cm 的窄条白片作肠馅，另 40kg 切成（28×20）cm 大块作肠衣。

② 煮馅：把作馅的白片放入纯碱水溶液中煮沸，当白片手感发黏时捞出，用清水冲洗掉碱水及碱味。

③ 拌馅：把除香油以外的其他调味品加入煮过的白片中，拌匀成馅。

④ 包肠：将肠馅均匀地平铺在肠衣上，并用肠衣包馅，要求包紧卷实，使肠馅充满肠衣，并用包布［（0.3×0.3）m 正方形］包裹严密，用马莲扎紧。

⑤ 煮肠：将包好的肠坯放入沸腾的盐水内煮制（盐水含盐量约为 10%），约 30min，捞出解开包布。包肠两端及中间的肠衣是否黏合好是检验素肠煮制质量的主要标准。

⑥ 熏肠：将煮好的素肠再熏制 6min。

⑦ 刷油：在素肠表面刷附香油，即为成品。

【质量标准】

① 感官指标：成品长 20cm，直径 4～5cm，粗细均匀，色泽黄褐，味道鲜美，咸度适宜。

② 理化指标：水分≤65%；食盐 3%～4%；蛋白质≥18%；脂肪≤15%。

③ 微生物指标：细菌总数（个/g）≤5 万（出厂）或≤10 万（销售）；大肠菌群（个/100g）≤70（出厂）或≤150（销售）；致病菌不得检出。

（三）素肚

【原料与配方】

白豆腐片（卷肚用）100kg，北豆腐（作肚馅用）100kg，干淀粉 30kg，食用油 16kg，酱油 4kg，精盐 3kg，葱 4kg，鲜姜 2kg，花椒 0.2kg，味精 0.6kg，香油 0.4kg。

【工艺流程】

制卷肚片→制肚馅→包肚→煮肚→熏肚→刷油→成品

【操作要点】

① 制卷肚片：将白豆腐片切成（27×27）cm 的大块。

② 制肚馅：把北豆腐捣碎，加入除香油以外的调味品及干淀粉，并拌匀成馅。

③ 包肚：将包布铺平，在其上面平铺一张肚皮，将拌好的馅摊

在肚皮上，将包布及肚皮包紧并用马莲捆扎好。

④ 煮肚、熏肚、刷油：这三道工序均与素肠⑤、⑥、⑦步操作相同。

【质量标准】

① 感官指标：成品外观黄褐色，呈圆球状，切开时内馅不散，花纹明显，口味鲜香，咸度适宜。

② 理化指标：水分≤65％，食盐3％～4％，蛋白质≥18％，脂肪≤15％。

③ 微生物指标：细菌总数（个/g）≤5万（出厂）或≤10万（销售）；大肠菌群（个/100g）≤70（出厂）或≤150（销售）；致病菌不得检出。

（四）圆丝卷

【原料与配方】

白豆腐片100kg，酱油2kg，精盐0.5kg，花椒粉0.1kg，辣椒粉0.5kg，味精0.1kg，香油0.1kg，纯碱0.5kg。

【工艺流程】

备料→切片→水焯→调料→卷卷→煮卷→熏卷→刷油→成品

【操作要点】

① 切片：将白豆腐片切成（30×24）cm的长方形片。

② 水焯：将切好的白片放入碱水中煮沸15min，待白片表面发黏时捞出，用清水冲去碱水及碱味。

③ 调料：将除香油以外的调味料混合均匀。

④ 卷卷：把水焯后的白片铺平，在其表面抹附调味料，然后用手捏住卷紧，并用包布卷好扎紧。

⑤ 煮卷、熏卷和刷油：这三道工序与素肠⑤、⑥、⑦步加工相同。

【质量标准】

① 感官指标：成品外观茶色，粗细均匀，卷长28cm、直径3cm，不破不散，口感有熏香味。

② 理化指标：水分62％，食盐2％，蛋白质17％，脂肪9％。

③ 微生物指标：细菌总数（个/g）≤5 万（出厂）或≤10 万（销售）；大肠菌群（个/100g）≤70（出厂）或≤150（销售）；致病菌不得检出。

（五）方把

【原料与配方】

白豆腐片 100kg，五香料、盐各适量。

【工艺流程】

切片→绑把→煮制→熏制→刷油→成品

【操作要点】

① 切片：将白豆腐片切成（33×6）cm 的长方形片。

② 绑把：将切好的白片每两张重叠整齐，然后将双层白片折叠成边长 6cm 的正方形方把，并用马莲将方把十字交叉绑扎牢固。

③ 煮制：把绑好的方把投入沸腾的五香料盐水中煮至口感稍咸为止，捞出控净盐水。

④ 熏制、刷油：与素肠⑥、⑦步相同。

【质量标准】

① 感官指标：外形整齐，呈茶色，口感有五香味，微咸味美。

② 理化指标：水分 60％，食盐 3％，蛋白质 17％，脂肪 9％。

③ 微生物指标：细菌总数（个/g）≤5 万（出厂）或≤10 万（销售）；大肠菌群（个/100g）≤70（出厂）或≤150（销售）；致病菌不得检出。

（六）熏素方

【原料与配方】

白豆腐片 100kg，酱油 2kg，花椒粉、味精、香油各 100g，辣椒粉、精盐各 500g。

【工艺流程】

切片→卷卷→煮制→熏制→刷油→成品

【操作要点】

① 切片：将白豆腐片切成（33×12）cm 的长方形片。

② 卷卷：用两张白片卷成卷直径 3cm、长 12cm，用马莲绑扎

牢固。

③ 煮制、熏制、刷油：煮制与方把③步相同，熏制和刷油按素肠⑥、⑦步进行。

【质量标准】

① 感官指标：成品色泽微黄，卷形整齐不散，具有熏香味。

② 理化指标：水分≤67%，食盐≤2%，蛋白质≥16%，脂肪≤15%。

③ 微生物指标：细菌总数（个/g）≤5万（出厂）或≤10万（销售）；大肠菌群（个/100g）≤70（出厂）或≤150（销售）；致病菌不得检出。

（七）鸡丝卷

【原料与配方】

白豆腐片100kg，北豆腐100kg，淀粉30kg，食油16kg，酱油4kg，食盐3kg，葱4kg，鲜姜2kg，花椒粉0.2kg，味精0.4kg，香油2kg。

【工艺流程】

备料→切片→拌馅→包馅→煮制→熏制→刷油→成品

【操作要点】

① 切片：把白豆腐片切成边长为24cm的正方形。

② 拌馅：用北豆腐作馅料，加工工序与素肠相同。

③ 包馅：把切好的1张白片放在（16×6×6）cm的铝盒内，白片的中心与盒底的中心重叠，然后用手将白片紧贴盒的底面及四面盒壁，将拌好的馅料填充于白片内，用另1张白片封住上口，用手下压按紧成型，倒出盒模，用包布包住，绑扎牢固。按此法将白片和馅料全部包完。

④ 煮制、熏制、刷油：工序与素肠⑤、⑥、⑦步相同。

【质量标准】

① 感官指标：成品外观为表皮鼓起的长方块，呈黄褐色，熏香浓郁，味道鲜美。

② 理化指标：水分≤65%，食盐3%～4%，蛋白质≥18%，脂

肪≤15％。

③ 微生物指标：细菌总数（个/g）≤5 万（出厂）或≤10 万（销售）；大肠菌群（个/100g）≤70（出厂）或≤150（销售）；致病菌不得检出。

（八）小素鸡

【原料与配方】

白豆腐片 100kg，五香粉 0.5kg，酱油 3kg，食盐 2kg，味精 0.4kg，纯碱 0.5kg。

【工艺流程】

备料→切块→浸泡→卷卷→绑卷→煮卷→切卷→熏制→成品

【质量标准】

① 切块：把豆腐片切成（32×32)cm 的正方块。

② 浸泡：将纯碱溶于 200kg 的温水中，放入切好的干片，浸泡约 30min，待表面稍发黏时捞出，控净碱水并用水冲洗。

③ 卷卷：在浸好的干片上抹一层五香粉，然后将干片卷成卷。

④ 绑卷、煮卷：与素肠加工要求相同。

⑤ 切卷：把煮过的豆腐卷解去包布，并将其切成长约 4cm 的斜块，然后按素肠加工要求进行熏制。

【质量标准】

① 感官指标：成品外观块形整齐，呈茶色，鲜美可口，有熏香味。

②理化指标：水分 60％，食盐 3％，蛋白质 19％，脂肪 10％。

③ 微生物指标：细菌总数（个/g）≤5 万（出厂）或≤10 万（销售）；大肠菌群（个/100g）≤70（出厂）或≤150（销售）；致病菌不得检出。

四、炸卤制品

炸卤制品是将加工成型的半成品既炸又卤，经炸、卤后，制品的色、香、味得到提高，质地松软，味道鲜美。

炸卤制品包括素什锦、素鸡、素肚、素蟹、素火腿、素猪排、素肉粉、方鸡、圆鸡、肝尖、龙鸡片、辣块、辣干、辣片、豆豉豆腐、虾子豆腐等。

（一）蓑衣豆腐

【原料与配方】

豆腐干 100kg，食盐 20kg，酱油 8kg，花椒 800g，大料 800g，桂皮 400g，葱 300g，姜 500g，味精 400g，水 200kg。

【工艺流程】

豆腐干→切块→切花→油炸→煮制→成品

【操作要点】

① 切块：把豆腐干切成（25×18×15)cm 的块。

② 切花：将干块切成 2cm 宽的条，将刀斜入中干，入刀不要到底，切 1cm 深的刀口，切好一面后，翻过来从垂直方向入刀切另一面，每次入刀要求深浅、距离相同，使拉开呈花条形，刀口均匀，花条不断，如同十字花链。

③ 油炸：将切好的花干放入 180℃ 的热油中炸制，油温保持 170～180℃。炸时防止扒锅底，炸至花干呈均匀的金黄色、外表发硬，捞出控油。

④ 煮制：将过油后的花干放入老汤中煮制，约 20min 后捞出，即为成品。

【质量标准】

① 感官指标：成品外观成网状，五香味，咸香微辣。

② 理化指标：水分≤60％，食盐≤2.5％，蛋白质≥18％，脂肪≤15％。

③ 微生物指标：细菌总数（个/g）≤5 万（出厂）或≤10 万（销售）；大肠菌群（个/100g）≤70（出厂）或≤150（销售）；致病菌不得检出。

（二）酱汁条

【原料与配方】

白豆腐干 100kg，面酱 5kg，白糖 2kg，食用油 2kg，味精 0.5kg。

【工艺流程】

备料→切块→煮制→炒制→成品

【操作要点】

① 切块：将白豆腐干切成（10×4×1)cm 的长条块。

② 煮制：锅内放底油烧热，倒入面酱、白糖水（白糖加水搅调成糊状）。

③ 炒制：加入经煮制后的干块进行翻炒，待酱汁渗入制品后再拌入味精，调拌均匀，即为成品。

【质量标准】

① 感官指标：成品表面褐色，条形整齐，口味鲜美。

② 理化指标：水分 62%，食盐 2%，蛋白质 17%，脂肪 9%。

③ 微生物指标：细菌总数（个/g）≤5 万（出厂）或≤10 万（销售）；大肠菌群（个/100g）≤70（出厂）或≤150（销售）；致病菌不得检出。

（三）蜜汁豆腐

【原料与配方】

豆腐 250g，芝麻 50g，花生油 60g，白糖 100g，干淀粉 15g，老汤适量。

【工艺流程】

切条→水焯→油炸→挂浆烩炒→成品

【操作要点】

① 切条：将小干切成（5×0.5)cm 的条。

② 水焯：将小干条放入煮沸的老汤中翻焯一遍，捞出控净汤汁，倒入容器中，边倒边撒干淀粉（用量为小干质量的 1%），使淀粉均匀地附在小干条上。

③ 油炸：将水焯着粉后的小干条放入 150℃的热油中炸制 3～5min，待干条表皮发硬时捞出（炸油的实际消耗量约为小干质量的 9%）。

④ 挂浆烩炒：把油炸后的小干条放入沸腾的白糖浆中挂浆，用铁铲翻动，使小干条上附着的糖浆较为均匀，再撒上芝麻（用量为小

干质量的 1％），并继续翻拌烩炒，直到糖浆渗透、芝麻附着比较均匀后，用铲具铲到案子上晾凉即成。

【质量标准】

① 感官指标：成品色泽黄亮，挂浆均匀，外酥内嫩，滋味鲜香，甜度适宜。

② 理化指标：水分 50％，食盐 1％，蛋白质 19％，脂肪 10％，总糖 17％。

③ 微生物指标：细菌总数（个/g）≤5 万（出厂）或≤10 万（销售）；大肠菌群（个/100g）≤70（出厂）或≤150（销售）；致病菌不得检出。

（四）烩鸡丝

【原料与配方】

白豆腐片 100kg，油 12.5kg（实耗约 11kg），酱油 7kg，白糖 1.7kg，鲜姜汁 0.5kg，干淀粉 1.7kg，味精 0.05kg。

【工艺流程】

备料→切丝→油炸→煮制→烩炒→成品

【操作要点】

① 切丝：将豆腐片切成 6cm 长的条，再用切丝机切成 0.5cm 粗的丝。

② 油炸：把豆腐丝放入 180℃左右的热油中炸制，待表面发硬并呈金黄色时捞出控油。

③ 煮制：将炸后的豆腐丝放入老汤中煮制，待汤汁渗入豆腐丝后捞出，控净汤汁。

④ 烩炒：炒锅上火，放熟油 1.5kg 烧热，放入姜汁、酱油、白糖，加入适量清水，开锅后加淀粉勾芡，倒入豆腐丝烩炒，待味汁吸收后放味精，翻炒均匀即为成品。

【质量标准】

① 感官指标：成品呈金黄色长条状，咸甜适宜。

② 理化指标：水分≤60％，食盐≤2％，蛋白质≥19％，脂肪≤13％。

③ 微生物指标：细菌总数（个/g）≤5 万（出厂）或≤10 万（销售）；大肠菌群（个/100g）≤70（出厂）或≤150（销售）；致病菌不得检出。

（五）圆鸡

【原料与配方】

优质白豆腐片 100kg，食用油 13kg，酱油 8kg，白糖 3.6kg，精盐 1.5kg，纯碱 1kg，味精 0.5kg，蟹粉、辣椒粉（或五香粉）各 0.5kg。

【工艺流程】

备料→切片→浸泡→制卷→水煮→油炸→卤制→成品

【操作要点】

① 切片：将豆腐片切成（30×30)cm 的方片。

② 浸泡：纯碱用 10 倍温水溶解，将切好的豆腐片放入，浸泡 5～10min，捞出控净碱水。

③ 制卷：将浸泡后的豆腐片铺平，在其表面刷附一层蟹粉、辣椒粉（或五香粉），然后卷成直径约 3cm 的圆卷。将豆卷用干净的豆包布包住，并用马莲绑紧。

④ 水煮：把绑好后的布包放入沸腾盐水中煮沸 30min，捞出解除包布。

⑤ 油炸：将豆卷切成圆片（片厚 0.3cm），放入 60℃的温油中过油，炸至呈金黄色时出锅控油。

⑥ 卤制：炒锅上火，放入 4kg 食用油烧热，加酱油、盐、白糖，熬成卤汁，将炸好的豆片放入卤汁中翻炒数遍，使其吸干卤汁，再加味精拌匀，出锅即成。

【质量标准】

① 感官指标：色泽棕红色，不松散，呈圆片状，厚度均匀，口味鲜咸适宜，口感松软芳香。

② 理化指标：水分≤65％，蛋白质≥13％，脂肪≥7％，食盐 ≤2.5％。

③ 微生物指标：细菌总数（个/g）≤5 万（出厂）或≤10 万

（销售）；大肠菌群（个/100g）≤70（出厂）或≤150（销售）；致病菌不得检出。

（六）素蟹

【原料与配方】

北豆腐 100kg，食用油 10kg，酱油 8kg，精盐 1.4kg，食糖 1.4kg，味精 0.5kg，五香粉 0.5kg。

【工艺流程】

备料→装包→水煮→晾干→油炸→卤制→成品

【操作要点】

① 装包：将北豆腐装入小蒲包内，用马莲扎紧。

② 水煮：将扎好的蒲包放入沸水中煮 20min，使包中豆腐紧缩并黏合成一体，然后捞出打开晾干。

③ 油炸：用 180℃的热油炸已晾干的豆腐，并不时地铲动锅底，防止扒锅，待其表面呈金黄色时捞出控油。

④ 卤制：把酱油等调味品加入适量清水配成卤汁，并将油炸后的制品放入卤汁中煮制 30min，待卤汁渗入后捞出即成。

【质量标准】

① 感官指标：成品外形为扁圆饼状（直径 6cm、厚 1cm），与蟹相似，口感软甜鲜美。

② 理化指标：水分 60%～63%，食盐 2%，蛋白质 17%～19%，脂肪 10%。

③ 微生物指标：细菌总数（个/g）≤5 万（出厂）或≤10 万（销售）；大肠菌群（个/100g）≤70（出厂）或≤150（销售）；致病菌不得检出。

第六章 豆腐制品加工的卫生管理

第一节 豆腐制品的污染来源

1. 豆腐制品的微生物污染

豆腐制品容易受到微生物性污染，且危害也较大，试验证明，污染并引起豆制品腐败变质的真菌主要有黑根霉、毛霉、青霉、交链孢霉、镰刀菌和酵母菌。除真菌外，细菌也可引起豆制品的酸败变质。在食品的生产、加工、运输、贮存和销售过程中，若不遵守卫生操作规程，就会受到生物性污染，进而使食品的卫生质量下降。当污染了致病菌，则可能造成微生物性食物中毒。

王学琴等人对豆腐等非发酵豆制品的细菌污染进行了调查发现，40 份样品中细菌总数有 15 份超标，约占 38.0％，MPN（大肠菌群总数）19 份超标，约占 47.0％。由此发现非发酵豆制品的细菌污染问题还是相当严重的。

大豆在贮藏过程中含水量较高时，若水分超过 13.5％，会促进各种微生物的繁殖（如霉菌、细菌、酵母菌等），致使大豆霉变、变色、产生毒素。黄曲霉毒素（aflatoxin，AFT）是一组强烈的致肝癌毒物，对热稳定（300℃才被破坏），对人、家畜、家禽的健康危害极大。现已发现的黄曲霉毒素有 B_1、B_2、B_{2a}、G_1、G_2、G_{2a}、M_1、M_2、P_1 等十余种，其中以 B_1 的毒性和致癌性最大。M_1、G_1、M_2、G_2 的毒性依次减弱。B_1 的致癌作用比已知的化学致癌物都强，它比二甲基亚硝胺强 75 倍。对 B_1 最敏感的动物是鸭雏，其 LD_{50}（半致死剂量）为 $0.24 \sim 0.36 mg/kg$。兔、猫、狗的敏感次之，雄大鼠的耐受性较大。急性中毒时，主要的损害部位是肝脏，因黄曲霉毒素可引起肝细胞坏死和胆管上皮增生，慢性毒作用还可以引起纤维性变。黄曲霉毒素还可以引起染色体畸变和 DNA 损伤。在豆类食品中黄曲霉毒素 B_1 允许量指标为 $\leqslant 5\mu g/kg$。

豆腐的腐败变质是由于表面感染了杂菌，杂菌的不断繁殖致使豆腐腐败变质。由大豆生产成的豆腐含有丰富的蛋白质，豆腐的腐败变质主要是以蛋白质的分解为其特征。蛋白质在芽孢杆菌属、梭菌属、链球菌属、假单胞菌属等菌的作用下，首先分解为肽，并进一步断链形成氨基酸，而后又在相应酶的作用下，将氨基酸及其他含氮化合物分解为胺类、酮酸、不饱和脂肪酸、有机酸等，使豆腐丧失其食用价值。另外，在制作过程中煮浆不熟，在煮熟的豆浆中误加生水或生浆，是导致豆腐在短时间内贮存变质的重要原因。

杂菌在豆腐表面的繁殖过程中，水分充足、温度适宜（一般为 $30 \sim 40℃$），杂菌繁殖迅速，在这种情况下豆腐最易发生腐败变质。用十字交叉码法的豆腐，中间的豆腐屉通风不良，温度下降慢，水分不易散发，尤其是当上层的豆腐水滴落到下层豆腐的表面，又使水分增加；同时，中间的豆腐温度下降慢，杂菌就会很快地繁殖增长。经常可以见到，在中间的豆腐屉中，豆腐常出现浅红色，发展快的只要经过 3 个多小时（装屉后）豆腐表面就会出现变红。据显微镜初步观察，可能是乳酸短杆菌繁殖产生的红色色素。这种乳酸短杆菌可耐较高温度，因此在豆腐温度较高时仍能繁殖。已经变红的豆腐就能闻到轻微的酸味，但从豆腐的内部来看还是正常的。随着存放时间的延长，豆腐的温度下降到接近室温，此时表面就会发黏，这主要是一些单球状、链球状以及各种杆状的杂菌在豆腐表面大量繁殖的结果，并使豆腐产生酸馊的气味。发展快的只需 5～6h，如果再发展下去，豆腐表面就会出现油状的黏着物，颜色变黄，并产生难闻的酸臭味。将这种豆腐切开，就会发现豆腐内部有很多蜂窝状的小孔，出现上述情况的豆腐就不能再供食用。

2. 微生物污染途径

① 大豆原料中所携带的微生物：由于我国的大豆种植生产与国外有所区别，我国用来制作豆腐的大豆原料几乎都是由田间收获直接用于生产，上面难免粘有泥土、粪便等，所以原料大豆上残留着大量的微生物，数量和种类都很多。有研究表明，豆腐中的腐败微生物的一个主要来源是原料大豆所携带的微生物，检测了大豆中的细菌总数的数量，并将清洗前与清洗后的大豆中的这两项指标进行了对比，经过清洗和没有经过清洗的大豆中携带的微生物数量有很大的不同，细菌总数则下降了 33.5%。根据近年的研究结果，引起豆制品腐败的主要微生物是屎肠球菌、革兰阳性芽孢杆菌，它们可以使豆制品在盛夏短时间内腐败变质。这些腐败菌主要来源于大豆原料中，在豆制品的加工过程中很难除去。大豆原料经 85℃ 15min 杀菌后残存的细菌总数，未经清洗的大豆巴氏杀菌后残存菌数仍高达近 10^3 cfu/g，残存细菌的种类有 6～8 种之多。由此可见大豆原料经过水洗菌落数量明显减少，清洗后仍没有去除的微生物进入了下一道工序。豆腐生产企业基本上都没有大豆原料清洗这个步骤，普遍采用浸泡后将浸泡大豆用的水倒掉的方法来对大豆进行处理，这使得大量附着在大豆表皮上的微生物在磨浆时进入了生豆浆中。

② 豆腐生产过程中的微生物污染：在豆腐中的腐败微生物除了原料大豆中带来的以外，豆腐生产过程中容易被二次污染。豆腐生产用水中有一定量的微生物，生豆浆中微生物数量较多，污染可能来自浸泡后的原料大豆、磨浆机等，经锅内 5～10min 的高温煮制后，菌落总数下降明显，但经点脑后微生物数量又增加。说明微生物主要来自凝固剂、加工车间环境、生产用具等。生产用水和没有原料清洗步骤是浸泡后大豆菌落总数增长的主要原因。豆浆在煮浆后放置的时间容易被二次污染；在点脑以后工序，由于工厂制作豆腐过程中的用

具、包布等都未经过灭菌处理，携带微生物较多，所以使得工厂生产的豆腐菌落总数较多，受污染比较严重。所以在实际生产过程中豆腐的卫生状况可以通过严格的生产过程控制而得到提高。

二、有毒、有害物质的污染

食品中有毒有害物质主要指重金属（如铅、砷、汞、镉）、农药（如有机磷、有机氯）、肥料、有害添加剂和食品包装材料化学物质等。

1. 重金属污染

几乎任何食品都含有元素周期表中 80 种左右的金属和非金属元素。在这些金属和非金属元素中，仅少数几种准确地被称为所谓的营养素，而大多数大量存在的可以说是不重要的营养素，并有一些可能是有毒有害的。这些有毒的或有害的部分金属存在于食品中，称之为金属污染。这种金属污染在食品加工、贮运、包装等过程中应尽可能避免。

目前被检定出来对人体有毒的金属污染主要是重金属，也就是相对密度在 4 以上的。食品中典型的金属污染主要有汞、铅、镉、砷、锑等。

金属污染主要是因工业污染而进入环境（食物环境），并经过各种途径进入食物链，人和动物在进食时导入机体且逐渐富积于体内。金属污染对人及动物机体损害的一般机理是因与蛋白质、酶结合成不溶性盐而使蛋白质变性。当人体的功能性蛋白如酶类、免疫性蛋白等变性失活时，对人体产生极大的损害，严重时可能出现中毒症状，甚至可导致死亡。

根据近几年对黑龙江省绿色食品大豆生产基地的土壤调查结果看，靠近工业区、矿山区的农田中有毒有害污染元素含量有增加的趋势，主要污染元素有铬、镉、铅等，测得最高值分别达到 89.49mg/kg、0.217mg/kg、35.19mg/kg，虽然未超过国家标准，但远远超过松辽平原土壤背景值范围。

大豆中砷、铅、汞 3 种物质主要来源于原料生产基地的土壤和水中，部分也来源于大气污染，属于重金属污染物。重金属元素对人体危害很大，它们可以导致体内酶活性下降，进而抑制人体正常生理代谢活动。我国 GB 4810 中规定粮食类砷的限量标准≤0.7mg/kg，GB 14935 中规定豆类铅的限量标准≤0.8mg/kg，GB 2762 中规定粮食类汞的限量标准≤0.02mg/kg。通过 2002 年全国普查检测数据的统计分析表明，大豆样品中砷含量在 0.03～0.4mg/kg、铅含量在 0.005～0.37mg/kg、汞含量在 0.002～0.01mg/kg，完全符合国标的要求。

建立定点试验区，进行有毒有害元素相关课题研究，了解土壤污染动态，找出污染原因，从而控制和治理污染；对大豆主产区工业合理规划，搞好河流等水体监测，防止有毒有害污染元素进入农田；建立规范的大豆种植区，搞好种植区生态保护；制定严格的适合本区域大豆生长的环境质量标准，以保证大豆生长质量及环境的安全。

2. 农药残留

农药是除草剂、杀虫剂、杀菌剂等化学制品的总称。我国每年使用 50 多万吨农药，利用率仅 10%。农药的大量使用，造成严重的环境污染，环境中的农药通过多种途径进入动植物体内，造成农药在食品中残留（pesticide residue）。人体内的农药 90% 以上来自食品，据统计，农药污染严重的地区，1 年内平均每人可由食品中摄入滴滴涕 20mg。

农药按用途可分为杀（昆）虫剂、杀（真）菌剂、除草剂、杀线虫剂、杀螨剂、杀鼠剂、落叶剂和植物生长调节剂等类型。其中最多的是杀虫剂、杀菌剂和除草剂三大类。按化学组成及结构可将农药分为有机磷、氨基甲酸酯、拟除虫菊酯、有机氯、有机砷、有机汞等类型。目前食品标准中对农药残留都有严格的限量要求。目前的农药多是有机氯、有机磷、有机氮等，其中有机氯农药危害性最大。

有机氯农药随食品进入机体后，由于其脂溶性很高，主要分布在脂肪组织以及含脂肪较多的组织器官，并在这些部位蓄积而发挥毒性作用。有机氯农药大多可以诱导肝细胞微粒体氧化酶类，从而改变体内某些生化反应过程。同时，对其他酶类也可产生影响。如滴滴涕（DDT）可对 ATP 酶产生抑制作用，艾氏剂可使大鼠的谷丙转氨酶及醛缩酶活性增高等。有机氯农药在体内代谢转化后，可经过肾脏随尿液、经过肠道随粪便排出体外。另外，还有一小部分体内蓄积的有机氯农药可随乳汁排出。DDT 有较强的蓄积性，能损伤肝、肾和神经系统，引起肝脏肿大、贫血、白细胞增多，而且对免疫系统、生殖系统和内分泌系统也有显著影响。六六六的蓄积量与男性肝癌、肺癌、肠癌以及女性直肠癌的发病率有关。动物实验和人群流行病学调查资料表明，六六六和 DDT 可引起血液细胞染色体畸变。DDT 现在已经在许多国家成了禁用品，我国在 1982 年起已禁用。收获前对蔬菜、水果使用农药可能造成急性中毒，粮食中农药残留量高可使人体尤其是脂肪组织中农药蓄积量明显升高，对人体健康具有潜在性的危害。据调查，爱斯基摩人体内脂肪含 DDT 3mg/kg。

农药的使用，有效地防治了大豆病、虫、草害，大幅度提高了大豆的产量，带来了巨大的经济效益。但是，过去各地在使用农药时，只是考虑到农药对大豆作物生长自身的安全性，或至多考虑对下茬作物的危害性，没有或较少考虑到农药在大豆中残留对人体健康及生态环境影响问题。

农药最高残留限量（maximum residue limit，MRL）是指在生产过程中，按照良好的农业生产规范，直接或间接使用农药后，致使在各种食品和饲料中形成的农药残留的最大浓度，定为最高残留限量，量值单位常用 mg/kg 或 μg/kg 表示。世界各国已经或正在制定各种农药在谷类、蔬菜、水果、饲料等产品中的农药最高残留限量，如日本已对 130 种农产品中的 239 种农药制定了最高允许残留量。联合国粮农组织和世界卫生组织在综合各国的农药限量标准的基础上，通过大量试验总结，也制定了相应标准。由于各国之间农业发展水平和人民的生活水平以及地理环境等条件的差异，致使同一产品中的同一种农药最高残留限量或同一种农药在不同产品中的最高残留限量，在不同的国家或组织的规定中不同。各国对有机磷农药在大豆中的限量标准见表 6-1。

表 6-1　各国对有机磷农药在大豆中的限量标准　　mg/kg

有机磷农药	中国	日本	韩国	马来西亚	加拿大	美国	欧共体	德国	英国	联合国
敌敌畏	0.1	—	—	2.0	0.1	0.5	2	2	2	2
乐果	0.05	—	0.05			0.05		0.2	—	—
马拉硫磷	3	0.50	0.5			8	8	8	8	8
杀冥硫磷	0.2	0.20	0.1	10					10	1
倍硫磷	0.05		0.1					0.05		0.1

　　六六六、滴滴涕为常见的有机氯杀虫剂,是高残毒农药,由于六六六、滴滴涕曾在我国农业上大量使用过,其在土壤中的残留量很大,而且比较难降解,一直受到人们高度重视。有人通过对 50 个大豆样品进行实际检测,并对过去数年产品质检数据进行分析,六六六、滴滴涕含量均在 $0.0005 \sim 0.01 mg/kg$,完全符合国内和国际标准的要求,见表 6-2。

表 6-2　各国对六六六、滴滴涕在大豆的限量标准　　mg/kg

有机磷农药	中国	日本	韩国	马来西亚	美国	欧共体	德国	英国	联合国
六六六	0.3	0.2	0.2	—	0.05		0.1	—	—
滴滴涕	0.2	0.2	0.2	0.1	0.5	0.05	0.1	0.05	0.1

　　对于农药残留检测工作,一些发达国家如美国、日本、欧盟等国家开展较早,起点比较高,在这方面积累的数据和经验较多,开展的工作也较细,对不同作物中的同一种农药残留量进行了大量的分析,以确定该农药在不同作物中的最高残留限量。由于技术等原因,我国在这方面的工作开展较晚,一般是通过对同一大类作物中应用的同一种农药残留量分析后,结合我国实情和国际经验,在这类作物上确定一个相同的农药最高残留限量。实际上,同一大类作物在生产时,所使用的农药种类和数量不尽相同,同一种农药最高残留限量值应用在不同作物上,是不尽合理的。目前我国食品和饲料中的农药最高残

限量总体上要比一些发达国家高，但与日本、澳大利亚等国家比较，我国对蔬菜中的农药残留限量标准却是严格的。随着新检测技术的应用、检测手段的改善，农药残留检测工作会做得更细，并针对具体作物制定出科学合理的农药最高残留限量标准值。

彭丽萍等人对黑龙江的 43 个大豆品种进行了农残检测，结果发现，在 18 个标本中检出了敌敌畏，含量在 0.05～0.38mg/kg，其他样本均低于 0.05mg/kg，均小于国际规定的最大允许敌敌畏残留量 2mg/kg 水平。溴氯菊酯和多菌灵全部检测样品含量均低于仪器的检出限，与国际标准要求 1mg/kg 和 2mg/kg 的标准相符合。以上结果证明了 3 种农药施洒后，农药能很好地降解，产品大豆 3 种农药残留量均在国际要求标准以下。

对 2002 年黑龙江省农垦科学院测试化验中心进行的全国大豆普查 300 多个样品的分析结果和过去近 10 年绿色食品产品质检结果分析表明，在农药（有机磷、有机氯农药及防虫防腐剂）残留方面，符合国标和发达国家标准的要求。敌敌畏、乐果、马拉硫磷、杀螟硫磷、倍硫磷皆为常见的有机磷农药，具有易溶解、毒性大的特点。2002 年对 300 个大豆普查样品质检的原始数据统计结果，上述各项物质均未检出。

3. 肥料污染

肥料作为现代农业增加作物产量的途径之一，在带来作物丰产的同时，也产生污染，给作物的食用安全带来一系列问题。

农业化学肥料一般包含一种或多种植物所需要的主要营养元素——氮、磷、钾。氮肥的绝大部分是氨的衍生物，如硝酸铵（NH_4NO_3）、硫酸铵[$(NH_4)_2SO_4$]、尿素[$CO(NH_2)_2$]等。磷肥大部分为磷酸盐，主要成分是氟磷灰石[$Ca_3(PO_4) \cdot CaF_2$]。

随着生产的发展，化肥的使用量在不断增加。人们已注意到随之带来的环境问题，特别令人担忧的是硝酸盐的累积问题。

生长在施用化肥土壤上的作物，可以通过根系吸收土壤中的硝酸盐，硝酸根离子进入作物体内后，经作物体内的硝酸酶的作用还原成亚硝态氮，再转化为氨基酸类化合物，以维持作物的正常生理作用。

但由于环境条件的限制，作物对硝酸盐的吸收往往不充分，致使大量的硝酸盐蓄积于作物的叶、茎和根中，这种积累对作物本身无害，但却对人畜产生危害。在新鲜蔬菜中，亚硝酸盐的含量通常低于 1mg/kg，而硝酸盐的含量却可达每千克数千毫克。

在化肥的使用中产生另一个环境问题是化肥中含有的其他污染物，随化肥的施用进入土壤，造成土壤和作物污染。

生产化肥的原料中含有一些微量元素，并随生产过程进入化肥。以磷肥为例，磷灰石中除含铜、锰、硼、钼、锌等植物营养成分外，还含有砷、镉、铬、氟、汞、铅、铈、钒等对植物有害的成分。据日本调查，一些磷肥中砷的含量很高，平均达 24mg/kg，过磷酸钙中砷的含量达 104mg/kg，重磷酸钙中高达 273mg/kg。又如以硫酸为生产原料的化肥，在硫酸的生产过程中带入大量的砷，以硫化铁为原料制造的硫酸含砷量达 $490\sim1200$mg/kg，平均为 930mg/kg。因此，以硫酸为原料的化肥（如硫酸铵、硫酸钾）的含砷量也较高。

因此，不合理使用肥料会导致大豆中硝酸盐、亚硝酸盐和重金属的积累，严重影响大豆的生长质量和豆腐制品的安全。

4. 有害添加剂

在豆制品的制作过程中常常会加入各种辅料，豆腐生产用辅料主要包括凝固剂、消泡剂、水和食品添加剂等。这些都是中国传统豆制品生产不可缺少的辅助材料，然而，这些辅料有严格的使用范围和使用量的规定，如果不按规定胡乱使用，就会对人体健康造成危害。特别是使用了不在使用范围的食品添加剂，如吊白块、苯甲酸钠酸败的油脚等，则会对人体健康产生严重危害，由此带来食品安全问题。

盐卤是制盐工业的副产品，常含汞、钡、铅、砷等有毒有害物质，是豆制品中重金属汞、铅、砷等的主要污染来源，使用前需经检验合格。

盐卤、石膏中除了可能带入重金属离子外，还会带入大量耐盐微生物。经由石膏、盐卤带入豆浆中的杂菌总数高达 6.3×10^4 cfu/ml（原液）。凝固剂 GDL 由于产地和存贮时间的不同，所带入的杂菌总数相差很大，有的品牌的 GDL 添加后使豆浆中的细菌总数增加 $1.3\times$

10^4 cfu/ml（豆浆）。由此可见，凝固剂带入细菌不能忽视。此外，在某些地区也曾出现过用医院病人用过的石膏制作豆腐，因此严禁使用回收的医用石膏作凝固剂。

点卤所用的 GDL、石膏、氯化钙、盐卤、卤片等凝固剂必须符合各自的卫生标准，不得含有杂质，否则混在豆腐中就会有牙碜感。凝固剂用量必须适宜，盐卤过量豆制品有苦味，石膏过量豆制品有涩味，GDL 过量豆腐的酸味较重。

豆制品生产加工不允许使用漂白剂。吊白块是一种工业用漂白剂，易溶于水，加温后能分解出甲醛和二氧化硫等化合物。甲醛为原生质毒物，具有强烈的防腐作用，能与人体核酸的氨基和羟基结合，使之失去活性，从而严重影响机体代谢，对多脏器特别是肾脏有明显的损害作用。国家标准规定食品中二氧化硫不得超过 0.05g，长期食用二氧化硫残留超标的食品也可引起慢性中毒，脑、肝、肾等脏器退行性改变。由于吊白块对人体健康危害严重，所以国家明令禁止将吊白块作为食品添加剂使用。

5. 食品包装材料化学物质

食品包装材料的作用主要是保护商品质量和卫生，不损失原始成分和营养，方便贮运，促进销售，提高货架期和商品价值。随着人们生活水平的日益提高，对包装的要求也越来越高，包装材料也逐渐向安全、轻便、美观、经济的方向发展。现代包装给消费者提供了高质量的食物，同时也使用了种类更多的包装材料，如玻璃、陶瓷、金属（主要是铝和锡）、木制品（木制纸浆、纤维素），以及塑料，如聚乙烯（PE）、聚丙烯（PP）、聚氯乙烯（PVC）、聚苯乙烯（PS）、丙烯腈-丁二烯（ABS）树脂等。食品包装材料品种和数量的增加，在一定程上给食品带来了不安全因素。

包装材料直接和食物接触，很多材料成分可迁移进食品中，这一过程一般称为"迁移"。它可在玻璃、陶瓷、金属、硬纸板、塑料包装材料中发生。

我国是使用陶瓷制品历史最悠久的国家。由于陶瓷容器原材料来源广泛，反复使用以及在加工过程中所添加的物质而使其存在食品安全性问题。陶瓷容器的主要危害来源于制作过程中在坯体上涂的陶釉、瓷釉、彩釉等。釉料的化学成分和玻璃相似，主要是由某些金属氧化物硅酸盐和非金属氧化物的盐类的溶液组成，釉料中含有铅（Pb）、锌（Zn）、镉（Cd）、锑（Sb）、钡（Ba）、钛（Ti）等多种金属氧化物硅酸盐和金属盐类，它们多为有害物质。当使用陶瓷容器盛装酸性食品时，这些物质容易溶出而迁移到食品中，甚至引起中毒，如铅溶出量过多。

作为食品包装材料，欧洲共同体在 1987 年对食品包装陶瓷做了如下规定。对铅和钙从陶瓷容器中进入食品的限量标准：将 4％醋酸浸泡液置于陶瓷容器中，在 22℃放置 24h，每升溶液中铅含量不得大于 0.8mg，钙含量不得大于 0.3mg。

塑料是豆腐制品的主要包装材料，其大多数塑料材料可达到食品包装材料卫生安全性要求，但也还存在不少影响食品的不安全因素。塑料包装材料污染物的主要来源有如下几方面。

① 塑料包装表面污染物：由于塑料易于带电，造成包装表面微尘杂质污染食品。

② 塑料包装材料本身的有毒残留物迁移：塑料以及合成树脂都是由小分子单体聚合而成，单体的分子数目越多，聚合度越高，塑料的性质越稳定。塑料的高聚物是稳定的，一般不会迁移，但塑料中含有的添加剂（催化剂、乳化剂、稳定剂、抗氧化剂、紫外线吸收剂、润滑剂、软化剂、色素、杀虫剂和防腐剂等）带来的低分子化合物、低聚物和单体。这些物质都是易从塑料中迁移的物质。有毒残留物质，主要包括有毒单体残留、有毒添加剂残留、聚合物中的低聚物残留和老化产生的有毒物质，它们将会迁移进入食品中，造成污染。

从包装材料迁移到包装食品中的各种成分的数量的总和称"总迁移量"。从食品包装学角度出发，迁移成分从包装材料进入食品时，不仅要考虑其危害人体健康的因素，而且还应该考虑它对某些降低食品质量的化学反应的催化作用，如重金属对脂肪氧化的催化作用。用原子光谱吸收法可以测定各种食品和各种包装材料中的痕量重金属元素的含量。

在目前的工艺条件下包装材料成分向食品迁移的现象几乎是无法避免的，关键问题是那些成分迁移及其迁移的数量。从毒性方面考虑就是规定出不致影响人体健康的极限数量，这是一个十分重要的问题。人们对此已经做了大量的研究。

某些塑料为了改善性能加入了增塑剂和防老剂，这些添加剂往往有毒。聚氯乙烯（PVC）是一种常用的塑料，PVC制品在高温下如80℃以上，就会缓慢析出氯化氢气体，这种气体对人体有害；更为严重的是，PVC用邻苯二甲酸二丁酯作增塑剂，含铅量高，长期食用含铅量高的食品，会发生慢性铅中毒；因此聚氯乙烯不宜用作食品包装材料。

③ 包装材料回收或处理不当：包装材料由于回收和处理不当，带入污染物，不符合卫生要求，再利用时引起食品的污染。

第二节　豆腐制品生产的卫生管理

一、厂房的卫生要求

1. 厂址卫生要求

豆腐制品工厂必须有独立的环境，要有足够的水源和良好的水质，并有较完整的排水系统，废物垃圾要有固定存放点，远离车间，并能及时运出。

2. 厂房卫生要求

在车间内部，地面应以水泥或其他防水材料构筑，表面平而不滑，并保留有适当的坡度，以利于排水，不允许有局部积水现象。墙壁由地面到高2m处采用水磨石或白瓷砖为墙围裙。窗台也要有45°的倾斜度，有利于冲洗。天花板以浅色为原则，应有适宜的高度，要维持清洁，并时常刷洗。水管及蒸汽管应避免在工作台上空通过，以防凝结水或不洁物掉落食品中。门窗要有防蚊蝇设施（如风门、纱窗）。工作场地光线要充足，通风排风要好，有条件的工厂可建密闭空调车间。注意电灯安装位置及防护装置。车间要布局合理，防止交叉感染。

3. 库房卫生要求

库房应注意大小适宜，通风排水要好，应有良好的防尘防潮和完善的防虫、鼠、鸟侵入的设施。

4. 设备卫生

设备、工具、器具的卫生要求应符合下列原则。

① 容易拆卸及清洗。

② 与渍制品接触的部分为不锈钢且表面要光滑，避免凹凸及缝隙。不可用易腐蚀或有毒性的金属。如铝、铜、铅、锌等。

③ 防止润滑物、污水、杂物等的污染。

④ 所有设备应易于进行卫生冲洗。

⑤ 设备的表面吸着力要小。

⑥ 生产前后都要坚持卫生清洗消毒制度。

⑦ 所采用的消毒杀菌剂应安全、有效、无毒。

二、原辅料的卫生要求

1. 大豆的质量要求

大豆是豆制品加工的基础原料，原料质量的好坏直接关系到豆制品成品质量的优劣。同时，大豆原料的安全性也是决定豆制品安全性的主要因素。一些不安全物质如残留的农药、重金属以及霉菌毒素等可能随原料转移到大豆制品中，因此，要保证豆制品的安全性首先要保证大豆原料的安全性。

为了保证原料的质量和安全性，豆制品食品加工厂在购进原料时应对原料进行验收或检验，验收或检验的依据就是国家颁布的关于大豆质量与安全的相关标准。目前我国关于大豆以及相关的标准有 GB 1352—2009《大豆》、GB/T 13382—2008《食用大豆粕》、NY 5310—2005《无公害食品大豆》、GB 14932.1—2003《食用大豆粕卫生标准》和 GB 2715—2005《粮食卫生标准》等。

采购原材料应按大豆质量卫生标准或卫生要求进行。购入的原料，应具有一定的新鲜度，具有该品种应有的色、香、味和组织形态特征，不含有毒有害物，也不应受其污染。原材料必须经过检、化验，合格者方可使用；不符合质量卫生标准和要求的，不得投产使用，要与合格品严格区分开，防止混淆和污染食品。

2. 添加剂卫生要求

在豆腐制品的制作过程中常常会加入各种添加剂，豆腐生产用添加剂主要包括凝固剂、消泡剂、防腐剂等，其卫生要求不能忽视。

① 凝固剂：凝固剂是中国传统豆制品生产不可缺少的辅料。豆腐类型不同，其制作程序也不尽相同，但无论哪一种豆腐，其制作都有一个将凝固剂与豆浆混合，使豆浆凝固的过程，这是豆腐制作的核心，对豆腐的品质和得率影响最大。

豆腐凝固剂可分为 3 类：盐类、酸类和酶类凝固剂。常用的盐类凝固剂是盐卤（主要成分是氯化镁）、石膏（主要成分是硫酸钙）和氯化钙等，常用的酸类凝固剂是葡萄糖酸-δ-内酯（GDL），此外，醋酸、乳酸、柠檬酸、苹果酸等酸性物质也可使豆浆凝固。

盐卤是制盐工业的副产品，常含汞、钡、铅、砷等有毒有害物质，是豆制品中重金属汞、铅、砷等的主要污染来源，使用前需经检验合格。

盐卤、石膏中除了可能带入重金属离子外，还会带入大量耐盐微生物。经由石膏、盐卤带入豆浆中的杂菌总数高达 $6.3×10^4$ cfu/ml（原液）。凝固剂 GDL 由于产地和存贮时间的不同，所带入的杂菌总数相差很大，有的品牌的 GDL 添加后使豆浆中的细菌总数增加 $1.3×10^4$ cfu/ml（豆浆）。由此可见，凝固剂带入细菌不能忽视。此外，在某些地区也曾出现过用医院病人用过的石膏制作豆腐，因此严禁使用回收的医用石膏作凝固剂。

点卤所用的 GDL、石膏、氯化钙、盐卤、卤片等凝固剂必须符合各自的卫生标准，不得含有杂质，否则混在豆腐中就会有牙碜感。凝固剂用量必须适宜，盐卤过量豆制品有苦味，石膏过量豆制品有涩味，GDL 过量豆腐的酸味较重。

② 消泡剂：豆制品生产的制浆工序，会产生大量的泡沫，泡沫的存在对后续的生产操作极为不利，煮浆时易出现假沸现象，点脑时

影响凝固剂分散。为了维持正常的生产，保证产品质量，必须使用消泡剂消泡。目前我国禁止使用油脚作消泡剂。上述油脚含杂质较多，毒性大，色泽黑暗，危害健康；油角膏含有酸败油脂，已禁止使用。

3. 水

水是大豆制品生产中必不可少的，水的硬度对豆浆的凝固有一定的影响，直接关系到大豆蛋白质的溶解提取，凝固剂的使用量和豆腐的出品率、质量等。大量的生产实践证明，软水制豆腐要比硬水好得多，用软水制得的豆浆蛋白质含量比自来水高 0.28％，豆腐制得率高 5.9％左右。用软水生产豆腐可以大大提高大豆蛋白质的利用率。另外，生产中应注意水的 pH 值最好为中性或微碱性，而要尽量避免使用酸性或碱性较强的水。

从食品卫生和安全角度来说，水质应符合 GB 5749—2006《生活饮用水卫生标准》，水质须经检验，以了解质量状况，贮水池应定期清洗消毒。

三、严格控制食品添加剂的用量

在豆腐制品的制作过程中常常会加入各种添加剂，豆腐生产用添加剂主要包括凝固剂、消泡剂、防腐剂等。这些都是中国传统豆制品生产不可缺少的辅助材料，然而，这些物质不是食品的天然成分，大多没有营养价值，甚至有些有微毒，因此，这些辅料有严格的使用范围和使用量的规定，如果不按规定胡乱使用，就会对人体健康造成危害。特别是使用了不在使用范围的食品添加剂，如吊白块、苯甲酸钠酸败的油脚等，则会对人体健康产生严重危害，由此带来食品安全问题。豆腐制品加工中使用的添加剂必须按照 GB 2760—2007 食品添加剂使用卫生标准的规定使用。

四、生产工艺的改进

1. 冷水冲浆法

可使豆子出豆腐率提高 30％以上。先将烧开的豆浆倒入木桶，待豆浆冷却到不烫手时，倒入 1 桶冷水（每 5kg 豆子放 10kg 冷水），再搅拌均匀。5～10min 后，往豆浆里 1 次加入 1 勺石膏水。加入 3 次后豆腐即成。

2. 添加碱面法

浸泡豆子时，按豆子与碱面 500：2 加入碱面，可使部分不溶性蛋白质转化为可溶性蛋白质。点浆时可使产量提高 40％。

3. 先制油后制豆腐法

将大豆筛选、洗净后冷榨 2 次，使每 100kg 大豆分离出 9～10kg 豆油和 80kg 以上的豆饼。然后用豆饼制豆腐。用冷榨豆饼制豆腐不需要磨浆。将每 10kg 豆饼对水 70kg，装入桶或缸内浸泡 8h，搅匀后倒入锅内，边加热边搅动，防止豆浆煳锅。豆浆烧开后点浆。将石膏水绕浆缸慢慢点入，直到出现豆腐脑为止。其制法与传统方法相同。此法制成的豆油不仅是优质豆油，其豆腐既高产，又细嫩、洁白、可口。每 100kg 大豆可多获纯利 30～40 元。

4. 制作无渣豆腐法

此法不产生豆腐渣，不需要过滤设备，品味好，成本低，效益高。将大豆清洗、浸泡，去皮后将其冻结，再粉碎成糊状物，加热至 100℃，保持 3～4min 后停止加热，自然降温至 70～80℃，添加大豆质量 2％～5％的硫酸钙，使糊状物凝固。轻轻搅碎，除去浮液，放入有孔的型箱中，盖布、加压、去水即成。

5. 通电加热法

加热是食品加工过程中最常见和最重要的加工工艺之一，也是大豆凝胶的必要条件。传统加热法的原理都是利用热源与被加热物质的温度差（蒸汽与豆浆之间，热源与豆浆之间），使热量从热源传递到被加热体，传热效率较低。特别是当加热临近结束，温度差很小时，加热效率更低。最近，以被加热物体自身为通电体，利用通电过程中产生的热量使物体温度升高而达到加热的目的的通电加热法受到了越来越多的关注。由于食品容器通过处理可以直接使用电极，所以通电加热具有设备简单、加热效率高而且均匀一致、无须搅拌与混合、自动控制容易等特点。

液体的电导率与水分、电解质种类和含量等有较大关系。由于食品与食品材料中通常含有各种电解质，所以它们的电导率一般来说比较大。另外，由于固体材料的细胞内为近似于浓度很高的液体，在电导率较低的液体中加热时，材料自身比液体的升温速度还要快。豆浆中的蛋白质、糖等都有很好的电导率，因此特别适合于利用采用通电加热法进行加热。

6. 两步加热法

在介绍大豆的加工特性的时候提到过，大豆蛋白质具有胶凝性，即在一定的温度条件下，保持适当的时间，则大豆蛋白质会发生不可逆的凝胶反应。同时研究也发现，不同的蛋白质组分的凝胶温度差别很大。利用这一原理，一种新型的二步加热法，并通过与通电加热技术的有机结合，达到了既改善豆腐制品的品质，又降低了能耗和生产成本的目的。

很早以前人们便发现，大豆蛋白质中的主要成分 7S 蛋白为 β-伴大豆球蛋白，11S 蛋白为大豆球蛋白。用示差式热量扫描法（differential scanning calorimetry，DSC）研究大豆蛋白质变性时还发现，7S 和 11S 蛋白的变性温度是不同的。虽然它们的变性温度随着加热升温速度的加快和固形物含量的增加而升高，但 7S 蛋白的变性温度在 70℃左右，11S 蛋白的变性温度在 90℃附近。

在传统豆腐生产工艺中，没有考虑不同大豆蛋白质变性对温度的要求，因此 7S 和 11S 都是在基本相同的温度条件下形成凝胶的。实际上在凝胶形成过程中还伴随着不同蛋白质的缔合反应、亚基解离和亚基聚合反应。这些反应又影响到豆浆的黏度、表面疏水性和羟基含量。它们最终又会对大豆制品的品质产生很大的影响。

采用二步加热法比传统的一步加热法时豆浆黏度要高，特别是在 70℃和 95℃进行保温时，豆浆黏度更是明显提高。这主要是由于 7S 蛋白在 70℃的条件下保温时会首先凝胶。保温时间越长，豆浆黏度越大。豆浆黏度对生产的影响比较复杂。通常情况下，由于加热不当而引起的豆浆黏度增加可能导致豆腐凝胶特性变差、凝胶结构不一致等问题。这主要是因为在蛋白质凝胶过程中，黏度的增加引起的蛋白质分子之间通过疏水键和二硫键结合所形成的立体网络空间结构中的空隙不均和空隙率减小所致。空隙率的减少将使凝胶保水性变差，豆腐含水量减少，质地粗糙。但是，在利用二步加热法生产时，由于第一步加热 7S 蛋白的变性对豆腐凝胶和豆腐品质的影响呈不同结果。随着第一步加热温度的升高和保温时间的延长，豆浆的黏度增加，但在 70℃ 保温 5min 的条件下产品的品质最好。这可能由于在第一步加热过程中，7S 变性后黏度会有所增加，但变性过程中已形成比较良好的网络结构，在此基础上，11S 蛋白再变性。

五、生产工人的卫生管理

豆腐制品厂的从业人员（包括临时工）应接受健康检查，并取得体检合格证者，方可参加食品生产。从业人员上岗前，要先经过卫生培训教育，方可上岗。上岗时，要做好个人卫生，防止污染食品。进车间前，必须穿戴整洁，穿统一的工作服、帽、靴、鞋，工作服应盖住外衣，头发不得露于帽外，并要把双手洗净。直接与原料、半成品和成品接触的人员不准戴耳环、戒指、手镯、项链、手表，不准化妆、染指甲、喷洒香水进入车间。

手接触脏物、进厕所、吸烟、用餐后，都必须把双手洗净才能进行工作。上班前不许酗酒，工作时不准吸烟、饮酒、吃食物及做其他有碍食品卫生的活动。操作人员手部受到外伤时不得接触食品或原料，经过包扎治疗戴上防护手套后，方可参加不直接接触食品的工作。不准穿工作服、鞋进厕所或离开生产加工场所。生产车间不得带入或存放个人生活用品，如衣物、食品、烟酒、药品、化妆品等。

第三节　豆腐制品的安全性分析

一、原料

大豆中可能的不安全因素有多种，包括砷、铅、汞等重金属污染，主要来源于原料生产基地的土壤和水中，部分也来源于大气污染；除草剂、杀虫剂、杀菌剂等农药残留造成的污染；黄曲霉毒素污染等。

与外国不同，在中国豆制品厂使用的大豆原料都是直接从田间收获的，表面附着泥土。因此除了上述残存农药等有可能造成污染外，大豆原料中携带大量的土壤中的微生物，数量和种类几乎不可计数。根据近年的研究结果，引起豆制品腐败的主要微生物是屎肠球菌、革兰阳性芽孢杆菌，它们可以使豆制品在盛夏短时间内腐败变质。这些腐败菌主要来源于大豆原料中，在豆制品的加工过程中很难除去。经过严格清洗可显著降低大豆表面附着的细菌总数，有效延长保质期。

从卫生质量要求上看，应选当年收新大豆，且重金属、农残等应符合限量标准。大豆应无虫蛀、霉变，含水量为 $10\% \sim 14\%$，大豆库存应防尘、防霉、防潮、防鼠，加工前应除去杂质。

生产用水的水质应符合 GB 5749—2006《生活饮用水卫生标准》，水质需经检验，以了解质量状况，水的硬度对豆浆的凝固有一定的影响，贮水池应定期清洗消毒。

二、加工辅料

（1）凝固剂　在豆腐加工中，根据豆腐品种的不同，分别加入葡萄糖酸-δ-内酯（GDL）、石膏、盐卤等凝固剂。凝固剂 GDL 和盐卤会带入大量微生物，其中盐卤还可能带入重金属离子。凝固剂必须符合各自的卫生标准，用量必须适宜，盐卤过量豆制品有苦味，石膏过量豆制品有涩味。严禁使用回收的医用石膏作凝固剂。盐卤是制盐工业的副产品，常含汞、钡、铅、砷等有毒有害物质，使用前需经检验合格。

（2）消泡剂　禁止将酸败油脂的油脚作消泡剂。

（3）其他食品添加剂　为抑制细菌繁殖，延长保质期，可使用防腐剂山梨酸、山梨酸钾、丙酸钙、双乙酸钠、过氧化氢、过碳酸钠等，但用量应有限制。防腐剂苯甲酸钠则禁止用于豆制品的制作中。豆制品生产加工不允许使用漂白剂，严禁使用吊白块。

三、设备、生产环境及个人卫生要求

豆腐加工过程中普遍存在卫生条件差，二次污染严重的现象。人们普遍认为豆制品是低档的、廉价的产品，仍然按照千百年来的传统加工习惯进行生产，对豆制品生产的卫生条件重视不够。

为提高豆腐的质量，应加强生产过程中的卫生管理和改进设备的清洗方法。首先要对大豆原料进行清杂，泡豆要用自流化的水槽，使泡豆水温不致上升而引起酸败现象。在生熟浆管道的一端，要连接高压蒸汽管。在生产前用高压蒸汽冲洗消毒，并把管内残存的豆糊和渣子冲洗掉，以防影响产品的质量和卫生。生产用具应使用0.3%漂白粉水浸泡和刷洗，特别是对豆腐屉更要加强冲洗和消毒。刚刚生产出来的豆腐一定要等晾凉冷透再上架或码垛，否则热量不易散发，会加速变质。贮存成品的车间要有一个简易的通风降温设备。

第七章 豆腐制品加工厂的选址、设计

　　食品卫生是与其建筑结构的卫生设计密切相关的，换句话说，食品厂建筑结构的卫生设计将直接影响人类的健康，而食品厂建筑结构的卫生设计又包括很多方面，比如设计建立良好的食品加工环境和选择适当的食品加工设备。因此选择良好的食品加工环境和设备是筹建食品加工厂必须要考虑的问题之一。

　　豆制品加工厂环境包括豆制品加工厂的厂房外围环境和食品车间环境，也就是厂址选择必须合适，食品车间内必须卫生。

　　良好的食品加工设备主要是指用于加工豆制品的设备不易腐蚀，死角易于清洗等。对这些问题的全面讨论应属于豆制品加工厂卫生设计原理的内容。下面是工厂设计与设施的要求。

第一节　豆腐制品加工厂的选址

一、厂址选择的重要性

　　厂址的选择是指对建设项目进行布点选择和进一步进行具体位置的选择。所谓布点选择就是按工程的重要程度、审批权限在某一行政区域内，根据项目的特点和要求，经过系统全面了解后，对提出的若干可供建厂的地点方案进行筛选对比，从中确定一个较适合的地点。

厂址选择则是在大范围就设厂地点圈定后，在相对较小的范围内，通过更加深入细致的调查论证，从若干可供选择的具体厂址方案中挑选出最终的决策方案。

食品工业生产的布局，涉及一个地区的长远规划。一个食品工厂的建设，对当地资源、交通运输、农业发展都有密切关系。食品工厂的厂址选择是否得当，不但与投资费用、基建进度、配套设施完善程度及投产后能否正常生产有关，而且与食品企业的生产环境、生产条件和生产卫生关系密切，因此是一件非常重要的大事。按 GMP 规范建设的食品工厂，对环境的要求显得更为重要。由于不同地区不同工业环境和"三废"治理水平不等，其周围的土壤、大气和水资源受污染程度不同，因此，在选择厂址时，既要考虑来自外环境的有毒有害因素对工厂污染，又要避免生产过程中产生的废气、废水和噪声对周围环境及居民的不良影响。

二、厂址选择的原则

在厂址选择时，应按国家方针政策、生产条件和经济效果等方面考虑。厂址选择的基本原则如下。

① 厂址选择应符合国家的方针政策，厂址应设在当地发展规划区域内，并符合工业布局及食品生产要求，节约用地，尤其尽量不占用或少占用耕地的原则。

② 厂址选择应靠有利于交通、供电、供排水等条件，有利于节约投资，降低工程造价，节约和减小各种成本费用，提高经济效益。

③ 必须充分考虑环境保护和生态平衡。厂内的生产废弃物应就近处理。废水经处理后排放，并尽可能对废水、废渣等进行综合利用，做到清洁生产。

三、厂址选择的基本要求

综合考虑食品企业的经营与发展、食品安全与卫生以及国家有关法律、法规等因素，按有关 GMP 规范要求，食品企业厂址选择的基本要求如下。

① 在城乡规划时，应划定一定的区域作为食品工业建设基地，食品企业可在该范围内选择合适的建厂地址。

② 有足够可利用的面积和较适宜的地形，以满足工厂总体平面的合理布局和今后发展扩建的需要。

③ 厂区应通风、日照良好、空气清新、地势高且干燥、排水方便、地面平坦而又有一定坡度、土质坚实。厂区一般向场地外倾斜至少达 $0.4°$。基础应高于当地最大洪水水位 $0.5m$ 以上，远离可能或者潜在污染的加工厂。

④ 要有充足水源，水质符合国家生活饮用水水质标准。靠近自来水管网，自来水的供给量及水压应符合生产需要。采用深井水、河库水作为水源，必须事先进行水质检验，为选址和水质处理提供依据。

⑤ 厂区周围不得有粉尘、烟雾、灰沙、有害气体、放射性物质和其他扩散性污染源；不得有垃圾场、废渣场、粪渣场以及其他有昆虫大量滋生的潜在场所。食品企业要远离污染源及受到它们污染的场所。厂址虽远离有害场所，但在一定范围内又存在污染源而可能影响食品工厂时，食品厂必须在污染源的上风向、位于居民区的下风向。一个地区的风向是指主导风向，它是一年中该地区风吹来最多的方向，可从当地气象台（站）了解这方面的资料。

⑥ 厂区要远离有害场所，生产处建筑物与外界公路或通路应有防护地带，其距离可根据各类食品厂的特点参照各类食品厂卫生规范执行。在食品工厂外墙与外缘公路之间设防护地带，一般距离在20～50m，如达不到这个距离，在设计时要考虑食品车间与外缘公路有足够的距离。在防护带里应用树木和花草进行绿化，这样，在夏天可遮挡太阳对土壤的辐射，植物水分蒸发时消耗热能，使土壤及附近空气温度降低；在冬季有植被覆盖，使土壤及附近的空气温度较高。因此，绿化可更好地改善周围的微小气候，减少灰尘，减弱外来噪声，美化环境，防止污染。

⑦ 有动力电源，电力负荷和电压有充分保证。同时，要考虑冷库、发酵等不能停电设施，或备用电源。

⑧ 交通运输方便。根据交通条件，建厂地点必须有相应的公路或水运、铁路运输条件。

⑨ 要便于食品生产中排出的废水、废弃物的处理，附近最好有承受废水流放的地面水体。工厂区内任何设施、设备等不得成为周围环境的污染源；不得有有毒有害气体、不良气体、粉尘及其他污染物泄漏等有碍卫生的情况发生。

⑩ 既要考虑生活区用地，又要方便职工上下班。并尽量不占或少占耕地，注意当地自然条件，评价工厂对环境可能造成的影响。

第二节 豆腐制品加工厂的设计

一、豆腐制品加工厂的总平面设计

豆腐制品工厂总体规划与设计是根据工厂建筑群的组成内容及使用功能要求，结合厂址条件及有关技术要求，协调研究建筑物、构筑物及各项设施之间空间和平面的相互关系，正确处理建筑物、交通运输、管路管线、绿化区域等布置问题，充分利用地形，节约场地，使所建工厂形成布局合理、协调一致、生产井然有序，并与四周建筑群相互协调的有机整体。

1. 总体设计基本原则

① 总体设计应按批准的设计任务书和可行性研究报告进行，总体布置应做到紧凑、合理。

② 建筑物、构筑物的布置必须符合生产工艺要求，保证生产过程的连续性。互相联系比较密切的车间、仓库，应尽量考虑组合厂房，既有分隔又缩短物流线路，避免往返交叉，合理组织人流和货流。

③ 建筑物、构筑物的布置必须符合城市规划要求且需结合地形、地质、水文、气象等自然条件，在满足生产作业的要求下，根据生产性质、动力供应、货运周转、卫生、防火等分区布置。

④ 动力供应设施应靠近负荷中心。如变电所应靠近高压线网输

入本厂的一边，同时，变电所又应靠近耗电量大的车间，又如制冷机房应接近变电所，并紧靠冷库。

⑤ 建筑物、构筑物之间的距离，应满足生产、防火、卫生、防震、防尘、噪声、日照、通风等条件的要求，并使建筑物、构筑物之间距最小。

⑥ 要明确污染区、准污染区、洁净区，避免因人、物而产生的交叉污染。生活区（宿舍、托儿所食堂、浴室、商店和学校等）、厂前区（传达室、医务室、化验室、办公室、俱乐部、汽车房等）和生产区（各种车间和仓库等）分开。生产车间要注意朝向，保证通风良好；生产厂房要离公路有一定距离，通常考虑 30～50m，中间设有绿化地带，不得种植有能为鸟类提供食宿的树木、灌木等。

⑦ 厂区道路应按运输量及运输工具的情况决定其宽度，厂区和进入厂区的主要道路应铺设适于车辆通行并便于冲洗的坚硬路面（如混凝土或沥青路面）。路面应平坦、不积水，厂区内应有良好的排水系统。运输货物道路应与车间分隔，特别是运煤和煤渣，容易产生污染。一般道路应为环形道路，以免在倒车时造成堵塞现象。厂区应注意合理绿化。

⑧ 合理地确定建筑物、构筑物的标高，尽可能减少土石方工程量。厂区要有完整的、不渗水的、并与生产规模相适应的下水系统。下水系统要保持通畅，不得采用明沟排水，厂区地面不能有污水积存。

⑨ 总体布置应考虑工厂扩建的可能性，留有适当的发展余地。

⑩ 总体设计必须符合国家有关规范和规定。如《工业企业总平面设计规范》（GB 50187—93）、《工业企业设计卫生标准》（GBZ 1—2002）、《建筑设计防火规范》（GB 50016—2006）、《厂矿道路设计规范》（GBJ 22—87）、《采暖通风和空气调节设计规范》（GB 50019—2003）、《工业锅炉房设计规范》（GBJ 41—79）、《工业"三废"排放试行标准》（GBJ 4—73）、《工业与民用通用设备电力装置设计规范》（GBJ 55—83）、《中国出口食品厂、库卫生要求》、《洁净厂房设计规范》（GB 50073—2001）、食品 GMP 规范等，以及厂址所在地区的发

展规划，保证工业企业协作条件。

2. 工厂总平面布置（布局）的卫生设计

① 合理布局：豆制品加工厂要合理布局，划分生产区和生活区；生产区应在生活区的下风向（图 7-1）。

② 衔接要合理建筑物、设备布局与工艺流程三者衔接要合理，建筑结构完善，并能满足生产工艺和质量卫生要求；原料与半成品和成品、生原料与熟食品均应杜绝交叉污染。豆制品加工厂的库房包括原料和成品库房。库房地面应高于外面地面，并有防止水从地下渗进的措施。屋顶应防漏。库房大小要合适，不同原料和在制品、成品间要相互隔开，以免相互污染。有污染的原料库应该离加工车间远些，而无污染的原料库、成品库应尽量离加工车间近些，避免长距离运输过程中受到污染。库房应有防鼠、防虫、防鸟等措施。库内通风要良好，以防库房内的温湿度偏高而引起食品原料霉变，必要时应装排湿机。建筑物和设备布置还应考虑生产工艺对温、湿度和其他工艺参数的要求，防止毗邻车间受到干扰。

③ 厂区道路应通畅厂区道路应便于机动车通行，有条件的应修环行路，且便于消防车辆到达各车间。厂区道路应防止积水及尘土飞扬，采用便于清洗的混凝土、沥青及其他硬质材料铺设。厂房之间，厂房与外缘公路或道路应保持一定距离，中间设绿化带。厂区内各车间的裸露地面应进行绿化。

④ 给排水系统：给排水系统应能适应生产需要，设施应合理有效，确保畅通，有防止鼠类、昆虫通过排水管道潜入车间的有效措施。生产用水必须符合 GB 5749—2006 之规定。污水排放必须符合国家规定的标准，必要时应采取净化设施达标后才可排放。净化和排放设施不得位于生产车间主风向的上方。

⑤ 污物存放加工后的废弃物存放应远离生产车间，且不得位于生产车间上风向。存放设施应密闭或带盖，要便于清洗、消毒。锅炉烟囱高度和排放粉尘量应符合 GB 3841 的规定，烟道出口与引风机之间须设置除尘装置。其他排烟、除尘装置也应达标准后再排放，防止污染环境。排烟除尘装置应设置在主导风向的下风向。季节性生产

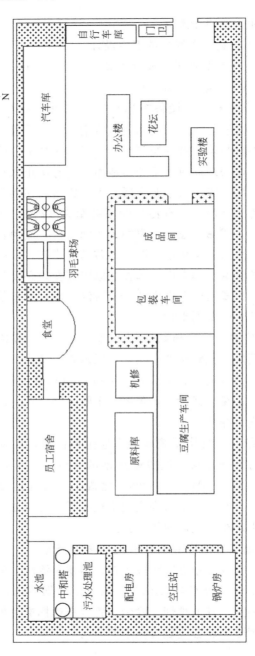

图 7-1　豆腐加工厂总平面图范例

厂应设置在季节风向的下风向。实验动物待加工禽畜饲养区应与生产车间保持一定距离，且不得位于主导风向的上风向。

3. 车间的卫生设计

豆腐制品加工车间是用来加工制作豆腐制品的厂房，它是直接与豆腐制品接触的。豆腐制品加工车间卫生与否，直接关系到食品的卫生。加工车间卫生要求除与库房相同外，还应具备卫生设施及合理的布局。

① 车间的布局及材料的卫生设计：车间面积应适中，物料走向要顺流，各种不同的原料和制品、包装材料等要有必要的间隔，以免成品与在制品和原料混杂而受污染。生产厂房的高度应能满足工艺、卫生要求，以及设备安装、维护、保养的需要。生产车间人均占地面积（不包括设备占位）不能少于 1.50m²，高度不低于 3m。

生产车间地面应使用不渗水、不吸水、无毒、防滑材料（如耐酸砖、水磨石、混凝土等）铺砌，应有适当坡度，在地面最低点设置地漏，以保证不积水。其他厂房也要根据卫生要求进行。地面应平整而不滑、无裂隙、略高于道路路面，便于清扫和消毒，并有适当的坡度以利排水。

屋顶或天花板应选用不吸水、表面光洁、耐腐蚀、耐温、浅色材料覆涂或装修，要有适当的坡度，在结构上减少凝结水滴落，防止虫害和霉菌滋生，并便于洗刷、消毒。生产车间墙壁要用浅色、不吸水、不渗水、无毒材料覆涂，并用白瓷砖或其他防腐蚀材料装修高度不低于 1.50m 的墙裙。墙壁表面应平整光滑，其四壁和地面交界面要呈漫弯形，防止污垢积存，并便于清洗。

门、窗、天窗要严密、不变形，防护门要能两面开，设置位置适当，并便于卫生防护设施的设置。窗台要设于地面 1m 以上，内侧要下斜 45°。非全年使用空调的车间、门、窗应有防蚊蝇、防尘设施，纱门应便于拆下洗刷。通道要宽畅，便于运输和卫生防护设施的设置。楼梯、电梯传送设备等处要便于维护和清扫、洗刷和消毒。

生产车间、仓库应有良好通风，采用自然通风时通风面积与地面面积之比不应小于 1：16。采用机械通风时换气量不应小于每小时换气 3 次。机械通风管道进风口要距地面 2m 以上，并远离污染源和排风口，开口处应设防护罩。饮料、熟食、成品包装等生产车间或工序必要时应增设水幕、风幕或空调设备。

车间或工作地应有充足的自然采光或人工照明。车间采光系数不应低于标准Ⅳ级；检验场所工作面混合照度不应低于 540lx；加工场所工作面不应低于 220lx；其他场所一般不应低于 110lx。位于工作台、食品和原料上方的照明设备应加防护罩。

建筑物及各项设施应根据生产工艺卫生要求和原材料贮存等特点，相应设置有效的防鼠、防蚊蝇、防尘、防飞鸟、防昆虫的侵入、隐藏和滋生的设施，防止受其危害和污染。

② 卫生设施的合理设计：车间入口处必须设有更衣室，更衣室内或进入车间操作处应有洗手消毒设施。要配备冷热水混合器，其开关应采用非手动式，水龙头设置以每班人数在 200 人以内者，按每 10 人 1 个，200 人以上者每增加 20 人增设 1 个。洗手设施还应包括干手设备（热风、消毒干毛巾、消毒纸巾等）。

生产车间进口，必要时还应设有工作靴鞋消毒池（卫生监督部门认为无须穿靴鞋消毒的车间可免设）。消毒池壁内侧与墙体呈 45°坡形，其规格尺寸应根据情况务使工作人员必须通过消毒池才能进入为目的。

大的食品加工车间还需设有休息室、办公室、厕所、淋浴室等。车间厕所应光线充足，通风良好。厕所应有自动冲洗装置（或人工随时冲洗）。厕所门不应对准食品加工处且能自动关闭。为避免污染，厕所可采用双重门或正向气流的方法。厕所设置应有利于生产和卫生，其数量和便池坑位应根据生产需要和人员情况适当设置。生产车间的厕所应设置在车间外侧，并一律为水冲式，备有洗手设施和排臭装置，其出入口不得正对车间门，要避开通道；其排污管道应与车间排水管道分设。设置坑式厕所时，应距生产车间 25m 以上，并应便于清扫、保洁，还应设置防蚊、防蝇设施。

更衣室应设贮衣柜或衣架、鞋箱（架），衣柜之间要保持一定距离，离地面 20cm 以上，如采用衣架应另设个人物品存放柜。更衣室还应备有穿衣镜，供工作人员自检用。

淋浴室可分散或集中设置，淋浴器按每班工作人员计每 20～25 人设置 1 个。淋浴室应设置天窗或通风排气孔和采暖设备。

③ 车间排水必须良好：因豆制品加工厂需经常用水冲洗墙壁、地面和设备，有些加工过程经常有水排出，若不及时排放，则易污染食品成品。排水装置最好要密闭且便于经常清理，以防堵塞。

4．设备的卫生设计

豆制品加工过程中所接触的设备和容器的材料、结构及卫生状况直接影响食品的卫生质量，这些生产设备从材料到设计使用必须符合卫生要求。

① 材料的选择：凡接触食品物料的设备、工具、管道，必须是用无毒、无味、抗腐蚀、不吸水、不变形的材料制作，如不锈钢制品、玻璃制品、铝制品、陶瓷制品、无毒塑料制品以及洁净的木制品等。不宜使用易腐蚀或有毒性的材料，如铅、铜、锌等制品。

② 清洗消毒：与食品直接接触的设备、工具、管道表面要清洁，表面应为光滑过渡，边角圆滑，无死角，不易积垢，不漏隙，便于拆卸、清洗和消毒，以防食品残留而利于微生物繁殖。生产过程中应经常清洗设备和容器，特别是直接与食品接触的表面。常用高温清洗（蒸汽、开水、烘烤）、化学试剂杀菌（漂白粉）进行消毒处理，以确保生产过程中的设备与容器的卫生安全。

③ 设备布局：设备设置应根据工艺要求，布局合理。上、下工序衔接要紧凑。各种管道、管线尽可能集中走向。冷水管不宜在生产线和设备包装台上方通过，防止冷凝水滴入食品。其他管线和阀门也不应设置在暴露原料和成品的上方。

设备安装应符合工艺卫生要求，与屋顶（天花板）、墙壁等应有足够的距离，设备一般应用脚架固定，与地面应有一定的距离。传动部分应有防水、防尘罩，以便于清洗和消毒。

各类料液输送管道应避免死角或盲端，设排污阀或排污口，便于清洗、消毒，防止堵塞。选型和安装设备与容器时，应考虑所有设备与容器易于拆卸清洗，并注意设备或容器所处位置，应能就地清洗而无须经常搬动，并且防止设备的润滑油、机油等泄漏而污染食品。同样，对整个设备和容器也应防止食品材质或灰尘堆积而形成微生物繁殖区，影响整个食品车间的卫生。

二、豆腐制品加工厂的工艺布局

工艺布局合理与否，是生产效益好坏的关键性问题。建造一个理想的生产车间，就必须认真的研究工艺布局，使其操作方便、生产顺利、节约经费、效果显著。

豆制品的生产工艺可分为前、后两部分及四个阶段。前部分包括第一阶段原料处理和第二阶段豆浆生产；后部分包括第三阶段成品及半成品加工，第四阶段半成品再加工。

前部分生产工艺流程如下：

原料贮存→筛选→计量→洗料→输送→浸泡→磨浆→过滤→煮浆→豆浆

后部分生产工艺流程如下：

豆腐生产线→点浆→涨浆→摊布→浇制→整理→压榨→成品

豆腐干生产线→点浆→涨浆→扳泔→抽泔→摊袋→浇制→压榨→划坯→出白→成品

油豆腐生产线→点浆→涨浆→扳泔→抽泔→摊袋→浇制→压榨→划坯→油炸→成品

从工艺角度讲，豆制品生产车间应具有前半部分生产立体顺序排列、后半部分平面排列的特点，因而建筑上要符合工艺要求，而且要为工序间的联接创造一定的条件，以尽量减少物料往返输送，减少输送设备。

根据各地的建厂经验，豆腐制品生产的前部分是顺序排列，最好采用立体布局。而后部分是几道工序的同时操作，最好采用平面布局。豆腐制品生产线如图 7-2 所示。前部分的立体布局即把工艺的第一阶段排成一条立体线，自上而下地安排工艺流程，即提升机房→原料贮存→筛选→计量→洗料输送→浸泡。

第二阶段豆浆生产也排成立体流水线，自上而下的安排工艺流程，

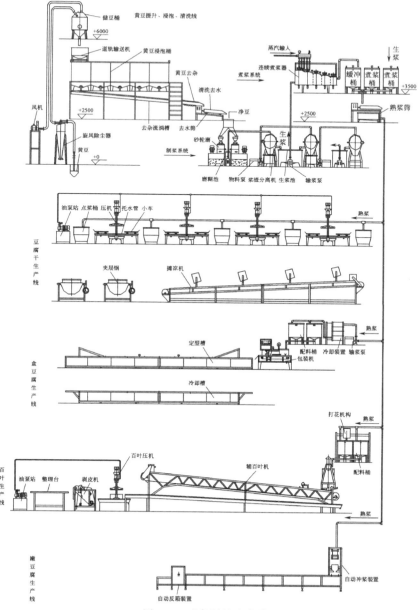

图 7-2 豆腐制品生产线

即磨浆→过滤→煮浆→贮存。这样并列的两条生产线，以完成前部分的工艺过程。

前部分立体排列的优点有以下几方面。

1. 减少工艺环节间的输送，缩短工艺路线

过去豆制品生产车间往往是一层的大车间，各工艺环节全在这个车间里。工序间输送都要靠输送设备连接。原料是在地面仓库，人工搬运，没有理想的设备。这种工艺布局，需要设备多，工人劳动强度大，不利于大生产。而采用立体排列，前后工序间连接非常紧密。从原料开始的大部分输送过程均可自动流转，减少了很多输送设备，缩短了工作路线，加快了生产速度。

2. 改变生产环境，防止相互干扰

过去生产全在一个大车间内，前半部分设备噪声大，后半部分设备潮气大，环境温度高，一年四季相互影响。工人在这样的环境中工作，既影响健康又影响工作效率。立体排列可以把工序之间利用建筑条件分开，这样一层安排一个工序，流程非常清楚。前后分开既改变环境，又减少机器的过分集中，减少了噪声，又防止了潮气对机器的腐蚀。

3. 有利于卫生条件改善和产品质量的提高

立体布局缩短了输送管道，减少了输送设备，大量避免了由于输送环节清洗不干净而影响产品卫生的问题，而且减少了由于输送过程所产生的大量泡沫。这样既节省了消泡剂，降低了生产成本，又提高了产品质量。

4. 便于设备及管道安装

在豆制品生产中，既有蒸汽管道，又有豆浆管道，还有上下水管道。单层车间设备集中在一起，不利于安装且安装后又不整齐，而立体布局管道多是直上直下地穿过一层楼板，管道既好安装，安装之后又整齐。

5. 占地面积小，生产能力大

前部分工艺的立体布局，节省了大量的工作面积，而更多的面积用来扩大后部分的加工工序。这样相同的占地面积生产量可比平面排

列提高 1 倍以上。这种立体排列特别适应场地较小的工厂。即使是较大的工厂，从工艺布局合理的观点，也最好采用前部分立体布局，为后部分加工工艺留有充足的面积，既有利于操作，又有利于今后生产的发展。

立体布局可能会增加建筑造价，但从生产设备投资分析，减少了输送设备，减少了这部分设备的能源消耗及设备维修费用；从产品质量上分析，提高了产品质量，改变了卫生条件，创造了良好的生产环境。因而从长远看，立体布局是可取的。

后部分平面布局，就是目前采用的工序布局，但要进一步完善提高，使布局更合理化。后部分布局要尽量缩短工序间的路线，合理安排工序，减少无效劳动，也要为实现机械化创造条件，还要有生产发展的余地。

在工序安排中，豆腐干生产要和切干、卤干、炸等工序安排得比较近，有利于产品加工的中间输送周转。成品库要距离包装刷洗间较近，因成品外运需要大量的包装容器。豆腐生产最好放在一层，因为豆腐成品的搬运量非常大，放在二层或更高是没有好处的。总之，各工序有次序的布局，会减轻工人的劳动强度，提高生产效率。

三、豆腐制品加工设备的选型与配套

1. 设备选择的原则

生产设备选择的基本条件：一要达到工艺要求，二要满足生产能力要求，三要考虑生产特点。根据行业的特点，确定以下几点作为基本原则。

① 努力选择新设备：建造豆制品车间，主要目的是扩大生产，但是提高生产能力的主要办法是更新生产设备。建造车间是改革和选用新设备新装备的好机会。豆腐制品行业和其他行业一样要不断地进行设备更新，各地、各厂都有不少革新改造，如果能取各厂之长，就能够提高设备水平。另外，还要善于引用其他行业的先进技术，并进行改进，可以少走弯路，加快设备改造的步伐。

② 双机并运：车间的生产设备要采用双套设备并肩运转。这是

因为豆腐制品生产的季节性很强，冬季产量大，夏季产量小，如果安排一套设备，冬季夏季全用这一套，夏季产量小时会造成大马拉小车，浪费很大。而采用双机并运，就能克服这一缺点。冬季大生产季节，两套设备同时运行。从检修角度看，双机并运更为方便。所以在选择生产设备时，搞双机并运是很有必要的。

③ 机器前后配套：要搞一套流水线，必须考虑前后机器的配套，如果不匹配就会造成生产中的不平衡，出现多次的临时停工。而临时停工次数越多，越不利于掌握生产中各环节的加水量，豆浆浓度会不稳定，从而给产品质量带来很大的影响，也给操作人员带来很多的麻烦。

前后设备不匹配还会影响整个设备生产能力的发挥，所以选择每个环节的生产设备，都要根据设计产量，详细地计算每个环节的流量和所需要设备的生产能力。在过滤煮浆之前还要有一定的贮存罐，以保证整个流水线在生产中尽量减少临时停工，保证生产的连续性，保证工艺、提高产品质量。

④ 防腐材料的选择：在整个生产过程中都离不开水，加上豆浆水的酸性，对设备、容器、管道的腐蚀性很大。一般铁板、铁管容器几年就锈坏了，特别是管道内生锈加上积存浆液，非常容易腐蚀变质，影响产品卫生。为此，从食品卫生角度和设备使用率方面考虑，都应采用比较好的材质。虽然开始看去造价较高，但从长远看，还是合适的；从食品卫生、文明生产上讲是非常必要的。

⑤ 防止噪声和震动：应非常重视车间的环境保护，要有防止噪声和震动的措施。生产车间的噪声主要有几个方面：原料处理、磨浆和分离、煮浆。这几个环节的设备选择都要考虑噪声问题。例如原料处理要与大车间隔开；筛选间内要做消音、吸尘、防震处理；在选择输送设备时最好不用风送，因为风送噪声较大；磨浆设备最好选择砂轮磨，噪声小震动小，不要选择石磨或小钢磨；过滤设备消除噪声和震动，要在制作离心机时，做好转子的静平衡。在使用中进料要均匀，使其保持良好的动平衡，噪声和震动自然会减小；煮浆最好不用敞开煮浆锅，而选择溢流煮浆设备，降低煮沸气压，煮浆设备外套保

温兼减震设备。

总之，在设备的选择、制作、安装中，都要考虑到公害问题的消除和防治，为劳动者创造一个良好的生产环境。

2. 设备选择计算

食品工业行业很多，设备类型也很多。因此设备选型的具体计算，可参考专门设计手册。这里只介绍设备选型计算的计算步骤以及应注意的问题。

（1）设备选型计算步骤

① 根据班产规模和物料衡算计算出各工段、各过程的物流量（kg/h 或 L/h）、贮存容量（L 或 m³）、传热量（kJ/h）、蒸发量（kg/h）等，以此作为设备选型计算的依据。

② 按计算的物流量等，根据所选用的设备的生产能力、生产富裕量等来计算设备台数、容量、传热面积等。最后确定设备的型号、规格、生产能力、台数、功率等。

在进行设备选型和计算时必须注意到设备的最大生产能力和设备最经济、最合理的生产能力的分别。在生产上是希望设备发挥最大的生产能力；但从设备的安全运转角度来看，如果设备长期都以最大的负荷（生产能力）运转，则是不合理的。因为设备都有一个最佳的运转速度范围。在这一范围内设备耗能最省、设备的使用寿命最长。因此在进行设备选型计算时，不能以设备的最大生产能力作依据而应取其最佳的生产能力。在一般设备的产品样本、目录、广告或铭牌上会标明设备的最大生产能力。另一要重视的是台机生产能力与台数的选择、搭配，既要考虑连续生产的需要，也要考虑突发事故（如停电、水、汽等）发生时，或变更生产品种时（多品种生产）的可操作性需要，才能充分发挥设备的作用，节省投资，保证生产。

食品工厂有些加工设备的生产能力随物料、产品品种、生产工艺条件等而改变，例如流槽、输送带、杀菌锅等。其生产能力的计算，可以参考有关资料进行计算。

（2）豆腐制品生产的主要设备　表 7-1 是豆腐制品生产的主要设备清单。

表 7-1　豆腐制品生产的主要设备清单

设备名称	型号	规格	主要参数
真空吸豆风机	ZHCD-800-4		提升能力:1T/h
			额定功率:7.5kW
水环真空泵	ZSK-3A		提升能力:2T/h
			额定功率:7.5～15kW
储豆桶	ZHLS-81	(1500×800)mm	
去水筛	ZHLS-1.5		生产能力:250kg/h
		(600×800×2300)mm	电机功率:1.1kW
砂轮磨	MJ2-300	(1150×500×900)mm	砂盘直径:φ300mm
			生产能力:约200kg/h
			额定功率:5.5kV
卧式离心机	ZHLJ-560	(1600×810×1450)mm	生产能力:600～800kg/h
			额定转速:1900r/min
八连灌连续烧浆器	ZJ-LXS-8	(3900×1000×1900)mm	生产能力:10～15T/h
			蒸汽压力:0.3～0.4MPa
缓冲桶		φ(1000×2200)mm	容积:550L
熟浆筛	ZHLS-01	(1100×950×2750)mm	生产能力:2～5T/h
			电机功率:1.1kW
全自动内酯豆腐包装机	DBL-22B	(2850×930×1670)mm	生产能力:2000～3800盒/h
			电机功率:0.75kW
			热封功率:3kW
加温定型槽	DBL-40-0	(10000×750×1000)mm	容积:4800L
点卤桶		φ(800×680)mm	容积:300L
板式换热器		(1300×400×600)mm	换热面积:8m²
			额定压力:0.5MPa
			工作温度:120℃
螺旋压机	ZHLS-15-1	(2500×800×1750)mm	生产能力:200～300kg/h
摊晾机		(10000×1350×1650)mm	电机功率:0.75kW
			风机功率:4.4kW
夹层锅			容积:300L
			夹套压力:0.1～0.3MPa
			额定温度:120℃
油炸锅	DF100-0	(1200×1100×1300)mm	容积:900L
			生产能力:120kg/h
四组式豆腐压机	ZHLS-4	(2170×1170×1500)mm	生产能力:300～600kg/h
			额定压力:0.6MPa
打花机	ZHLS-1.5	(1500×450×2600)mm	额定功率:0.55kW
双剥机	ZHLS-19	(1200×800×2950)mm	生产能力:250～300kg/h

第三节　豆腐制品加工厂生产设备与器具

一、水处理设备

水处理设备主要包括过滤装置、除离子（水软化）装置、杀菌装置等。

1. 砂棒过滤器

亦称砂芯过滤器，是我国水处理设备中的定型产品，主要适用于用水量较少，原水中硬度、碱度指标基本符合要求，水中只会有少量有机物、细菌及其他杂质的水处理。

砂滤棒又叫砂芯，是细微颗粒的硅藻土和骨灰等可燃性物质在高温下焙烧、熔化制成的。在制作过程中，可燃性物质变为气体逸散，形成直径为 $0.16\sim0.41\mu m$ 的小孔，待处理水在外压的作用下通过砂滤棒的微小孔隙时，水中存在的少量有机物及微生物即被微孔截留在砂滤棒表面，滤出的水可达到基本无菌，符合国家饮用水标准。砂滤棒过滤器广泛用于食品酿造、饮料水处理等行业。其过滤范围为 $5\sim10\mu m$。

砂滤棒过滤器的外壳使用铝合金铸成的锅形密封容器，分上下两层，中间以隔板隔开，隔板上（或下）为待滤水（图7-3），容器内安装的砂滤棒数量随过滤器的型号而异。砂滤棒过滤器的过滤效果取决于操作压力、原水水质及砂滤棒的体积。

2. 活性炭过滤器

活性炭过滤是为了去除水中的有机物、色度和余氯，也可以作为离子交换的预处理工序。用氯处理过的水会损害饮料的风味，必须用活性炭脱氯，其原理并不是简单地吸附掉余氯，而是活性炭的"活性位"起催化反应，从而消除过多的氯。活性炭过滤器结构与压力过滤器相似，只是将滤料由砂改成了颗粒状活性炭。过滤器的底部可装填 $2.0\sim0.3m$ 高的卵石及石英砂作为支持层，石英砂上面再装填 $1.0\sim1.5m$ 厚的活性炭作为过滤附层。活性炭过滤器的吸附能力体现在以下几方面：能吸附水中的有机物、胶体微粒、微生物；可吸附氯、

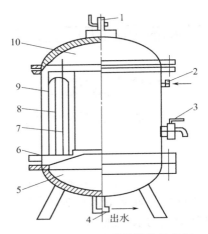

图 7-3　砂棒过滤器的结构示意图

1—罩盖环；2—进水口；3—排水口；4—出水口；5—器体；6—连接装置；
7—砂棒；8—砂芯；9—壁壳；10—罩盖

氨、溴、碘等非金属物质；可吸附金属离子，如银、砷、六价铬、汞、锑、锡等离子；可有效去除色度和气味及制药工业除去水中热源，延长交换树脂的使用寿命。活性炭过滤器见图 7-4 所示。

3. 精密（微孔）过滤器

过滤器用不锈钢、有机玻璃、PVC 等材质做外壳，配装各种滤材（滤布、滤片、烧结滤管、蜂房滤芯、微孔滤芯及多功能滤芯），达到不同的过滤效能。主要应用范围：纯水、瓶装水的精滤，各种工业用水的澄清处理，各种化工溶液的提纯。多功能滤芯可去除铁、锰和多种有害金属及细菌、病菌、有机物、余氯等杂质，截流 $0.1\mu m$ 以上微细颗粒。

4. 臭氧杀菌装置

臭氧是一种不稳定的气态物质，在水中易分解为氧气和一个原子的氧。原子氧是一种强氧化剂，能与水中的细菌以及其他微生物或有机物作用，使其失去活性。由臭氧发生器通过高频高压电极放电产生臭氧，将臭氧泵入氧化塔，通过布气系统与需要进行处理的水接触、混合，达到一定浓度后，即可起到消毒作用。臭氧杀菌装置是一种多

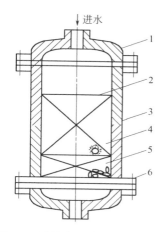

图 7-4　活性炭过滤器结构示意图

1—上盖；2—盖板；3—器身；4—活性炭层；5—承托层；6—支撑板

用途的消毒净化设备，主要用于矿泉水、纯净水、饮料生产用水、中小型自来水厂的杀菌消毒和除铁锰，去除饮用水中的酚、氰等有害物质，并有效防止水的二次污染。

5. 紫外线灭菌器

当紫外线设备产生的足够剂量的强紫外光照射到水、液体或空气上时，其中的各种细菌、病毒、微生物、寄生虫或其他病原体在紫外光的辐射下，细胞组织中的 DNA 或 RNA 被破坏，从而阻止了细胞的再生。紫外线消毒设备在不使用任何化学药剂的情况下，可在较短时间内（通常为 0.2～5s）杀灭水中、液体或空气中 99.9% 以上的细菌和病毒。科学试验证明，波长在 240～280nm 的紫外线具有高效杀菌功能。紫外线消毒器按其水流状态和灯管位置有多种形式，分别适用于不同的场合，其中的水上反射式和隔水套管式装置应用较广泛。

6. 反渗透装置

反渗透技术是当今最先进和最节能有效的膜分离技术。其原理是在高于溶液渗透压的作用下，依据其他物质不能透过半透膜而将这些物质与水分离开来。由于反渗透膜的膜孔径非常小（仅为 1nm 左右），因此能够有效地去除水中溶解的盐类、胶体、微生物、有机物等（去除率高达 97%～98%）。反渗透技术通常用于海水、苦咸水的淡水；水的软化处理；废水处理以及食品、医药工业、化学工业的提纯、浓缩、分离等方面。

二、大豆筛选设备

1. 人工筛选设备

一般采用 16 目竹制圆筛（图 7-5）。其工效较低，适用于小型企业及作坊型生产企业。

图 7-5　竹制圆筛

2. 机械筛选设备

原料处理使用去石机（图 7-6）及振动平筛装置设备。该设备分为上、中、下三层（图 7-7）。上层用 1cm 筛眼，主要除去杂草及比大豆颗粒大的硬块杂质。中层是 0.3cm 筛眼，主要筛去比豆粒小的杂质及泥屑。下层是底盘，储集沙泥屑等杂质。使用去石机及电动振动筛最好要配用大豆提升机（图 7-8）。

3. 机械洗豆

目前机械洗豆的设备，大致有四种：洗料机、振动式洗料、阶梯槽式、绞龙式。洗料机见图 7-9，振动式水洗料机见图 7-10。

三、大豆输送设备

大豆输送设备一般使用电动绞龙及电动平面传送带。为节约占地

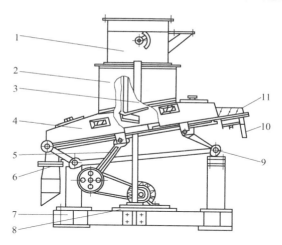

图 7-6　QSX-100 型相对密度去石机结构示意图

1—吸风与进料装置；2—皮老虎；3—存料斗；4—吸风罩；5—偏心传动装置；
6—出料装置；7—机架；8—电机；9—去石板；10—出石装置；11—精选室

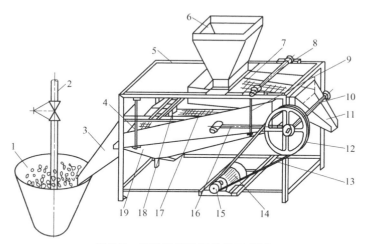

图 7-7　振动平筛装置结构示意图

1—地坑；2—吸料管；3—洁净豆淌槽；4—弹簧吊板；5—平筛支架；6—料斗；
7—粗筛；8—吊筋活动轴；9—吊筋；10—传动轴；11—粗杂淌槽；
12—大三角带轮；13—三角皮带；14—电动机；15—小三角带轮；
16—传动连杆；17—细筛；18—磁铁；19—细杂集淌斗

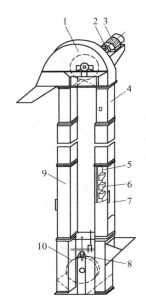

图 7-8　斗式大豆提升机结构示意图

1—机头；2—联轴器；3—减速动机；4—畚斗跑偏监控器；5—畚斗带；

6—畚斗；7—检修门；8—张紧装置；9—机筒；10—机座

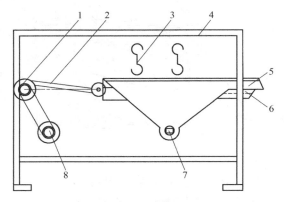

图 7-9　洗料机结构示意图

1—偏心轮；2—拉杆；3—吊钩；4—支架；

5—水槽；6—排水；7—放水取石口；8—电动机

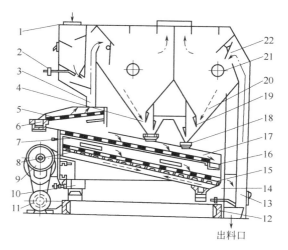

图 7-10　振动式水洗料机结构示意图

1—进料斗；2—进料压力门；3—前吸风道；4—前沉降室；5—第一层筛面；

6—大杂溜管；7—第二层筛面；8—第三层筛面；9—自衡振动器；10—减振器；

11—电动机；12—槽钢；13—机架；14—细杂溜管；15—橡皮球清理装置；

16—中杂溜管；17—筛体；18—轻杂溜管；19—阻风门；

20—后沉降室；21—观察孔；22—调节风门

面积，有的生产车间布局成立体结构，浸豆设备应设在高楼顶层。也有使用真空泵等设备进行送料的。

1. 电动绞龙式输送设备

绞龙式输送机（图 7-11）适用于湿豆输送。

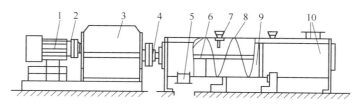

图 7-11　绞龙式输送机结构示意图

1—电动机；2—主动轴联轴器；3—减速机；4—被动轴联轴器；5—出料口；

6—输料螺旋轴；7—油杯；8—中间吊挂轴承；9—壳体；10—进料口

2. 电动平面传送带输送设备

移动式传送带输送机（图 7-12）适用于干豆或湿豆输送。

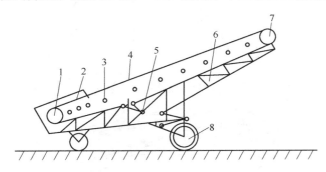

图 7-12　移动式胶带输送机结构示意图
1—从动轮；2—挡料板；3—托辊；4—平胶带；
5—皮带张紧轮；6—升降支架；7—主动轮；8—车轮

四、浸泡设备

原料浸泡设备是豆腐制品生产中用于浸泡大豆的专用设备。过去浸泡原料都是用缸、桶或水泥池，人工捞料，劳动强度大。随着生产机械化水平的不断提高，浸泡设备有了很大改进，目前，行业内认为比较理想的浸泡设备有组合式浸泡设备和圆盘式浸泡设备。

1. 组合式浸泡设备

组合式浸泡设备是把洗料装置、泡料罐、输送装置组合在一起，自动完成浸泡工艺的设备，从而大大降低了人们的劳动强度。组合式浸泡设备如图 7-13 所示。

① 洗料装置：它是通过一个洗料桶，桶内不断进料，同时按一定比例加入清水，料水在桶内搅动，混合洗涤，再经过输送泵将料水打入旋转取石器，把石子等重物清除，料水从取石器中送到泡料罐，通过泡料罐内的排水网口，把洗料污水放掉。原料留在泡料罐内，完成洗料过程。

② 泡料罐：为使放料点集中，便于输送，泡料罐一般由四个方桶组合在一起，桶上口成一个田字格平面，桶下半部分为侧锥体，下部放料口均集中在中心部位。料桶放料口安装碟阀，以利于放料。桶

图 7-13　组合式浸泡设备

下部有排水口、补水口，桶上部有溢水口，组成完整的泡料组合罐。

③ 输送装置：原料浸泡后的输送有两种方法，一种是真空（负压气力）吸料输送法，另一种是流槽输送法。

a. 真空吸料输送法：浸泡后的原料排净浸泡水后，放到一个料盘内，由真空管道吸到磨上部的卸料桶内，吸满一桶后停止吸料，打开卸料桶阀门放料，料放净后关闭放料阀，又开始重复吸料过程。真空吸料是一种间歇式输送法。这种输送法的动力源，可以选择真空泵，也可以选择负压气力输送系统。

b. 流槽输送法：流槽输送是靠水引导原料流动，到一固定点进入料水分离器，靠料水分离器，把原料和输送水分开，水可以循环回用，料则进入磨制工序。在泡料罐放料口高度允许条件下，和立体布局制浆工艺中，可以采用流槽输送的方法。

2. 圆盘式浸泡设备

圆盘式浸泡设备是一种较新型的浸泡设备，是由原北京市豆制品三厂创造发明的。它与组合式浸泡设备相比，具有占地面积小、浸泡能力大、节约用水、设备耗电低、维修方便等特点。

圆盘式浸泡设备工作原理：该设备用一个直径为 10m、可以转动的圆形托盘，托起 12 个扇形的料桶，在料桶内泡料。由于整体可以旋转，这样可以毫不费力地达到定点给料和定点放料的目的。在放料时，单个扇形料桶后部，可由油缸推起，使桶底成45°斜面，帮助放料，靠料的自然滚动，将料桶内的料放净。既可节约用水，又降低了劳动强度。圆盘的转动是靠圆盘下的一个油缸推动12个分格托架的一个格，推动一次转动1/12格，正好是一个料桶。该设备只需配备一个油压泵站和一组液压阀操作杆，不再需要其他任何辅助设备，因而操作维修非常方便，节约能源非常明显。在占地面积小，立体布局制浆工艺的生产厂采用这种设备是比较理想的选择。圆盘式浸泡设备如图 7-14 所示。

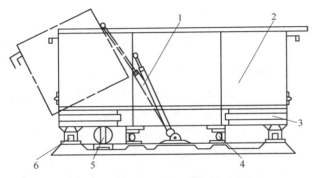

图 7-14　圆盘式浸泡设备结构示意图

1—起升油缸；2—料桶；3—托盘；4—压力轴承；5—推转油缸；6—支撑轮

还有其他形式的浸泡设备，如单桶浸泡设备、平行长排浸泡组合等，在此不做详细介绍。

五、磨制设备

磨制设备的主要作用是将浸泡后的大豆磨碎，便于大豆中蛋白质的提取。磨制设备经过多年的更新改造，变化非常大。目前使用比较广泛的磨制设备是砂轮磨，个别地区还使用石磨或者小钢磨。有的地区使用锤片或粉碎机进行湿粉碎，此类设备存在的工艺缺陷比较多，不利于生产工艺需要。

1. 石磨（立磨）

石磨是由过去的小驴拉磨（平磨）改进为电动平磨，又由电动平磨改变为电动立磨。电动立磨，在豆制品生产行业使用了近30年，在20世纪80年代末期，才逐渐从行业规模生产中退出，但一些偏远小城镇还有使用者。

立磨生产能力大，工效高，磨子松紧可以同时调节。立磨设备见图7-15。从生产实践使用来看，原料蛋白质利用率不稳定，出现前低后高。前低是指新换上的磨片，由于刚修凿的磨齿较深，在磨浆时造成豆糊粒子粗，豆渣内残余的蛋白质含量高，使前期得率低。后高是指后期由于磨齿老化，齿条由深变浅，粉碎速度减慢，使豆糊在磨内停留时间变长，磨中流出的豆糊较细，大豆组织破坏彻底，有利于蛋白质的提取，称为后高。但石磨要经常修凿，10d左右就要修凿一次。

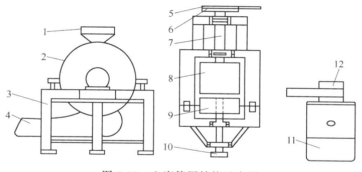

图 7-15 立磨简图结构示意图

1—料斗；2—磨罩；3—磨架；4—出料口；5—活皮带轮；6—死皮带轮；7—主轴；
8—动磨片；9—定磨片；10—调节丝杠；11—电动机；12—传动皮带轮

电动立磨的磨片安装分动片和定片。主轴一头装动片，另一头装两个皮带轮，一个活轮，一个固定轮。磨片转动时由固定轮带动，停磨时把传动带推入活轮空转。磨架交撑定片，进料口在定片上，磨片的间隙由丝杠调节。原料由料斗进入磨膛，经两个磨片把大豆磨碎，利用离心力甩出磨膛。

2. 钢磨

我国南方一些地区的豆制品加工厂，有不少采用小钢磨磨大豆的，特别是农村使用小钢磨比较广泛，既可以用于干粉碎，也可以用于湿粉碎。小钢磨也可用于粉碎玉米、稻谷、小麦等。小钢磨具有占地面积小，结构简单，维修方便等优点。但由于铸钢磨片之间的高速旋转研磨，容易使沫糊升温，影响产品质量，另外磨片的磨损比较快，很短时间就需要更换磨片。

小钢磨（图 7-16）利用一对带有齿形的铸钢磨片镶嵌在机壳上，一片为动片，装在主轴上，另一片为定片，定片上有伸缩调节机构，调整磨片间隙，磨片为立装形式，进料口在定片中心，大豆的磨碎过程与砂轮磨、石磨相同。

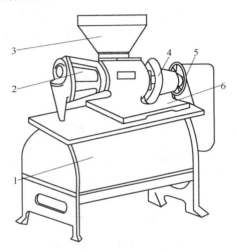

图 7-16　小钢磨结构示意图

1—筛分部分；2—研磨部分；3—进料斗；4—皮带轮；5—调节手轮；6—机体

3. 砂轮磨

砂轮磨是 20 世纪 70 年代产品，是当时认为比较理想的这磨浆设备。其两扇磨片的表面采用 $16^{\#} \sim 24^{\#}$ 金刚砂黏合而成。大豆进入磨浆时，先进入粗碎区，再进入精磨区，磨碎程度均匀，质量好，得率高，有利于浆渣分离。磨的体积小，噪声低，生产能力大，耗电少，使用方便。但使用砂轮磨磨浆时，大豆除去杂质要求彻底，如砂石、铁屑等坚硬杂质一旦混入，就会严重损坏砂轮磨片，以致碎裂。

目前国内生产用的砂轮磨的大小、规格、型号很多，大致有如下几种。

① WM-80 型磨浆机：WM-80 型磨浆机是用 8mm 厚的钢板卷焊而成的直径 560mm、高 225mm、有底的圆形铁桶，上面配有直径 560mm、高 65mm、带有 R400mm 的圆角铸铝密封盖，用 Jo2-42-4 型电动机，以 T2 型安装形式，将电动机端盖直接固定在桶底下。整个磨浆机支承在三根槽钢弯制而成的槽钢脚上。密封铁桶中装有两片直径 350mm、厚 50mm 的砂轮片。

② WM-80-1 型砂轮磨浆机：是在 WM-80 型的基础上升级的一类产品，其操作要求与 WM-80 型磨浆机基本相同。

③ DYS 型砂轮磨浆机：国内外又推出了一种高效节能的砂轮磨-DYS 型砂轮磨，这是普通砂轮磨的升级换代产品。DYS 型砂轮磨最突出的优点是生产效率高，结构紧凑、合理，占地面积小，豆糊升温低。其结构如图 7-17 所示。

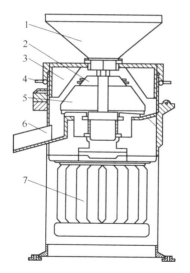

图 7-17　DYS 型砂轮磨浆机结构示意图

1—料斗；2—抛料叶轮；3—固定砂轮片；4—手柄；

5—转动砂轮片；6—出料口；7—电动机

④ FDM-Z 浆渣自分离磨浆机：是 20 世纪 80 年代革新产品，操作简便，其结构如图 7-18 所示。

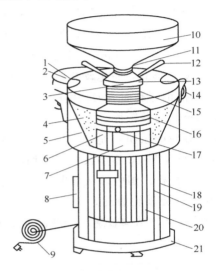

图 7-18　浆渣自分离磨浆机结构示意图

1—聚浆器；2—渣嘴；3—钻；4—筛子架；5—筛子；6—下砂轮；7—浆嘴；
8—电容；9—电源；10—漏斗；11—上磨架；12—手柄；13—调节螺母；
14—搭扣；15—弹簧；16—上片砂轮；17—拨料器；18—电机罩；
19—立柱；20—电动机；21—机脚

⑤ WXMS-600 型磨浆机：是 2000 年改进革新产品，与产量配套。优点是操作方便，磨豆功效快，细度均匀，蛋白质利用率高。

⑥ JBL 棒式粉碎机：又叫针磨，工作原理是在机器内部，物料受到离心力的作用，在动针和静针之间猛烈撞击，被反复打击而粉碎。近年来用于腐乳生产企业，优点是粉碎功效高。

六、滤浆设备

滤浆的方法有很多，传统的方法有吊包滤浆和刮包滤浆，目前主要延用在一些小型的手工作坊。工厂化的机械滤浆方法主要有卧式离心筛滤浆、平筛滤浆、圆筛滤浆以及挤渣滤浆等。卧式离心筛滤浆是目前比较先进、比较理想和工业生产应用最广泛的滤浆方法。它速度快、噪声低、动力小、分离净。

WXLJ-560 型是改进的锥形卧式离心机，优点是离心机体长、提取率高，豆渣水分低，每台能生产大豆 600～650kg/h，见图 7-19 和图 7-20。

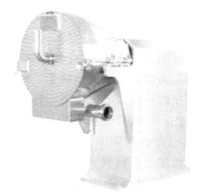

图 7-19　WXLJ-560 锥形卧式离心机

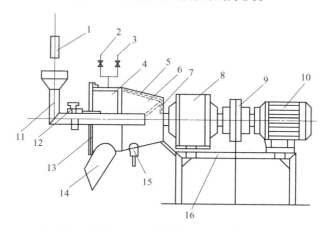

图 7-20　WXLJ-560 锥形卧式离心机结构示意图

1—浆坯输送管；2—水管；3—三浆水管；4—锥形外壳；5—尼龙绢筛；6—锥形转子；
7—锥形分浆头；8—轴承座；9—联轴器；10—电动机；11—浆坯进管；12—浆管紧定器；
13—甩水机门盖；14—卸渣斗；15—流浆管；16—机座；
（技术参数：外形尺寸 1720mm×800mm×1450mm；锥形角度 34°；锥形圆
筒体转速 1440r/min；电动机功率 5.5kW；生产能力 600kg/h；总质量 864kg）

锥形卧式离心分离机由锥形外壳、锥形转子、门盖、分浆头、轴承座、联轴器、电动机及机座等 8 个主要部件所组成，用以连续过滤豆浆。

① 锥形外壳的前半部分为正圆柱体，直径 650mm 左右，上端有三浆水管及自来水进管，作回滤及冲洗之用，下端开有长方形的卸渣口，装有淌渣槽。后半部分呈圆锥状。外壳制成上下各半，为使检修和操作检查时便于启闭，一边用铰链连接，另一边采用环形螺母及回转螺栓紧固。门盖上还装有直径 50mm 的进浆管，上部配有漏斗状进口。当浆坯输入时，由该管流入锥形转子，经分浆头和离心力的作用，使浆坯分离，附于转子的内壁，由离心作用甩出的滤浆液经尼龙绢筛过滤，渗漏入外壳，经流浆管流入浆池内。渣子由于自重，沿着圆锥形内壁，并在离心力的作用下，逐渐流向卸渣口，经卸渣斗排出。整个外壳固定在机座上，材料一般采用碳钢。

② 锥形转子一般均采用不锈钢板制造，钻孔直径为 8～9mm，以小端固定在转动轴上，用螺母紧定。又以正圆锥形分浆头将紧定螺母盖住，起到保护作用，同时起到分甩浆的作用。

③ 轴承座是固定整机的主要部件，一般均以铸铁制造，两端设有轴承端盖，下部固定在机座上，连成甩水机的整体。电动机以联轴器连接，因此甩水机的转速与电动机同步，一般采用 4 极电动机，动力为 5.5kW。

七、煮浆设备

煮浆设备种类很多，有传统的土灶式、敞开式煮浆铁锅及敞开式圆桶煮浆罐。另有适合中、小型企业的，用蒸汽管煮浆的敞开式及封闭式煮浆罐，封闭式的溢流煮浆罐及连续煮浆器等。

1. 敞开式煮浆设备

敞口蒸汽锅敞口蒸汽锅是 20 世纪 60 年代我国普遍使用的一种煮浆设备。一般为豆制品厂自行加工，造价较便宜。罐体上设有豆浆进出管，底部留有蒸汽管，蒸汽直接通过豆浆中。敞开式煮浆机如图7-21 所示。

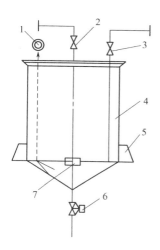

图 7-21　敞开式煮浆罐结构示意图

1—长尾温度计；2—进浆球阀；3—进蒸汽阀；4—罐体；5—悬挂
式搁脚；6—出浆球阀；7—消声喷汽头

2. 单罐密闭煮浆罐

单罐密闭煮浆罐是密闭高压煮浆设备。一般压力达 9.8×10^4 Pa，煮浆温度可迅速达到 98～100℃，热源为蒸汽。单罐密闭煮浆罐见图 7-22。

该设备是敞开式蒸汽煮浆设备的改进和提高。豆浆送入密封罐时，排气孔打开，在排气孔不关闭的条件下常压蒸煮豆浆。豆浆温度由带电接点温度计测定，到规定的温度后，电器开始动作，关闭下面的供气阀门和上面的排气阀门。打开放浆阀门并向罐内充蒸汽，使罐内造成密闭压力，把豆浆全部压送出去，然后停止充蒸汽，完成一次煮浆。再次煮浆打开排气口继续往罐内送浆，如此循环往复，完成煮浆工艺。此法煮浆效果较好，但设备拆洗不便。

3. 封闭式连续煮浆罐

封闭式连续煮浆罐又叫阶梯式连续煮浆锅或溢流煮浆罐。它由5～8 个蒸罐通过管道串联成一体，组成一个阶梯式的密闭煮浆系统（图 7-23）。日本有这种形式的煮浆设备。我国上海于 20 世纪 70 年代

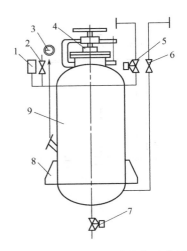

图 7-22 封闭式煮浆罐结构示意图

1—溢出口；2—放空阀；3—长尾温度计；4—罐开盖；5—进浆球阀；

6—进蒸汽阀；7—出浆球阀；8—悬挂式搁脚；9—罐体

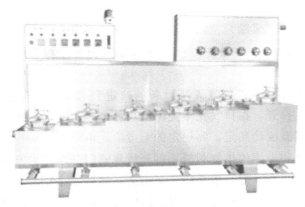

图 7-23 六连灌连续煮浆器

末首先使用，以后，在北京、武汉等地相继使用，在豆制品行业中普遍认为是较为先进的煮浆设备。

封闭式连续煮浆器的工作原理如图 7-24 所示。根据豆浆随温度上升而体积膨胀的原理，将 5～8 个密封小罐从左到右由高到低用连

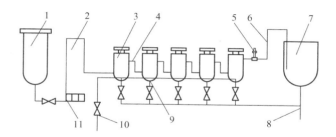

图 7-24　封闭式连续煮浆器的工作原理

1—生料罐；2—进浆管；3—煮浆罐；4—溢流管；5—电接点温度计；6—出浆管；
7—熟浆罐；8—放浆管；9—最后放浆管；10—蒸汽管；11—浆泵

接管连在一起安装。每个罐进浆口在下面，出浆口（溢浆口）在上面，并都通有蒸汽管。煮浆时，浆泵把豆浆泵入第一个罐进行加热，出浆口有温度计，满后向第二个罐溢流，这样逐级溢流，最后一罐豆浆出口温度为 98℃ 以上，达到自动煮浆的目的。

采用蒸汽煮浆时，蒸汽压力最好都保持在 600kPa 以上。否则蒸汽压力低，豆浆升温慢，充气时间长，蒸馏水带入多，豆浆浓度及产品质量不易控制。

封闭式连续煮浆器，由于结构紧凑，热量散失较少，内部热量利用率较高，因此在蒸汽耗用量相同的情况，产量比其他类型的煮浆器要高得多，适合中小型豆制品加工厂使用。由于占地小，仅为一般型号的 1/3 左右，使用管理方便，大型厂可多台并用。有些小工厂没有锅炉，则可以去掉汽包、蒸汽喷管和压力表，直接用煤火从底部加热，此时应将防爆片移装在上盖的顶部，以防出浆管偶尔堵塞，浆水喷出。只要熟悉上述工作原理，使用这种煮浆器是很方便、安全的。

八、熟浆过滤设备

生豆浆煮沸后，豆浆内的细豆渣膨胀，为使产品细腻，需要对豆浆进行再次过滤。过滤设备选用圆形振动筛和震荡式筛浆机。

1. 圆形振动筛

圆形振动筛，顾名思义它是一个圆形的筛浆设备。它由两部分组成：机座、振动体。机座是一个圆柱形支撑机座，通过柔性弹簧与振动体连接在一起，振动体振动时，机座不受振动。振动体由振动电机集料层、过滤层、上盖进料 El 和排气管组成，并固定在一起。整个振动体靠机座弹簧支撑，振动体上的振动电机振动，产生两种力量，即圆形摇动和上下振动，使被过滤物质，从中心向周边运动，最后从出渣口排出。浆液则从集料层出口流出，完成浆渣的过滤。该设备耗电量低，噪声小，自动性强，适于连续生产。该设备是半密封过滤，并设排气口，对环境影响小，生产卫生条件好。圆形振动筛如图7-25 所示。

图 7-25　圆形振动筛

2. 震荡式筛浆机

震荡式筛浆机见图 7-26。它用于过滤熟豆浆中因加温膨胀产生的微渣，提高后续产品的产品细腻度。可根据用户要求选择不同材质和过滤网目数。

九、凝固设备

在豆腐坯的生产过程中，机械化操作进展最为缓慢的就是点浆凝固工序。20 世纪 80 年代初，我国哈尔滨、广州、北京、天津等地先后从日本引进了 37 条豆腐生产线。这些生产线的使用是我国豆制品

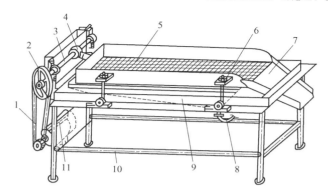

图 7-26　震荡式筛浆机结构示意图（熟浆）

1—三角皮带；2—三角带轮；3—传动轴；4—偏心连杆；5—筛浆网；6—摇杆；
7—淌渣槽；8—流浆管；9—受浆斗；10—支架；11—电动机

生产中点浆工序实现机械化操作的开端。

在吸收了日本凝固机之优点的基础之上，我国自行设计制造了动点浆、静蹲脑的豆腐凝固机。即工作中，凝固桶是不动的，而点浆系统则是运动的。其结构如图 7-27 所示。

豆腐脑凝固机从熟浆自动计量到豆腐脑倒入成型箱，送出压榨，完全实现了自动化，操作方便，启动电盘按钮即可完成程序动作。其工作过程大致如下：机器启动后，熟豆浆通过定量器自动计量，然后沿导管流入凝固桶中，紧接着输入凝固剂，同时搅拌系统落下开始工作。凝固剂是在开车前配好并装入凝固剂缸中的，凝固剂缸的底部与一泵连通，并形成循环，供给系统，既可根据指令定时定量向凝固桶输送凝固剂，又可使整个循环系统中的凝固剂始终处在良好的液流搅拌状态，以防凝固剂沉淀。豆浆搅拌均匀后，搅拌系统自动升起，点浆系统转动一格，又开始对下一凝固桶的豆浆点浆，重复上述动作。当点浆系统旋转一周，开始点的浆已经在静止状态下完成了蹲脑。然后倒脑系统开始工作，将桶顶起，豆脑倒至接脑斜面上，沿斜面滑下，此时已铺好布包的成型箱恰好由传递系统送到斜面下，使斜面上滑下的豆腐脑落入成型箱中。成型箱传送系统再将已装好豆腐脑的成型箱拉出来，送入压榨机。

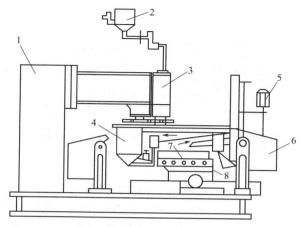

图 7-27　豆腐脑凝固机结构示意图

1—支架；2—定量器；3—传动系统；4—凝固剂缸；
5—点浆搅拌器；6—凝固桶；7—成型箱；8—滑车

此种凝固机，整个蹲脑过程是在静止中完成的，不受任何振动，可以形成稳固的蛋白质网状结构，对提高豆腐坯质量和出品率是有利的。

又如浙江中禾机械有限公司开发的 ZH-100 全自动冲浆设备（图 7-28），外形尺寸 12800mm×1650mm×2100mm，生产能力为 400～460 箱/h，出品率为 5～6kg（豆腐）/1kg（干豆）。适用于大型板豆

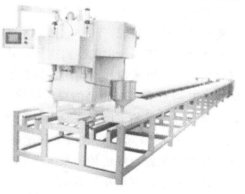

图 7-28　ZH-100 全自动冲浆设备

腐生产线，产品稳定、操作简单。采用全自动电脑控制，能自动配料、自动冲浆、自动凝固、自动翻箱、自动定量等程序。生产出的产品能达到标准化。

十、压榨设备

主要采用的压榨设备有传统木制榨床、电动榨床、液压制坯机及新型自动压坯机。

1. 木制榨床

木制榨床又称榨厢，是传统生产中一种利用杠杆原理作用的压榨设备，适合小型企业用。杠杆式木制榨床见图7-29。

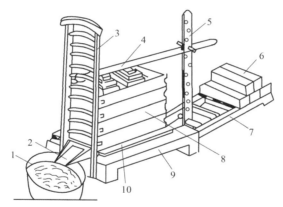

图 7-29　杠杆式木制压榨床结构示意图

1—酒酿贮存桶；2—淌槽；3—支架；4—杠杆；5—拉杆；

6—重块；7—加压架；8—榨箱；9—榨床架；10—榨床底板

2. 电动榨床

电动榨床也称螺旋式榨床，是在传统榨床的基础上改进的一种设备，其效率高，豆腐坯的水分较好控制。电动榨床见图7-30和图7-31。

3. 液压制坯机

为了成型高密度坯板制品，改善劳动条件，实现生产的机械化和自动化，我国近几年来已开始研制发展和使用坯板成型液压机。液压机的技术性能是否满足坯板的成型工艺、工作的可靠性、较高的生产

图 7-30　电动榨床

率和维护简便的要求，在很大程度上取决于液压机本体设计和液压传动系统的设计合理性和液压元件性能的优劣。

4. 新型自动压坯机

自动压榨设备，有两种代表形式，一种是直线步进式自动压榨设备，另一种是自动环形压榨设备，这两种设备都以汽动（压缩空气）为压力源，所以要有空气压缩机配套。

①直线步进式自动压榨设备：该设备是在一个长方形机架平台上，垂直安装数个汽缸，汽缸杆上安装压盘，汽缸上下运动，完成对豆腐小型箱上盖的压下和抬起动作。每一个型箱进入机架平台汽缸抬起一次，另一个水平汽缸把型箱推进一步，垂直汽缸再压下，如此循环进行，经过数分钟后完成压榨脱水工艺。直线步进式自动压榨设备如图 7-32 所示。

②自动环形压榨设备：该设备是一个环形机架平台，平台上有环形传动链，传动链可带动数个托盘及汽缸传动，豆腐小型箱进入单个托盘后，汽缸杆压盘压下，整个托盘随传动链转动，运转中汽缸不

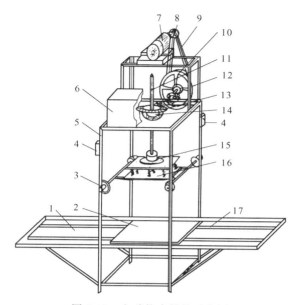

图 7-31　电动榨床结构示意图

1—机床板；2—滑动板；3—限位导向轮；4—控制按钮；5—机架；6—电器箱；

7—电动机；8—小三角带轮；9—三角皮带；10—大三角带轮；

11—螺杆；12—传动轴；13—伞齿轮；14—上支承座；

15—下支承座；16—弹簧压板；17—导轨

（主要技术参数：豆腐坯模按规格定；有效工作范围宽 740mm、长 6820mm；

生产能力 48 板/h，每板 144 块豆腐坯）

图 7-32　直线步进式自动压榨设备

再抬起，直到转动一周后，汽缸抬起，豆腐小型箱推出，完成压榨脱水过程。该设备与直线步进式压榨机相比的突出优点是，豆腐压榨过程不间断，对产品质量大有好处。

十一、切制设备

切制设备就是完成豆腐干切块工序的设备。压榨之后的豆腐干是400mm×400mm×(10～20)mm厚的大块，根据工艺需要，要把大块豆腐干切制成各种形状的小块，用于加工各种产品。豆腐干切制的工作量很大。切制机的种类有两种，一种是单品种切制机，另一种是多刀多品种切制机。

1. 切干机（单品种）

切干机是比较简单的切制机，只适用于切固定横向刀距的豆腐干坯子，但纵向切刀是可以更换刀距的圆形转刀，这样就可以相应增加切制品种。在生产中某个品种产量很大时选用单品种切干机。

切干机工作原理：传动轴上的偏心轮带动两根刀架立柱，上下运动，两根刀架立柱和衡量组成门型刀架，切刀安装在刀架上，随刀架立柱上下运动，达到对放在传送带上的豆腐干横向切制的目的。纵向切制，是由安装在机架和传送带上的定距圆形刀片组，随传送带转动，当大块豆腐干经传送带送入切刀部位时，转动的圆刀把豆腐干纵向切割成长条状，即完成纵向切制。

2. 花干机

花干机也是一种单品种切制机。这种切制机与切干机的主要区别有：切制方式不一样，它是在10mm厚的豆腐干横斜方向上下两面切，各切5mm深，不切断；由于切刀上下同时切制，传送带就不能用一条，要用两断式传送带；花干机一机上完成横向100mm切断，需要有桃形轮拉动刀架间歇式切断，这比连续切断增加了很大的难度。

花干机能一机完成横向100mm刀距切断，双面横斜3mm各切豆腐干的一半，以及纵向圆形转刀切断这三种不同切制刀距的切制过程。

该设备由两段式传送带输送豆腐干进出，两传送带之间由一个有X形刀口的过渡板连接。电机经变速箱降低转速后，带动两根传动轴，两根传动轴分别带动两种刀架垂直运动，即完成横向、斜向上下刀切制，纵向切断采用圆形转刀切断，与切干机相同。该设备制作比切干机复杂，但使用该设备切制豆腐干，效率可以大幅度提高，而且切制质量好。

3. 多刀切制机

多刀切制机是在技术上比切干机先进的切制机械。它可以一机切制 20 多种形状不同的产品坯子。此种设备适用性强，生产效率高，质量好。大大减轻生产工人的劳动强度。多刀切制机见图 7-33 所示。

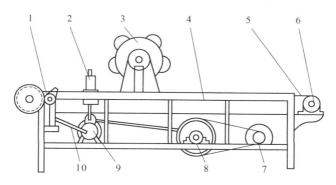

图 7-33　多刀切制机结构示意图
1—进给机构；2—断刀架；3—滚刀架；4—机架；5—传送带；
6—传动轮；7—电机；8—传动轴；9—偏心轮；10—传动拉杆

将压制好的大块豆腐干坯放在机器的橡胶输送带上，输送带行走过程中，经过纵向滚刀完成纵向切条，然后经过横向切刀，完成横向切片。比较突出的特点是，皮带输送速度可调。滚刀是由五种刀具组合在可调刀架上，可以根据需要，非常容易地更换。横向刀具也是可以随时更换的。这样，经过调速和调换刀具，就可以切出不同尺寸的豆腐干坯，适用于加工多种产品。

十二、卤煮设备

卤煮设备主要用于豆制品的卤制煮制工艺。该卤煮可分为两种工作方式，即蒸汽直接卤煮和蒸汽间接卤煮。

1. 卤煮锅（桶、槽）

卤煮锅是一种蒸汽直接加热的卤煮设备，其形状多样，如圆桶形、长方形槽等。卤煮锅上安装有蒸汽喷嘴或喷管，锅底部安装有排放卤液的阀门。该设备一般选用不锈钢材质制作，以防止卤液腐蚀，有利于产品卫生。

2. 夹层锅

夹层锅又叫二层锅，是双层半圆形锅体，是一种间接加热的卤煮设备。内外层均采用不锈钢材质制作，内层锅加工产品，外层与内层间通蒸汽，靠热传导加热卤汁、液等。夹层锅的类型有多种：按其深浅可分为浅型、半深型和深型；按其操方式可分为固定式和可倾式。固定式与可倾式的不同之处在于：前者蒸汽直接从半球壳体上进入夹层中，后者蒸汽则以安装在支架上的空心轴进入夹层；前者冷凝水排出口不在最底部（因最底部开了出料口），后者在支架另一端从空心轴内冷凝水管排出冷凝水；前者下料通过底部的阀门，后者则把锅倾转下料。可倾式夹层锅如图 7-34 所示。

图 7-34　可倾式夹层锅

十三、豆腐片生产专用设备

1. 泼片机

　　泼片的工序有泼制、脱水、折叠三个过程。泼片机就是为完成这三个过程而制作的专用机器。

　　泼片机工作原理：泼片机是一个十多米长的网式传送带。工作时在传送带上铺上豆腐片专用布，在布上泼 3～4mm 厚的豆腐脑，然后用同样的布盖在上面，在运行中逐渐脱水，脱水长度一般在 10m 以上，输送带的终端有折叠小车，将泼好片的布往复折叠在专用箱套内，经过预压之后，送压榨机压片，压榨机与豆腐干压榨机形式相同，但压力远大于豆腐干压榨机的压力。

　　2. 揭片机

　　揭片机是将压制完成后的豆腐片从泼片时盖的上下布上揭下来的专用设备。该设备有两类，一类是单揭法设备，另一类是双揭法设备。

　　揭片机利用两个毛刷旋转，上毛刷刷上片布，使压入布纹内的豆腐片和布分开；下毛刷刷下片布，使豆腐片与片布分离，豆腐片落在传送带上送出揭片机，片布自动卷在两个卷滚上，以备泼片时使用。揭片机如图 7-35 和图 7-36 所示。

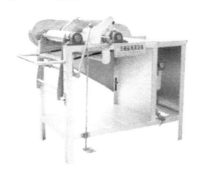

图 7-35　单揭片机

十四、包装设备

　　豆腐制品包装方式有袋装、盒装等。每种包装都有相应的包装机械。

　　1. 真空包装机

　　真空包装机是一种使用广泛的包装机械。它将包装袋内抽真空

图 7-36　双揭片机

后，立即自动封口，从而使袋内保持高真空度，同时使被包装物品达到隔氧、保鲜、防腐的目的。如使用耐温蒸煮袋包装豆制品，还可以进行二次杀菌，以延长产品的保质期。

真空包装机采用四连杆结构，有两个工作室进行轮流工作，操作方便。真空室工作台面采用不锈钢平板式结构，既方便于清理，又能防止腐蚀。在工作室工作时抽空、封口、印字一次完成。对抽空时间、热封温度、热封时间均可以根据需要进行调整，该设备是目前包装豆制品的理想设备。真空包装机如图 7-37 所示。

2. 自动切块装盒机

使用小型箱做出的豆腐，块形为 680mm×360mm×40mm，要将其切成 120mm×85mm×40mm 的长方形块，并装入塑料包装盒内。自动切块装盒机就是完成这一工作内容的专用设备。

自动切块装盒机是由水槽、推进切刀机构、分块机构、装盒机构四部分组成，大块豆腐放入水槽内，由推进机构把它推入切块机构，进行切块分块，并托出水面装盒，豆腐装入包装盒后由输送链送出，完成切块装盒工作。除装盒外，这些工作都是在水中进行的，这样能够减少切块过程中豆腐的破碎。各部位工作均是由大小不等的汽缸杆伸缩完成的，设备使用安全可靠，自动化程度高。自动切块装盒机如图 7-38 所示。

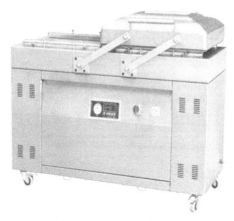

图 7-37　真空包装机

图 7-38　自动切块装盒

3. 盒包装机

盒包装机主要用于盒装豆腐的封膜，是根据盒型选择的专用包装机，它与前面介绍过的充填包装机相似，不同的是它减少了充填工序，只保留封膜、切断、输送几项工序。盒包装机如图 7-39 所示。

十五、杀菌设备

盒装豆腐的杀菌主要使用杀菌冷却槽，是升温成型和降温冷却设

图 7-39　盒包装机

备的一体机。杀菌冷却槽是一个二层三段式的长形槽体，槽内装有格板形传送链，充填豆腐排在格板条盒内，随传送链行走，传送链行走一周，完成杀菌冷却过程。冷却槽上层分为两段，即巴氏杀菌段和第一降温段，下层为第二降温段。上层杀菌段通入蒸汽，将水加温到 90～95℃，由热水加热充填盒豆腐。然后进入第一降温段，第一降温段通入自来水，对盒豆腐降温，使其降到 30℃ 以下。然后进入第二降温段，第二降温段通入 5℃ 以下的冷却水，对盒豆腐继续降温，当传动链转动一周，盒豆腐被推出杀菌槽时，温度已降到 5℃ 以下，产品可直接送入冷藏库存放。

　　杀菌冷却槽，需要有配套设备，如蒸汽供给调节系统、自来水循环降温系统（冷却塔等）、冷水机组、循环系统、包装盒豆腐输入输出系统、温度控制及电器控制系统等。

十六、常用手工工具

　　随着科学技术的发展和豆制品生产企业机械化水平的提高，工具和用具相应减少，专用设备逐渐增多，工具和用具只作为专用设备的辅助。豆制品生产常用的工具种类及规格如下。

　　1. 豆包布（白色）

豆制品生产离不开豆包布。在生产中利用豆包布过滤豆浆，包住豆腐脑，然后进行压制；或利用豆包布泼制豆腐片等。白色豆包布是一种纯棉制品，豆包布为单层织纱，经纬十字交叉平直网纹。豆包布易于滤水，耐热，清洗方便，价格低廉，被豆制品行业长期使用。

生产之前要根据所生产的内容，确定包布的用量和裁剪尺寸，将整匹的豆包布裁剪后封边，并在开水中煮 30min，用清水洗净后待用。

2. 舀子

在手工制作豆腐干、豆腐时，豆浆在缸或桶内点浆、蹲脑，然后用专用舀子将豆腐脑舀入模型板框内进行压制。舀子在生产中用处非常多，行业专用的舀子比较大，直径在 300～400mm，呈半球状，多为不锈钢制品，中间安装手把。

3. 豆干板及板框

在制作豆制品坯子时，要用专用豆干板，在油压机上压制豆干。豆干板最好用松木板，厚度为 25mm，板形为方形，规格为 450mm×450mm×25mm。

使用木制豆干板的优点是：热传导慢，有利于豆腐脑保温成型，操作人员搬动时不烫手；有一定的强度，耐压，不易变形，韧性好。目前也有用竹制品代替松木板，使用效果也不错。

板框是豆腐脑保温成型的模具，要根据产品规格、生产量和工序操作安排需要确定。

4. 周转箱

在豆制品生产中生产的半成品需要周转，要用到周转箱。目前所用的周转箱材质均为硬质无毒塑料，规格多样，使用比较普遍的规格是 530mm×360mm×230mm。周转箱周边带孔，便于通风。

周转箱的数量要根据生产量计算，同时还要考虑周转箱清洗所占用的数量。一般来说，车间内周转箱的数量应为实际使用量的 1.5 倍。

成品周转箱是用于小包装产品存放，运输到销售市场的周转箱，也称为外部周转箱。成品周转箱与车间内用周转箱规格不同，底部不带孔。其规格可根据各类小包装产品规格及码放数量确定，但质量不能过大，应使运输人员能较轻松地搬起。计算成品周转箱的数量时应考虑以下三个方面：一是本班生产占用量，二是商店销售压箱量，三是运输在途的数量。成品周转箱的数量一般是本班生产用量的 3～4 倍。

5. 周转小车

生产车间内工序之间半成品运输及成品入库都需要周转小车，由于电动车、燃油车不适于豆制品行业车间内使用，所以常用人力小推车。周转小车是根据车间内周转箱的规格及每车运输数量而特殊制作的，一般为单支撑点双轮、双把手小推车。小推车的数量要能满足半成品运输及成品入库所需要的数量。

6. 标尺、刀具

在制作豆制品、豆腐、手工切块时需要有规格标尺和切制刀具。标尺一般用木制或竹制，刀具一般选不锈钢手工刀具。

7. 工艺检测仪器、仪表

在豆制品生产中应准备豆浆浓度测定仪、凝固剂浓度测定仪、温度测定计。这些仪器都是生产中简易测定时需要的，供生产中随时使用、测定，以保证产品质量。一般豆浆浓度测定选用糖量折光仪，凝固剂浓度测定选用波美式比重测定仪，温度测定选用通用酒精温度计而不用水银温度计。

参考文献

［1］ GB 1352—2009 大豆.

［2］ GBT 22106—2008 非发酵豆制品.

［3］ SZJG 21.1—2006 非发酵性豆制品 第 1 部分豆腐.

［4］ 白至德，张振山. 大豆制品的加工. 北京：中国轻工业出版社，1985.

［5］ 曾庆孝. GMP 与现代食品工厂设计. 北京：化学工业出版社，2005.

［6］ 杜连启，韩连军. 豆腐优质生产新技术. 北京：金盾出版社，2006.

［7］ 胡国华. 食品添加剂在豆制品中的应用. 北京：化学工业出版社，2005.

［8］ 黄纪念，孙强，宋国辉. 豆制品加工实用技术. 郑州：中原农民出版社，2008.

［9］ 籍保平，李博. 豆制品安全生产与品质控制. 北京：化学工业出版社，2005.

［10］ 纪凤，徐焕斗. 大豆的加工与利用. 合肥：安徽科学技术出版社，1987.

［11］ 贾英民. 食品安全控制技术. 北京：中国农业出版社，2006.

［12］ 李里特. 大豆加工与利用. 北京：化学工业出版社，2003.

［13］ 李里特等. 大豆食品安全标准化生产技术. 北京：中国农业大学出版社，2006.

［14］ 李书国. 食品加工机械与设备手册. 北京：科学技术文献出版社，2006.

［15］ 李勇. 调味料加工技术. 北京：化学工业出版社，2003.

［16］ 梁琪. 豆制品加工工艺与配方. 北京：化学工业出版社，2007.

［17］ 刘珊珊. 豆腐生产工艺及其副产品加工利用. 哈尔滨：黑龙江科学技术出版社，2007.

［18］ 刘树栋等. 豆腐及其制品 682 例. 北京：科学技术文献出版社，2006.

［19］ 刘树栋等. 豆腐干豆腐皮豆腐衣制品 708 例. 北京：科学技术文献出版社，2006.

［20］ 刘玉德. 食品加工设备选用手册. 北京：化学工业出版社，2006.

［21］ 石彦国，任莉. 大豆制品工艺学. 北京：中国轻工业出版社，1993.

［22］ 王瑞芝. 中国腐乳酿造. 北京：中国轻工业出版社，2009.

［23］ 武杰. 保健豆制品加工 200 例. 北京：科学技术文献出版社，2001.

［24］ 杨淑媛等. 新编大豆食品. 北京：中国商业出版社，1989.

［25］ 姚茂君. 实用大豆制品加工技术. 北京：化学工业出版社，2009.

［26］ 殷涌光，刘静波. 大豆食品工艺学. 北京：化学工业出版社，2006.

［27］ 张振山. 豆制品制作工（初级 中级 高级）. 北京：中国劳动社会保障出版社，2006.

［28］ 张志健. 新型豆制品加工工艺与配方. 北京：科学技术文献出版社，2001.

［29］ 中国就业培训技术指导中心组织编写. 豆制品制作工（技师 高级技师）. 北京：中国劳动社会保障出版社，2007.

［30］ 周显青. 食用豆类加工与利用. 北京：化学工业出版社，2003.

［31］ 石彦国，李刚. 豆腐生产过程中微生物的迁移与污染的研究. 食品安全监督与法制建设国际研讨会暨第二届中国食品研究生论坛论文集（下），2005.

［32］ 石彦国，李博，于志鹏. 传统豆腐微生物污染途径的研究. 食品工业科技，2011，32（5）：186-189.

［33］ 谷大海，常 青，刘华戎. 豆腐的研究概况与发展前景. 农产品加工：创新版，2009，6：76-78.